NCS기반 이론 실습 수록

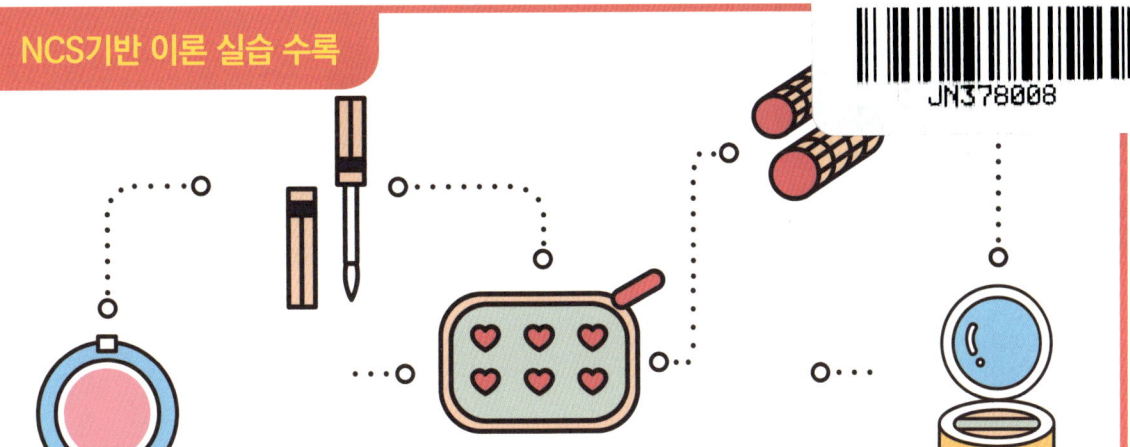

미용인을 위한
화장품학
cosmetology

김성숙 함혜근 류지영 김인옥 김미화
김용신 한현정 송기호 이명희

• 저자 •

김성숙	전남과학대학교
함혜근	동국대학교
류지영	한라대학교
김인옥	한성대학교
김미화	미화스토리
김용신	중원대학교
한현정	송호대학교
송기호	애티튜드코리아
이명희	송호대학교

미용인을 위한 화장품학

초판 1쇄 발행 2022년 1월 17일
2쇄 발행 2025년 3월 14일

지은이 ‖ 김성숙, 함혜근, 류지영, 김인옥, 김미화, 김용신, 한현정, 송기호, 이명희
펴낸이 ‖ 위북스
펴낸곳 ‖ 위북스
출판등록 ‖ 제406-2013-000011호
주 소 ‖ 경기도 고양시 일산서구 장자길 118번길 92
홈페이지 ‖ www.webooks.co.kr
전화번호 ‖ 031-955-5130
이메일 ‖ we_books@naver.com
ⓒ webooks, 2016

ISBN ‖ 979-11-88150-53-3 03600

값 22,000원

※ 이 책은 저작권법에 따라 보호받는 저작물이므로 무단 전재와 무단 복제를 금지하며,
이 책의 내용 전부 또는 일부를 이용하려면 반드시 위북스 담당자의 서면동의를 받아야 합니다.

미용인을 위한 화장품학
cosmetology

머리말 | PREFACE

화장품은 인체를 청결하게 하고 아름다움과 매력을 더하여 용모를 밝게 변화시키는 데 필요한 요소입니다. 과거에 비해 현대 사회에서의 화장품은 여성뿐만 아니라 남성들에게도 선택이 아닌 필수인 시대이며, 세정 화장품, 기초 화장품, 기능성 화장품, 모발용 화장품 등 다양한 부분에서 사용되기 때문에 화장품 제조 및 성분에 대한 관심 역시 높아지고 있습니다.

우리나라 화장품 산업은 국내생산 실적의 가파른 상승을 뛰어넘어 전 세계적인 K-뷰티에 대한 관심으로까지 이어져 아시아뿐만 아니라 유럽의 색조 화장품 시장에까지 뻗어나가고 있습니다.

이러한 현실 속에 화장품의 중요성을 강조하는 국내 대학 및 관계 기관의 관심도 높아져 화장품이 어떻게 만들어졌는지, 어떤 성분이 어떠한 효과를 내는지, 화장품을 사용하는데 주의해야 할 점은 무엇인지, 화장품과 의약외품, 의약품은 어떠한 차이가 있는지 등을 알고 싶어 하는 욕구도 커지고 있습니다.

이에 본 교재는 대학의 피부미용 및 관련 학과에서 필수로 알아야 하는 화장품학 과목을 좀 더 명확하고 알기 쉽게 정리하고, 맞춤형 화장품에 대한 최신자료와 2021년 개정된 화장품법, 시행령과 시행규칙 등도 반영하여 피부·메이크업·헤어·네일 등 뷰티학과의 필수 교과목의 교재로 활용할 수 있도록 구성하였습니다.

이 책이 학생들에게 화장품의 기초지식뿐만 아니라 산업적인 접근을 통한 배움에 조금이나마 도움이 되어 뷰티 관련 전문가로 성장하는 계기가 되길 바랍니다. 끝으로 이 책을 집필하는 데 도움을 주신 교수님들과 화장품 회사 대표님께 감사의 말씀을 전하며 특히, 귀한 책을 출간할 수 있도록 끝까지 함께해 주신 위북스 대표님과 편집 위원님들께 깊은 감사의 마음을 전합니다.

저자 일동

목차 | CONTENTS

PART 01 화장품학 개론 · 007

- CHAPTER 01 화장품의 역사 — 008
- CHAPTER 02 피부와 화장품 — 018
- CHAPTER 03 화장품의 특성 — 033
- CHAPTER 04 화장품 유형 및 분류 — 038
- CHAPTER 05 화장품 산업의 트렌드 — 050
- CHAPTER 06 미래화장품의 발전 및 기술개발 — 055

PART 02 화장품 제조원리 · 061

- CHAPTER 01 계면화학 — 062
- CHAPTER 02 유화 — 079
- CHAPTER 03 가용화 및 분산 — 082

PART 03 화장품 성분과 제형 · 085

- CHAPTER 01 화장품 성분 — 086
- CHAPTER 02 수성원료 — 090
- CHAPTER 03 유성원료 — 094
- CHAPTER 04 색소 — 104
- CHAPTER 05 활성성분 — 107
- CHAPTER 06 향료 — 113
- CHAPTER 07 보존제 — 116
- CHAPTER 08 기타 첨가제 — 119

PART 04 화장품의 종류 · 125

- CHAPTER 01 기초화장품 — 126
- CHAPTER 02 기초화장품의 종류 — 128

PART 05 기능성화장품 · 145

- CHAPTER 01 기능성화장품의 정의와 현황 — 146
- CHAPTER 02 기능성화장품의 종류 — 150
- CHAPTER 03 맞춤형화장품 — 195
- CHAPTER 04 컬러와 메이크업 — 200
- CHAPTER 05 모발화장품 — 207
- CHAPTER 06 바디화장품 — 214
- CHAPTER 07 방향화장품 — 218
- CHAPTER 08 아로마오일 — 226

부 록 · 233

미용인을 위한
화장품학

PART 01
화장품학 개론

CHAPTER 01 • 화장품의 역사
CHAPTER 02 • 피부와 화장품
CHAPTER 03 • 화장품의 특성
CHAPTER 04 • 화장품 유형 및 분류
CHAPTER 05 • 화장품 산업의 트렌드
CHAPTER 06 • 화장품 기술개발

CHAPTER 01 | 화장품의 역사

고대부터 다양한 목적과 용도에 따라 사용될 만큼 인간 생활과 밀접한 관계를 갖고 있는 화장품은 현재 일상생활에서도 아름다움과 피부건강을 위해 사용되고 있으며 그 소비량 또한 점차 증가하고 있다.

언제, 누가, 어떻게 사용했는지 화장품의 역사에 대한 정확한 기록은 남겨져 있지 않지만 인류가 집단생활을 하면서부터 자신을 나타내고자 하는 표현 방법으로 추구하고 종족번성을 위해 사용하였으며, 고대 문명의 발전에 큰 역할을 했을 것으로 추정하고 있다.

이러한 사실은 고분벽화와 문헌, 출토된 유물 등을 통해 뒷받침되고 있으며 인류 문명의 발전과 더불어 오래전부터 사용했던 것으로 여겨지고 있다. 학자들은 아름다움에 대한 기대뿐만 아니라 종교적 신념과 자신을 보호하고자 하는 목적 그리고 신분, 계급을 표현하는 수단으로 이용했다는 것을 화장의 시초로 주장하며 인류의 발생과 같은 시기라고 가정(假定)하고 있다.

과거에는 단순한 자기방어 및 신분을 나타내기 위한 특수한 계층에서 화장품을 사용하였다면 현재에 들어서 미적표현방법, 화장의 목적 그리고 아름다움에 대한 개념 변화로 화장품과 화장기법이 다양해졌는데 이것은 사람들의 적극적인 사회활동과 빈번한 교류가 이루어지면서 화장품이 자신감과 개성의 표현을 위한 수단으로서 정착했다고 볼 수 있다.

19세기 이후 과학의 발달과 화장품의 신기술 개발은 청결과 아름다움을 유지하는 단순 기능에서 나아가 젊고 건강한 피부를 위한 기능성 화장품들이 출시되고, 남녀노소 모두에게 보편화된 생활필수품으로써 피부타입, 성별, 나이, 사용목적에 따라 화장품의 종류가 세분화 되었고 맞춤형 화장품을 통한 나만의 화장품 개발이 이루어지고 있다.

1. 서양 화장품의 역사

1) 고대 이집트 (B.C. 3200~343년)

4대 문명의 발상지 중 하나인 이집트는 나일강 하류에서 발생하여 세계에서 가장 오랜 문명의 역사를 가졌으며 화장품과 화장기법, 도구 등의 발전사에도 크게 영향을 끼친 것으로 전해진다.

화장은 B.C. 7500년경 이집트에서 그 기원을 찾아볼 수 있는데 고대 이집트인들은 흰 피부를 가진 여성을 아름다움의 기준으로 삼아 피부가 하얗게 보이기 위해 백납을 이용한 것으로 전해진다. 이집트의 화장은 성직자의 고유한 영역으로 제사의 한 부분이었으며 종교로서의 상징적 의미가 강했고 점차 강한 태양광선으로부터 피부를 보호하고 유해 곤충의 접근을 막기 위한 의학적 수단으로 발전하였다. 이들은 피부를 보호하기 위해 올리브오일, 아몬드오일, 흙, 염료 등을 이용하여 피부를 관리하였으며 정교한 화장술과 의상, 가발, 장신구 등을 이용하여 권력을 과시하기도 하였다.

검은색 먹을 이용하여 눈을 크게 강조하며 눈꼬리 부분에 물고기 모양을 그렸고 헤나(henna)와 색소가 있는 식물의 꽃잎, 줄기, 잎들을 으깨어 사용하여 화려한 것이 특징이었다.

특히 태양광선의 빛으로부터 눈이 부시는 것을 방지하고 곤충들로부터 눈을 보호하기 위해 콜(Kohl)을 사용하였다. 콜은 향기가 나는 수지 또는 아몬드 껍질을 태워 만든 연고 형태의 검은색 제형이며 상아나 가느다란 막대기를 이용하여 눈꺼풀에 발랐다.

입술과 볼은 붉은 색으로 표현했으며 손톱과 발톱을 보호하기 위해 헤나 염색을 하였는데 오늘날 네일 관리의 기원이라고 볼 수 있다.

또한 종교적인 의식과 강한 태양열로부터 두피를 보호하고 시원하게 하기 위해 남녀모두 머리를 짧게 자르거나 삭발을 한 후 린넨, 종료나무섬유, 비단, 말총, 인모 등을 이용하여 통풍이 잘 되는 가발을 만들어 착용했다. 가발 역시 계급과 신분의 차이를 보였는데 천빈세층과 노예는 단발 형태의 가발, 신분이 높은 계급층에서는 가발의 길이가 허리까지 내려오는 긴 것을 착용하였다.

청결을 중요시 여겼던 이집트인들은 향료를 이용한 목욕을 즐겨 하였고 나일강에서 채취한 진흙인 나트론(natron, 천연탄산소다)으로 신체를 문질러 피부를 매끄럽게 하고 수아부(표백토와 재를 섞은 반죽)로 각질을 제거하고 향이 나는 식물에서 추출한 오일을 이용하여 마사지를 즐겼다.

피라미드의 벽화에서 가발을 착용한 사람의 머리 위에 원뿔형의 향료 그릇을 얹고 앉아 있는 그림을 보면 향유의 사용이 빈번했던 것으로 보여 진다.

이상과 같이 이집트의 미용 문화는 종교적 의미에서 출발하여 점차 사회적 신분의 상징이 되기도 하였으며, 현재 미용 역사의 기초가 되고 있다.

2) 그리스 · 로마시대 (B.C. 5~7세기, 헬레니즘 시대)

그리스인들은 외적인 아름다움보다는 건강한 신체에서 건강한 정신이 깃든다고 생각하여 식이요법과 운동요법 그리고 마사지 등을 통해 규칙적으로 인체를 관리하였고 향수를 사용하는 것이 보편화 되었다. 여인들의 화장은 백납, 석고, 백묵 등을 이용하여 얼굴은 하얗게, 눈 주위는 콜을 이용하여 강하게 표현하였고 볼연지를 하였다.

의학의 아버지 히포크라테스(Hippocrates)는 피부질환에 대한 연구를 하여 식이요법, 목욕, 햇빛, 마사지 등이 피부를 건강하게 할 수 있다고 주장하였으며 이러한 주장은 현대미용의 발전에 크게 기여하였다. 2세기 로마 황제인 아우렐리우스의 주치의였던 갈렌(Galen)은 자신의 저서인 「약재처방론」에 콜드크림 등 화장품제조 비법을 기록하였는데 이 내용이 현대까지 전수되고 있다.

이 당시 화장은 로마시대에 들어와서 전성기를 맞이하였고 귀족층을 중심으로 남녀모두 몸을 치장하거나 과도한 향수 그리고 화장을 즐겼는데 이때 사용한 납과 활석 성분은 얼굴빛을 변색시키는 부작용이 발생하여 사회적 문제로 대두되었다. 당시 로마인들은 그리스 사람들처럼 희고 윤기 있는 피부와 금발을 미인의 기준으로 삼아 얼굴뿐만 아니라 어깨나 팔까지 백납분을 칠함으로써 화려한 화장을 추구하였다.

목욕문화가 활발하게 발달되면서 귀족들은 자신들의 전용 목욕탕을 만들어 사교모임을 진행했고 남성들은 증기탕, 향유, 마사지 등을 즐겼다. 목욕 후 얼굴관리의 일환으로 털을 미는 것이 유행이었는데 이것이 지금의 면도의 시작이라고 볼 수 있다.

3) 중세시대 (A.D. 7~12세기)

중세시대는 기독교 정신이 사람들의 생활과 관습에 절대적인 영향을 끼치며 사회 전반의 모든 결정을 교회가 지배하였고, 특히 금욕주의의 영향은 여성들이 외모를 가꾸기 위한 장식, 화장, 목욕 행위 등을 제한하거나 금지하게 되면서 미용문화사의 암흑시대가 열리게 되었다. 그러나 깨끗함과 정숙한 여인의 상을 추구하면서 약간의 화장 즉, 얼굴은 하얗게 분칠을 하며 눈썹과 속눈썹을 모두 제거하고 옅은 볼 화장을 하게 하였다.

A.D.1095~1500년 십자군 전쟁동안 동양의 목욕 습관이 관료들을 중심으로 조심스럽게 전해지면서 대중들에게까지 활성화되었고 화장품이나 향유가 전해지면서 여성들 사이에 화장이 다시 시작되었고 스페인에서는 장미계열의 색상, 영국과 독일은 오렌지색, 프랑스는 빨강색 연지를 입술과 볼에 사용하였다.

14세기 말경 영국과 프랑스의 증기식 목욕탕을 시작으로 대중들이 목욕하는 습관이 부활하고 목욕탕이 사교의 장이 되었으나 그 모임의 정도가 과해지고 사회적인 문제가 대두되면서 교회가 개입하게 되었고 16세기 초 목욕탕이 사라지게 되었다.

귀족 중심으로 사용되었던 비누역시 대중화되면서 8세기에는 이탈리아와 스페인에 작은 규모의 비누 공장이 설립되었고 1200년경 프랑스 마르세이유의 비누공장을 중심으로 더욱 발달하게 되었다.

4) 르네상스 (13~16세기)

르네상스 시대는 인간성 존중을 근본으로 예술과 문학이 크게 발전했던 문예부흥기로 의학의 한 분야에 속해있던 화장품과 미용학이 독립 발전하면서 현대화장품 변천사의 초석이 되는 시기라고 할 수 있다.

십자군 전쟁 동안 군인들에 의해 전수되었던 화장품 원료를 통해 향료 연구가 이루어지기 시작하였고 마르코 폴로와 같은 여행자의 전파로 동·서양의 문물의 교류가 활발해지면서 식물유, 나무껍질, 향신료, 석유, 산화 아연 등의 전달로 새로운 색소가 알려지면서 유화 및 염료의 이용뿐만 아니라 색조 메이크업 화장품 성분으로도 쓰이게 되었다.

여성들의 미의 기준인 창백한 피부와 넓은 이마는 눈썹과 헤어라인(hair line)을 제거하고 머리를 뒤로 넘겨 장식하는 방식으로 유행하였고 눈썹과 아이라인은 최대한 가느다란 선으로 표현하며 밝고 부드러운 색상을 선택하여 메이크업을 한 것으로 알려져 있다.

르네상스 시대(14세기 말~ 16세기 초)에는 알코올 증류법의 개발로 지금의 화장수와 같은 화장품과 향수를 제조하여 사용하였고 이후 화장 문화가 두드러지게 발전하면서 유럽 각국에 큰 영향을 주었다.

5) 바로크 및 로코코 시대

17세기에 접어들며 개인주의와 향락주의가 만연하며 남녀 모두 과도한 신체적 장식뿐만 아니라 메이크업이 유행하였다. 여성들의 머리장식은 과감하며 화려했는데 아름다운 핀과 꽃, 리본, 보석 등으로 장식하였고 포마드를 발라 머리카락을 단정히 정리하고 좋아하는 색깔의 분을 도포하여 개성을 살렸다.

17세기 유행한 질병인 천연두의 흔적을 가리기 위해 뷰티패치(beauty patch)라고 하는 새로운 데코레이션 기법이 유행했는데 별, 하트 등 여러 모양을 얼굴에 부착하여 상처를 가렸으며 남녀 모두 화장과 장식이 과도해지던 시기라고 할 수 있다.

하지만 18세기 로코코 시대는 백옥피부, 정교한 눈썹, 옅은 색을 이용하여 입술을 표현하는 자연스런 화장이 아름다운 여성을 표현하는 화장법으로 바뀌게 되었다.

1800년대에 접어들면서 가내에서 소규모 작업으로 화장품들이 제작되던 것들이 현대적 의미의 다양한 화장품들이 출시되고 조발사와 미용사들이 전성기를 맞이하게 되었다.

영국에서 처음 비누가 생산된 시대이지만 법적제한을 받으면서 2세기 동안 과도한 과세에 묶였고 스페인에서 수입된 피부 세정제를 사용하였는데 주성분은 아몬드 열매, 코코아 버터, 바닐라, 연고 등이 함유되어 있었다.

  이 시기에는 연백이라는 원료에 향료, 색소를 첨가한 분을 페이트라고 하였고 연지, 색조화장용품을 이용하여 아름답게 꾸미는 것을 페인팅이라고 하였을 정도로 여성들은 정성 들여 얼굴을 치장하였는데 17세기 초 리차드 쿠라쇼라는 시인이 처음 메이크업이라 불렀고 이것이 지금의 메이크업이란 명칭의 유래라고 할 수 있다.

6) 현대

  1900년대 초 과학의 발달은 화장품 개발과 발전에 영향력을 끼쳐 많은 변화가 일어나기 시작하였으며 특히, 여성들의 사회 진출로 인해 기초화장품과 색조화장품은 여성들의 필수품으로 여겨졌다. 20세기의 대표적인 화장품으로 콜드크림(마사지크림)은 큰 인기를 얻었고 1907년 샴푸 생산, 1908년 폴리쉬 생산으로 본격적인 화장품 개발 및 세분화가 이루어졌다.

  질레트사는 안전한 면도날 개발에 성공하였고 영국의 헤어미용사 찰스 네슬러는 붕사와 금속막대를 이용한 파마법을 고안하였으며 이후 1930년대 자외선으로부터 피부를 보호하기 위한 자외선 차단제품이 개발되면서 피부건강에 관심이 높아졌다. 1950년대 이후 화장품관련 제품의 다양화가 이루어지며 화장품 산업이 급성장하면서 합성세제, 치약, 색조화장품, 기초화장품 등이 선보이게 되며 화장품 산업의 발달은 자리를 잡아가게 되었다.

  1980년대 여성들의 교육률이 증가와 사회적 지휘 향상은 강하고 정확한 이미지를 주기 위한 화장기법과 색조의 유행으로 이어졌는데 눈썹은 진하고 두껍게, 입술컬러 역시 강렬한 색상을 선택하여 강한 여성의 이미지를 부각시키는 방향이었다.

  1990년대부터 시작한 웰빙의 영향으로 화장품도 친환경화장품의 연구가 활발해졌고 천연화장품, 유기능화장품 시장도 조금씩 활성화 되었으며 2000년 이후 피부에 자극을 주지 않는 자연주의 제품과 생명과학을 기초로 화장품에 대한 관심이 높아진 고객들의 선호도가 최고조에 이르며 자연스러운 화장, 피부를 건강하고 보호하기 위한 화장법이 고안되면서 지금까지 이어오고 있다.

2. 우리나라 화장품의 역사

1) 고대

　우리나라 화장품에 대한 역사는 명확하지 않지만「삼국지(三國志)」기록에 의하면 만주지방의 읍루인(挹婁人)들은 겨울철 동상을 막기 위해 돼지기름을 피부에 문질러 추위와 햇빛으로부터 피부를 보호하고 유연하게 하였고 마한(馬韓)의 남자들은 장식과 신분을 구분하는 의미로 문신을 하기도 하였다. 한반도에 거주한 말갈족들은 미백의 수단으로 오줌세안을 통해 흰 피부를 유지하기 위한 노력을 하였다.

　또한 평양 근처에 살던 낙랑 사람들 것으로 추정된 팔찌, 귀걸이, 거울 등의 유물이 출토된 것으로 보아 우리나라의 미용의 역사는 매우 오래된 것으로 추정해 볼 수 있다.

　그리고 채화칠협(낙랑시대의 공예품)에 옻칠로 그려진 충신(忠臣), 열녀(烈女)의 인물상에 머리모양은 단정히 정돈하였고 이마가 넓은 것으로 앞 머리털을 제거한 것으로 보이는데 이것 역시 미적 가치를 중요하게 생각했던 것으로 보인다.

　우리나라 화장의 시초라고 할 수 있는「단군신화」는 곰과 호랑이에게 쑥과 마늘을 먹게 하고 백일 동안 동굴 밖으로 나오지 못하게 하는 내용인데 이것은 깨끗하고 잡티가 없는 피부를 선호하는 '백색피부호상사상(白色皮膚好喪思想)'을 중시한 것으로 옛 선조들은 흰 피부를 가진 사람을 귀인(貴人)이라고 여겼다. 쑥과 마늘이 미백과 혈액순환의 효과가 있다는 것을 비추어 볼 때 우리 선조들은 건강하고 아름다운 피부를 유지하고자 노력한 것으로 보여 진다.

2) 삼국 시대

(1) 고구려

　「후한서」의 기록을 토대로 보면 고구려 사람들은 연극과 음악을 즐겼고 깨끗하고 단정한 옷차림을 선호하였고 신분과 직업에 따라 치장과 화장을 다르게 하였다고 한다.

　이러한 사실은「삼국사기」에 악공(樂工)과 무녀(舞女)가 연지화장을 했다는 내용으로도 확인할 수 있다. 4~5세기경 중국의 미용문화가 전파되면서 붉은 모래로 만든 연지가 유행하였으며 고분벽화를 통한 당시의 화장법을 살펴보면 수산리 고분벽화의 귀부인상은 눈썹은 가늘고 둥글게, 볼과 입술은 붉은 색의 연지로 단장을 하였고 쌍영총 고분벽화의 시녀들 역시 화장을 한 것으로 보아 신분에 관계없이 누구나 화장을 즐겨했음을 알 수 있다.

(2) 백제

백제의 화장법은 온화하고 부드러운 선을 강조하였고 희고 연한 화장을 선호하였다.

중국의 옛 문헌인 수서(隋書)에는 백제 여인들은 "시분무주(施粉無朱)" 즉, "분을 바르되 연지는 하지 않는 화장법"을 좋아한 것으로 기록되어 있으며 일본의 옛 문헌인 「화한삼재도회(和漢三才圖會)」에 백제로부터 화장품의 제조기술 및 화장기술을 전수받았다는 기록이 있어, 백제는 탁월한 화장술과 진보된 제조 기술을 가지고 있었던 것으로 추측한다.

(3) 신라

삼국시대 중 화장술이 가장 발달한 신라는 "영육일치사상(靈肉一致思想)을 토대로 아름다운 외모에 아름다운 정신이 깃든다."하여 화려한 화장과 함께 가체(加髢)를 사용하였고 오색비단으로 신체를 꾸몄으며 남성인 화랑(花郞)들도 여성들과 마찬가지로 얼굴에 분을 바르고 귀고리, 팔찌, 목걸이, 가락지 등의 장신구를 착용하였고 화랑(花郞)들은 무예와 지식을 겸비한 미소년들을 위주로 선발하였다.

여성들의 경우 귀천에 관계없이 향낭(香囊)주머니를 지니고 다녔고 귓불을 뚫어 귀걸이로 화려함을 더하였고 장도(粧刀)를 몸에 지니고 다녔다.

신라시대에는 얼굴을 하얗게 보이기 위해 백분을 사용하였고 이것은 얼굴 주름과 결점을 감추는 데 중요한 역할을 하였다. 또한 젊고 생기 있는 모습을 나타내기 위해 연지를 만들어 볼과 입술 그리고 이마에 붉은 색의 연지를 발라 화려함을 나타내기도 하였는데 색조화장으로 쓰였던 연지의 주원료는 홍화(紅花, 잇꽃)와 돼지기름을 섞어 둥근 볼모양의 솔을 만들어 두드려 사용하였다. 눈썹화장품으로는 미묵(眉墨)으로 나뭇결이 단단한 굴참나무, 너도밤나무 등을 태워 만든 재를 유연(油煙)에 개어 사용하였다.

또한 순결과 청결을 강조한 불교의 영향으로 향문화와 목욕문화가 발달하였으며 쌀겨, 팥, 녹두, 콩 껍질 등을 이용한 목욕법을 통해 희고 매끄러운 피부를 가꾸었는데 불교의 전파는 신라의 화장법과 화장품의 발달에 큰 영향을 주었다.

3) 통일신라

　중국과의 문화 및 문물의 교류가 빈번해지면서 신라의 화장기법은 더욱 화려해지고 사치스러운 생활이 지속되었다

　화려한 의상과 장신구에 어울리는 화장을 하였고 새로운 화장도구와 화장품들을 만들어 내기 시작하였는데 연분을 덜어 사용하던 접시, 기름을 담기 위한 토기, 털을 뽑던 족집게, 향이 나는 식물을 담은 향낭주머니들은 지금도 전해지고 있다.

　특히 쌀가루에 백분과 납을 섞어 접착력과 퍼짐성이 강한 연분을 만들어 사용하였으며 한 승려가 692년 일본에 이 연분 제조기술을 전수해줄 만큼 연분의 제조기술이 보편화된 것으로 보인다.

4) 고려시대

　청결을 강조하여 목욕이 성행하였고 상류층 사이에서는 복숭아 꽃물, 난초를 삶은 물에 목욕을 하여 피부를 부드럽고 하얗게 보이며 향기가 나도록 하였다. 액상타입의 안면용 화장품인 면약을 사용하여 피부를 보호했다고 하였으며 「고려도경」의 기록에는 백제에서 유행한 시분무주(施粉無朱) 형태의 화장을 즐겼다고 하였다.

　고려 초기 태조 왕건은 화장을 장려하고 다양한 화장법을 가르쳤는데 이것은 중국 기녀제도의 모방과 함께 국가 정책으로 제도화시킴으로 화려하고 진한 화장을 하는 '분대화장'으로 유행하게 되었다. 분대화장은 기생들을 중심으로 교방에서 가르쳤고 머릿기름을 반질거릴 정도로 바르고 눈썹은 가늘고 또렷하게 입술은 붉은색연지를 바르고 얼굴은 하얗게 분을 발랐다.

　하지만 여염집 여인들은 이러한 화장을 기피하고 기생으로 오해 받지 않기 위해 옅은 화장을 하고 연지를 사용하지 않았는데 이것을 '비분대 화장'이라고 한다. 이러한 사회적 영향으로 고려시대는 화장품과 화장도구 등이 다양하게 발전하였는데 수은으로 만든 거울, 빗, 손톱을 다듬는 족집게와 머리를 염색하는 것이 유행하였다.

5) 조선시대

　유교적 관념을 중심으로 지나친 사치와 퇴폐적인 사회풍조를 막기 위해 조선시대는 화장을 금지하는 법을 시행하기도 하였으며 이러한 관점에서 깨끗하고 흰 피부를 선호하였던 조선시대 여인들은 소박하고 자연스러운 화장을 위해 미안수(美顔水)와 면약(面藥)을 직접 만들어 사용할 정도로 화

장품에 관심이 높았고 '수수하고 옅은 화장'을 뜻하는 담장(淡粧)법을 선호하였다.

하지만 기방의 기생들은 고려의 분대화장법을 계승하여 화려한 분칠과 치장을 하였는데 본연의 모습과 화장으로 인한 외모가 확연히 다르게 보이면 야용(冶容)이라 하여 경멸하면서 내면의 아름다움과 외면의 아름다움을 함께 중요시 하였다는 것을 알 수 있다.

얼굴을 하얗게 보이기 위한 화장품으로 백분(白粉)과 연분(鉛粉)을 사용하였고 주재료는 쌀가루, 분씨가루 그리고 조개껍질, 진주 등을 곱게 갈아 넣어 미백과 광채를 더하였으나 접착력과 지속력을 강화하기 위해 사용하였던 연분(鉛粉)의 납 성분으로 인해 피부의 부작용을 일으키기도 하였다.

조선시대의 화장품은 백분, 연지, 화장수, 향낭 등이 대표적이며 이러한 화장품은 사대부와 기방의 기생들에게 화장품을 팔러 다니는 '매분구'를 통해 외부 출입이 자유롭지 않았던 사대부 여인들의 화장이 널리 확산되는 계기가 되었다.

조선시대의 전형적인 미인의 모습은 신윤복의 「미인도」를 토대로 보면 붉은 입술, 초승달처럼 가느다란 눈썹, 쌍꺼풀이 없는 눈매, 숱이 많으며 검은 머리카락을 가진 복스럽고 보름달 같은 얼굴형을 가진 여인으로 과하지 않은 화장으로 치장하게 하였던 것으로 알 수 있다.

사대부가의 생활백서라 할 수 있는 「규합총서(閨閤叢書)」에는 일상생활의 지혜가 상세하게 서술되어 있는데 특히 미용과 관련된 화장법, 두발의 관리, 염색방법 등이 수록되어 있을 정도로 외모관리의 중요성을 강조하였으나 조선시대의 화장 문화의 이원화는 신분제도와 유교사상의 영향으로 인해 발전과 퇴보를 반복하였다.

6) 근대

1876년 강화도 조약으로 인한 우리나라의 개방은 다양한 신문물과 함께 화장품들이 소개되면서 선풍적인 인기를 끌었다. 수공업 수준의 천연 화장품을 만들어 쓰던 시기에 일본이나 청나라에서 유입된 크림, 백분, 비누, 향수 등은 제품의 품질도 좋을 뿐만 아니라 포장까지 화려해 여성들에게 큰 인기가 있으면서 우리나라 화장품의 산업화를 촉진시키는 계기가 되었다.

1916년 가내수공업으로 제조된 '박가분'은 우리나라 최초의 허가된 화장품으로 혼수를 준비하던 포목상점에서 경품으로 시작하여 방물장수들에 의해 전국 방방곡곡에 판매되었던 공산품 제작·판매된 최초의 근대적 화장품이었으나 피부 부착성을 높이기 위해 첨가된 납 성분의 독성으로 생산이 중단되었고 이후 1930년대에 들어서 이를 보완한 황화(연지), 배달기름(머릿기름), 연부액, 서가분, 장가분 등이 출시되었다.

1933년 바니싱 크림과 새로운 화장기법으로 눈썹을 초승달처럼 가늘게 그리고 아랫입술만 붉은

색으로 바르는 것이 유행하였으며 1940년대에 들어서면서 더욱 서구화되고 과감한 화장기법이 도입되었다. 1945년 해방을 기점으로 국산 화장품으로 에레나 크림, 바니싱 크림, 모나미 크림 등의 국산 화장품이 생산되었고 특히 유분감이 적으면서 피부에 흡수가 잘 되는 바니싱 크림은 큰 인기를 누렸다. 또한 신여성들의 등장으로 짧은 머리와 퍼머넌트가 유행하였고 많은 여성들이 미용을 직업으로 선택하면서 1948년 처음 국내 미용사 국가자격 시험이 제정되어 우리나라의 미용과 관련된 법적제도가 확립되었다.

7) 현대

6·25전쟁 이후 경제 침체와 더불어 화장품 사용범위 역시 크게 위축되었지만 미군의 post exchange (PX)에서 유출된 물품들과 함께 화장품이 국내 화장품 시장을 주도하였다. 이때에는 입술은 진한 붉은색, 눈썹은 두껍고 진하게 그려 강한 이미지를 부각하고 아이라인을 길게 그려 눈매를 강조하는 화장법이 유행하였다.

1960년대 방문판매가 활성화되면서 화장품 소비가 증가하고 화장품 산업이 본격화되어 화장품이 인체에 미치는 영향 등의 연구 및 활성화 방안이 수립되기 시작하였으며 기능적인 사용목적에 따라 화장품이 세분화되었다. 인체에 해로운 백분의 사용이 급격하게 지하되며 자연스러운 피부톤을 선호하면서 부착력이 우수한 액상형 파운데이션이 큰 인기를 얻으면서 이로 인한 화장품의 연구, 개발로 지금과 유사한 색조화장품과 기초화장품들이 출시되었다.

1970년대에는 경제발전과 맞물려 사회활동의 확대 및 소비 패턴이 바뀌면서 화장품 사용이 급증하였는데 특징적인 것은 다양한 매스미디어를 통한 정보의 보급은 화장품 브랜드의 전파 그리고 패션과 메이크업 기술이 대중들에게 전달되는 계기가 되었으며 이로 인해 화장품 업계는 폭발적인 매출을 기록하게 되었다.

특히, 사회활동이 빈번해지면서 TPO(Time, Place, Occasion)에 적합한 화장법이 인기를 끌었고 우리나라의 화장품이 세계시장에 도전장을 내면서 해외수출도 본격화되기 시작하였다.

1980년대에 들어 생명공학의 발달로 인체의 생리적 기능에 기반을 두고 안전성과 안정성이 뛰어난 화장품들이 개발되었으며 컬러TV가 보급되어 다양한 색상표현을 위한 제품들이 출시되면서 개인의 특징을 부각시킬 수 있는 개성 연출이 가능해졌으며 메이크업이 생활의 한 부분으로 인식하게 되었던 시기이기도 하다. 또한 환경의 변화가 사회적 문제로 크게 대두되면서 화장품 업계는 자외선이나 공기오염 등으로부터 피부를 보호할 수 있는 화장품들을 만들기도 하였다.

1990년대는 수입 화장품이 국내로 유입되면서 국내 화장품 업체와 경쟁하게 되었고, 다양한 성분의 제품과 사용에 따른 분류가 세분화된 제품들이 선보이면서 일반인들의 구매영역이 넓어지기도 하였다. 화장품에 대한 관심이 높아지면서 식물성 성분이 함유된 자연화장품이 등장하였으며 「약사법」의 일부였던 「화장품법」이 2000년 7월 「약사법」에서 분리되어 단독 「화장품법」이 제정되었다. 이때 미백에 도움을 주는 제품, 주름 개선에 도움을 주는 제품, 피부를 곱게 태워주거나 자외선으로부터 피부를 보호하는 데 도움을 주는 제품 등의 기능성 성분이 함유된 화장품들이 그 기능의 안전성과 유효성을 강조하게 되었다. 또한 2008년에는 외국에서 시행하던 화장품의 전성분 표시제를 시행함으로 인해 화장품의 안전성을 고지하게 되었고 2017년 기존의 기능성 화장품에 더하여 여드름 완화화장품, 아토피 피부완화 화장품, 튼살 완화 화장품, 탈모 완화 화장품, 제모제, 염모제·탈색제가 추가되어 인체에 영향을 미치는 성분들의 안전성을 추가하였다.

CHAPTER 02 | 피부와 화장품

1. 피부구조와 특징

피부는 생리적인 기능뿐만 아니라 미적, 사회적인 기능을 내포하고 있어 타인이 개인의 피부상태를 보고 건강과 감정을 파악하기 때문에 매우 중요한 기관이라고 할 수 있다. 피부는 인체의 표면을 덮고 있는 가장 넓은 기관으로 세균, 유해물질, 자외선으로부터 피부보호 및 체내의 근육들과 장기들을 보호하는 상피조직으로 전신의 대사에 필요한 기능을 수행하는 기관이다. 신체 방어기전인 랑게르한스 세포들에 의해 면역체계를 구축하며 신경말단 조직을 통해 더위와 추위, 압력, 충격, 접촉 등의 조직 부상에 반응한다.

피부의 구조는 표피(Epidermis), 결합조직인 진피(Dermis), 피하조직(Subcutaneous layer)으로 구분하고 피부 면적은 성인의 경우 평균적으로 $1.6m^2$(여성)~$1.8m^2$(남성)이며 무게는 개인 체중의 약 7~8%를 차지한다.

두께의 경우는 피하지방층의 두께, 연령, 성별에 따라 다르게 나타나며 일반적으로 눈꺼풀이 신체 조직 중 가장 얇고, 손바닥, 발바닥이 가장 두껍다.

또한, 형태학적으로 표면 형태에 따라 모공, 한공, 소릉, 소구, 피부결 등으로 구분한다. 모공은 체모가 피부 밖으로 자라는 구멍이며 피지선과 연결되어 피지와 노폐물을 모공을 통해 체외로 배출한다. 모공은 손바닥과 발바닥 그리고 입술 등을 제외한 피부전체에 분포하고 있다. 한공은 땀을 체외로 배출하는 구멍이며 소릉은 표피의 표면이 높은 곳을 말하며 낮은 부분은 소구라고 한다. 이외 피부 부속기관인 피지선, 한선, 털, 조갑(손·발톱) 등으로 구성되어 있다.

1) 표피(Epidermis)

표피는 피부의 가장 상층부로서 두께는 약 0.1~0.3mm이며 바깥으로부터 각질층, 투명층, 과립층, 유극층, 기저층으로 구분된다. 표피를 구성하는 세포로 각질형성세포(keratinocyte), 멜라닌세포(melanocyte), 머켈세포(Merkel cell), 랑게르한스세포(langerhans cell)가 있다.

표피의 주요 기능으로 피부 내부의 수분증발을 막아주고 외부환경으로부터 피부를 1차 방어하는 기능을 들 수 있다.

① 각질층(Stratum cornerm)

각질층은 피부의 가장 바깥에 위치하는 20~25개의 핵이 없는 죽은 세포층으로 비늘 모양이 겹겹이 쌓여 있고 외부의 물리적, 화학적 자극으로부터 인체를 방어하는 피부 장벽기능을 수행하는 데 중요한 역할을 한다.

각질층의 구성은 딱딱해진 케라틴 성분이 58%로 각질층을 구성하고 있는 성분 중 가장 비중이 높으며, 천연보습인자 38%, 지질 11% 등으로 구성되어 있다.

각질층의 수분함유량은 다른 조직보다 세포 사이를 채우고 있는 세포간지질이 100~200배가 많아 피부 건조를 막아주는 기능이 있으며 수분함유량은 평균적으로 약 12~20% 정도가 적당하지만, 자연노화, 온도 및 습도, 외부자극으로 인한 각질층 손상, 잘못된 화장품 사용 또는 피부관리 등으로 수분함유량이 10% 미만으로 줄어들게 되면 건조한 피부가 될 수 있다.

또한, 기저층에서 발생된 각질형성세포는 28일±3일의 발생과 분화의 과정을 거치면서 피부로부터 자연적으로 탈락하게 되는데 이것을 턴오버(turn over) 또는 각질형성주기라고 하고 피부표면에서 노화된 각질세포가 탈락되는 기간이 길어지게 되면 각질층은 두꺼워지고 잔주름과 피부 거칠어짐 현상, 여드름의 원인이 된다.

② 투명층(Stratum lucidium)

투명층은 2~3개 층의 상피세포로 생명력이 없는 무색, 무핵의 상태이며 주로 손바닥과 발바닥에 존재하고 수분의 흡수 및 침투를 막아주는 역할을 한다.

과립층과 각질층 사이의 경계를 이루고 있는 레인 방어막(수분 증발 저지막)은 특수한 화학적 성질을 가지고 있어 외부로부터 이물질의 침투 즉, 물리적 자극, 화학적 물질의 침입을 저지하여 피부에 염증이 발생하지 않도록 막아주며, 엘라이딘(eleidin)이라는 반유동성 물질은 수분침투 방지 및 자외선을 반사시키는 기능으로 피부에 멜라닌 색소가 발생하지 않도록 도와준다.

③ 과립층(Stratum granulosum)

2~5개 층의 방추형세포로 유황단백질을 함유하고 있어 빛을 굴절시켜 피부를 건강하고 맑게 하는 특징이 있고 케라토히알린(keratohyalin)이라는 물질이 존재한다.

케라토히알린은 케라틴 단백질이 뭉쳐진 것으로 단백질, 핵산, 지질, 당분이 주성분이고 과립층 역시 외부로부터 이물질 통과 및 피부 내부의 수분이 빠져나가지 못하도록 방어막을 형성하고 있어 피부염증과 같은 질환이나 피부가 건조해지는 것을 막아주는 역할을 한다. 이러한 특징으로 인해 치료를 위한 약물주입 또는 화장품의 유효성분이 피부 깊숙이 전달되는 것이 어렵다.

④ 유극층(Stratum spinosum)

표피 가운데 여러 층이 모여 단단하고 가장 두꺼운 층으로 세포의 형태는 불규칙한 다각형으로 약 5~10여 개의 세포층으로 이루어져 있다.

세포에서 짧은 가시모양의 돌기가 돌출되어 있어 가시층이라고도 하며 이러한 가시돌기는 세포와 세포 사이의 세포간교를 형성한다. 유극층에는 임파관이 순환하고 있어 림프액을 통해 체내 노폐물을 배출하고 혈액순환과 영양공급에 관여하는 물질대사가 이루어지고 면역기능을 관장하는 랑게르한스 세포(langerhans cell)가 존재한다.

⑤ 기저층(The baeal loyer)

표피의 가장 아래 위치한 세포층으로 타원형의 핵을 갖고 진피와 경계를 이루는 물결 모양(요철)의 단층으로 요철이 많고 깊을수록 탄력이 뛰어난 피부라고 할 수 있으며 진피의 모세혈관으로부터 영양분과 산소를 공급받아 새로운 세포를 만들고 각질층까지 세포분열이 원활할 수 있도록 도와준다.

기저층에 존재하는 세포는 각질형성세포(keratinocyte), 면역을 담당하는 머켈세포(merkel cell) 색소를 형성하는 멜라닌세포(melanocyte)로 각질형성세포는 피부 겉면에서 탈락하는 각질층을 형성하는 세포이며 멜라닌세포는 피부색을 결정짓는 세포라고 할 수 있다.

또한 머켈세포는 각질형성세포들과 교소체로 연결되어 있으며 면역기능과 밀접한 관련이 있다.

피부의 구조

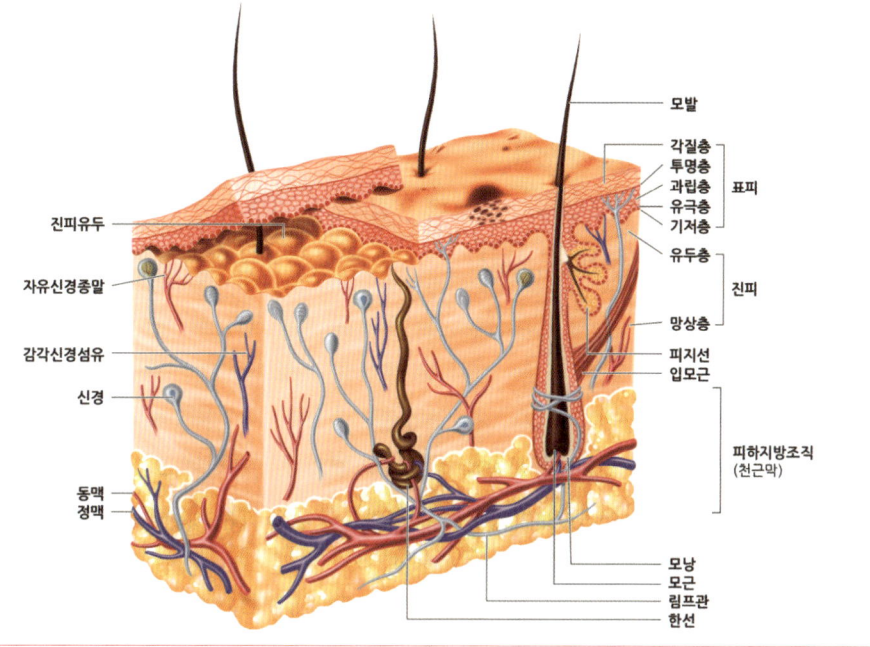

2) 표피구성 세포

(1) 각질형성세포(Keratinocyte)

　표피의 구성성분인 각질형성세포는 표피세포의 약 80%를 차지하며 기저층에서 발생하여 약 28±3일의 발생과 분화의 과정을 거치면서 피부로부터 자연적으로 탈락하게 되는데 이것을 턴오버(turn over) 또는 각질형성주기라고 한다.

　각질형성주기과정에서 발생하는 표피는 노화된 각질세포의 형태로 얇은 비듬과 같은 조각형태로 탈락하게 되며 탈락하는 기간이 길어지게 되면 각질층은 두꺼워지고 잔주름과 거칠고 칙칙한 피부의 원인이 된다.

(2) 멜라닌형성세포(Melanocyte)

　표피세포의 약 5%를 차지하는 멜라닌 세포는 기저층에서 발생하며 수상돌기를 가지고 있어 외부자극에 매우 민감하게 반응한다.

　혈액에서 적황색 또는 흑갈색의 멜라닌색소를 생성하여 각질형성세포에 공급하며 이때 단백질과 결합된 형태의 폴리머로 기저층 상부에 분포되어 자외선을 흡수하여 기저층에서 발생하는 세포들의 손상을 막아준다.

멜라닌 세포 수는 인종과 피부색에 영향을 미치지 않으며 피부색을 결정하는 것은 멜라닌 색소의 양과 농도에 따라 결정된다. 멜라닌 색소의 발생량 증가는 자외선, 호르몬의 변화, 스트레스, 임신과 출산, 다이어트 등과 밀접한 관계가 있다.

이러한 멜라닌은 두 가지 타입으로 구분되는데 유멜라닌은 갈색 또는 검은색의 색소를 생성하며 황인종과 흑인종에게 많이 나타나며 페오멜라닌은 노란색 또는 붉은색을 생성하여 백인종에게 주로 나타난다.

(3) 랑게르한스세포(Langerhans cell)

방추형의 세포돌기를 가진 것으로 유극층의 상부와 과립층에 존재하며 표피세포의 2~8%를 차지한다. 주로 면역과 관련된 기능이 있으며 외부로부터 피부를 공격하는 이물질인 항원을 T-림프구에 전달하여 접촉피부염을 일으키는 T세포로 분화한다.

랑게르한스세포는 림프계 기관의 수상돌기 세포와는 차이가 있으며 식작용이 있으며 세포질에는 세포 고유의 랑게르한스 과립 등이 존재한다.

(4) 머켈세포(Merkel cell)

피부표피 및 구강 점막 등에 존재하며 기저층에서 발생하는 촉각세포로 진피의 신경각질형성세포와 교소체로 연결되어 있으며 촉각을 인지하는 민감한 부위에 주로 분포되어 있다.

주로 신체 중 털이 있는 부위에서 발견되지만 손바닥, 발바닥 등에 존재하는 촉각수용체로 신경의 말단과 연결되어 촉각을 감지하는 기능이 있다.

3) 진피(Dermis)

진피는 중배엽에서 발생하며 표피두께보다 20~40배 정도 두꺼우며 약 2~3mm의 두께로서 실질적인 피부로 피부의 90% 이상을 차지한다. 진피는 경계가 뚜렷하지 않으나 유두층과 망상층으로 구분하고 피부의 탄력을 주관하는 교원섬유(Collagen fiber)와 탄력섬유(Elastin fiber) 등의 섬유성 단백질과 기질로 구성되어 있다.

진피의 기능은 표피에 영양을 공급하고 진피 하부의 구조를 기계적인 자극으로부터 보호하며 피부를 건강하고 탄력적이며 유연하게 하는 역할을 한다.

(1) 유두층(Papillary layer)

　　표피와 진피의 사이의 기저세포층 아래에 불규칙한 섬유결합 조직의 형태로 배열되어 있고 물결 모양의 둥글고 작은 탄력 조직인 돌기가 돌출되어 있는데 유두의 모양을 닮았다하여 유두층이라고도 한다. 유두층에는 모세혈관과 신경말단이 밀집되어 있으며 감각기관(촉각, 통각)이 존재한다. 또한, 각질형성 세포로부터 영양공급 및 산소를 공급받아 체온조절과 피부탄력 및 유연성에 관여하며 피부 건강상태에 중요한 역할을 한다.

(2) 망상층(Reticular layer)

　　진피의 대부분을 차지하는 그물 모양의 결합조직으로 모세혈관이 거의 없이 피부 부속기관인 혈관, 림프관, 신경, 땀샘, 피지선, 입모근 등이 존재한다.

　　진피의 구성 세포는 교원섬유(콜라겐, Collagen fiber)와 탄력섬유(엘라스틴, Elastin fiber)이 존재한다. 두 섬유 간에는 끈적끈적한 점액 상태인 뮤코다당류가 겔의 상태로 있어 조직의 모양에 의해 피부가 늘어날 수 있는 탄력성을 지니게 하고 일정한 방향을 이루어져 피부가 과하게 늘어나거나 파열되지 않도록 보호한다. 노화가 진행되면 콜라겐과 엘라스틴의 생성량이 감소하고 피부의 수분 보유상태가 줄어들게 되어 주름이 생성된다.

4) 피하조직(Subcutaneous tissue)

　　피부 가장 아래층에 위치하고 영양과 에너지 저장, 체온유지, 수분조절, 물리적 자극과 충격에 대한 완충작용을 하며 근육과 뼈를 보호한다.

　　지방층의 두께에 따라 체형이 결정되며 남성은 상체와 복부 주변, 여성은 엉덩이와 허벅지 주위에 집중적으로 분포한다.

2. 피부의 부속기관

　　피부 부속기관은 한선(Sweat gland)과 피지선(Sebaceous gland), 털과 조갑(손·발톱)으로 구성되어 있으며 피부에서 발생한 것이지만 각각의 작용과 기능이 다르게 나타나고 피부의 구조에서 매우 중요한 역할을 한다.

1) 한선(Sweet gland, 땀샘)

진피와 피하지방 조직의 경계에 위치하고 땀을 생성하여 하루 700~900㏄ 정도 배출한다. 체온조절, 신진대사에 의한 노폐물 배출, 피부보습 및 피지막과 산성막을 형성하는 기능을 수행하지만 과도한 땀의 분비는 영양분과 미네랄을 배출하게 됨으로 주의해야 한다.

(1) 소한선(에크린선)

에크린 한선은 입술, 생식기 등을 제외한 전신의 피부에 분포되어 있으며 진피 내에 실 뭉치 형태로 위치한다. 주로 손바닥 발바닥, 이마, 겨드랑이 등에 분포되어 있는 무색, 무취의 맑은 액체로 세균번식을 억제하는 산성보호막을 형성한다.

(2) 대한선(아포크린선)

에크린 한선보다 크고 모공을 통해 땀을 배출하게 되는데 이때 발생하는 땀의 산도는 pH 5.5~6.5로 단백질 외에 다양한 성분을 함유하고 있어 독특한 냄새로 인해 체취선이라고도 하며 주로 겨드랑이, 유두, 배꼽, 생식기, 항문 주변에 분포하고 있다.

특히, 사춘기 이후에 발달하며 성별과 인종에 따라 분비량이 달라지는데 남성보다는 여성, 백인보다는 흑인에게 많이 나타나고 스트레스와 감정의 변화와 성적흥분이 활성화의 원인이 된다.

2) 피지선(Sebaceous gland, 기름샘)

피지를 분비하는 기관으로 진피의 망상층에 위치하며 모낭과 연결되어 피지를 합성하여 분해 후 모공을 통해 피부 밖으로 배출하게 되는데 손바닥과 발바닥을 제외한 전신에 분포하고 코주변, 얼굴(T-존), 가슴, 등 부위에 많이 분포한다.

피지선의 기능은 피부의 항상성유지, 노폐물배출, 산성막 형성을 통한 외부자극 및 세균으로부터 피부를 보호하고 수분 증발을 방지하지만 과도한 피지 분비는 모공을 막아 세균이나 박테리아가 번식하여 피부트러블이 발생할 수 있다.

피지선의 분비량은 여성보다는 남성에게서 많이 분비되지만 나이, 성별, 계절적요인, 피부온도 등에 따라 변화하고 특히, 사춘기에 발생하는 남성호르몬인 테스토스테론(Testosterone)의 자극으로 인해 남성들에게 훨씬 많이 발생한다.

이렇게 분비된 피지는 피부표면에 분포되어 땀과 섞여 피지막을 형성하게 되는데 적당한 피지의 발생은 피부와 체모에 윤기부여 및 촉촉함을 주지만 과다한 분비는 오히려 모공을 막고 자극함으로 트러블의 원인이 되기도 한다.

피지선 구조

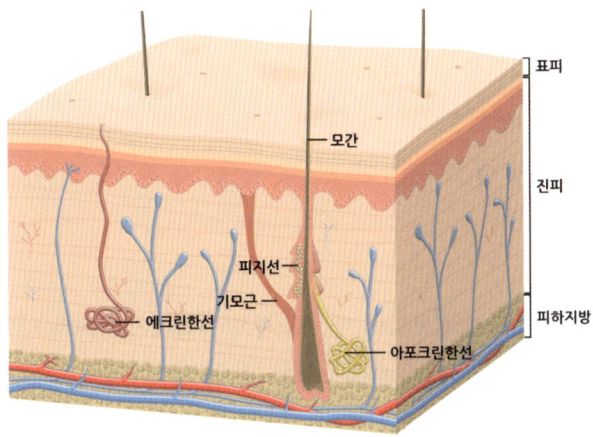

3) 모발(Hair)

모발은 체모라 하여 사람의 몸에서 발생하는 모든 털을 총칭하는 것으로 단백질의 일종인 케라틴 80~90%, 수분 10~15%, 멜라닌색소 3~6%, 지질 1~8% 그리고 미량원소 0.6% 등의 성분으로 구성되어 있고, 약 130~140만 개 정도가 분포되어 있다.

모발의 기능은 태양광선으로부터 두피를 보호하고 외부자극으로부터 피부를 보호하고 충격 완화와 감각(촉각, 통각)을 전달하며 모발을 통해 중금속 등과 같은 노폐물을 걸러내는 작용을 한다. 또한, 장식의 기능으로 성적매력과 미용상 효과 및 남·여 성별 구분 및 과거에는 신분 차이를 나타냈다.

모발의 손상원인으로는 자연적인 손상과 화학제에 의한 손상으로 구분하며 손상된 모발의 복구를 위해 집중적인 트리트먼트 제품을 사용하거나 두피 건강을 위한 매뉴얼 테크닉 적용을 통해 정상적으로 회복시킬 수 있다.

(1) 모발의 구조

피부표면의 모간(Shaft), 내부의 모근(Root)으로 구성되어 있으며 모근의 아랫부분은 모낭, 모구, 모유두, 피지선, 입모근 등이 분포되어 모발의 영양과 산소를 취하여 모발의 생성과 성장에 관여하며, 모간부는 모표피, 모피질, 모수질로 구성되어 있으며 모근까지 연결되어 있다.

① 모표피(Cuticle)

모간의 외측으로 얇은 세포로 이루어져 있고 모발의 내부를 감싸고 있어 모발을 보호하고 있는 층으로 경단백질이 5~15개 층으로 겹쳐 있는 무색투명하고 무핵의 세포로 구성되어 있다.

② 모피질(Cortex)

모발의 약 85~90%를 차지하는 두꺼운 부분으로 모표피의 안쪽에 분포하고 있으며 친수성이면서 부드러운 단백질과 케라틴성분으로 구성되어 있다. 모피질은 모발의 색을 결정짓는 멜라닌 색소를 포함하고 있으며 모발의 탄력과 강도를 결정짓는 역할을 하기도 한다.

③ 모수질(Medulla)

모발의 중심 부위로 공동의 벌집모양의 다각형 세포가 길이 방향으로 나열되어 있으며 보온성을 유지하는 기능이 있으며 모수질이 건강하면 퍼머넌트 웨이브의 형성이 강하게 이루어진다.

(2) 모발의 생장주기(Hair cycle)

모발의 주기는 모발이 성장하는 성장기, 모구의 축소 시기인 퇴행기, 모유두가 활동을 시작하거나 새로운 모발을 발생시켜 오래된 모발을 탈모시키는 휴지기와 발생기 단계로 이루어져 있다. 모낭의 뿌리인 모구 속 모유두는 모발의 성장을 위한 영양분을 공급해주는 혈관과 신경이 밀집되어 있어 머리카락의 생장을 조절한다.

모발의 성장기는 평균적으로 남성은 3~5년, 여성은 4~6년 정도이며 퇴화기는 30~45일, 휴지기는 4~5개월로 이기간이 지난 후 자연탈모가 이루어지며 휴지기의 마지막은 새로운 모발의 생성기인 활동기의 시작이다.

① 성장기(Anagen)

모발이 성장하는 시기로 전체 모발의 90% 이상을 차지하며 한 달에 평균적으로 1~1.5cm정도 자라며 영양상태, 호르몬, 계절적 영향, 건강상태, 나이, 스트레스 정도에 따라 성장하는 속도는 다르게 나타날 수 있다.

② 퇴화기(Catagen)

모발의 대사과정이 늦어지게 되며 모근부가 수축되어 모유부와 분리되면서 성장이 점차 늦어지는 시기로 전체 모발의 약 1~2% 정도가 해당된다.

③ 휴지기(Telogen)

모낭과 모유두의 활동이 멈추고 모근이 위로 밀려 올라오면서 탈모가 시작되는 시기로 보통 3~4개월 정도의 기간이 걸리며 전체 모발의 약 10% 정도 된다.

특히, 임신과 출산을 경험한 산모의 경우 약 30%까지 늘어나며 보통 휴지기 모발이 20% 이상이 된다면 탈모 질환으로 치료 및 관리가 필요하다.

모발의 생장 주기

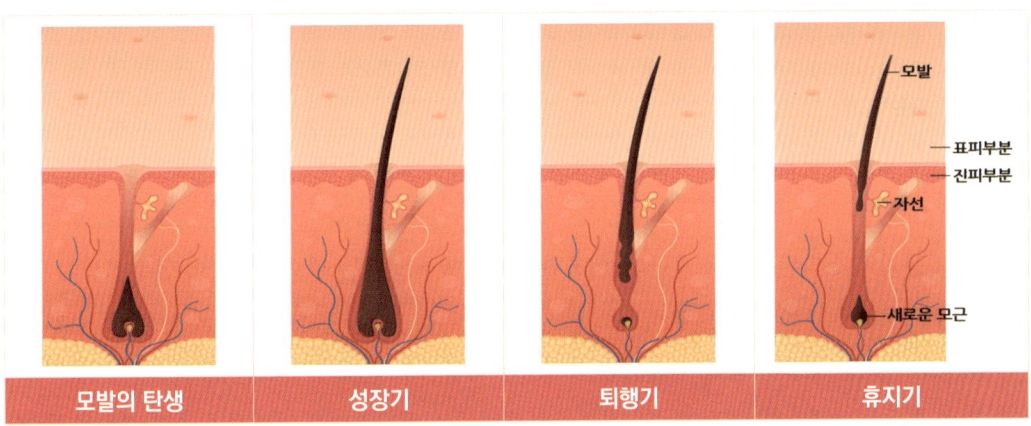

| 모발의 탄생 | 성장기 | 퇴행기 | 휴지기 |

4) 조갑(손·발톱)

조갑(Nail)은 피부나 모발과 같은 경단백질(케라틴)로 이루어진 피부의 부속기관으로 그 기능은 조갑의 뼈나 근육이 손상되지 않도록 하는 것이다. 하루에 성장 속도는 0.1~0.15mm 정도로 성별, 나이, 유전, 생활습관 등에 영향을 받고 손톱보다 발톱이 조금 느리게 성장한다. 건강한 손톱은 세균에 감염되지 않은 연한 핑크빛을 띠고 윤기가 있어야 한다.

조갑의 구조와 기능

명칭	구조와 기능
조체(Nail Body)	눈으로 보이는 부분
조갑(Nail Wall)	조체를 둘러싸고 있는 부분
조근(Nail Root)	조곽 아래 숨겨진 부분
자유연(Free Edge)	손톱의 끝부분
조상(Nail Bed)	손톱을 받치고 있는 부분
조모(조기질, Matrix)	세포분열을 통해 손톱을 지속해서 만들어 내는 부분
반월(Lumula)	반달 모양으로 희게 보이는 부분

3. 피부노화와 주름

노화(aging)란 시간이 지나감에 따라 모든 유기체에 공통으로 나타나는 현상으로 신체적·정신적 생리 기능이 감소되는 현상을 말한다. 미용학적으로 피부 노화는 세포의 성장이 멈추면서 피부의 기능과 구조가 점점 퇴화해가는 과정으로 교원섬유(콜라겐, Collagen Fiber)와 탄력섬유(엘라스틴, Elastin Fiber)의 합성 능력이 감소되어 피부는 얇아지고 탄력이 없어진다.

노화의 형태는 탄력저하 뿐만 아니라 진피층의 콜라겐과 엘라스틴을 파괴하여 굵고 깊은 주름, 잔주름, 색소침착 등을 일으키는 것으로 알려져 있다.

노화의 진행 속도는 생활습관이나 환경 등에 의해 개인적 차이를 보이지만 크게 자연노화(내인성)와 광노화(외인성)로 구분된다. 자연노화는 나이가 들어감에 따라 누구나 피할 수 없는 노화 현상으로 표피의 수분부족, 진피층의 위축과 피하지방의 감소가 나타나며 진피 내 기질의 감소로 경미한 잔주름이 생성된다.

광노화는 자외선에 의한 피부손상으로 노화에 심각한 영향을 미치며 자연노화에 비해 주름형성이 빠르고 굵은 주름의 형태로 발생하게 된다. 주로 자외선 노출이 많은 직업군과 외부활동이 많은 사람들의 목덜미, 얼굴, 손과 같이 노출부위의 피부가 딱딱하고 깊은 주름이 발생하는 것을 볼 수 있다.

자연노화와 광노화에 의한 피부 변화

구분	항목	자연노화(내인성)	광노화(외인성)
표피	표피층	얇다	두껍다
	각질층	증가 또는 감소	각질층이 증가
	각질형성세포	증가	증가
	멜라닌형성세포	감소	증가 또는 감소
	랑게르한스세포	감소	감소
진피	진피층	감소	감소
	교원섬유(콜라겐)	섬유가 얇아지고 감소	섬유가 굵고 방향성이 없다.
	탄력섬유(엘라스틴)	규칙적 배열	변형되어 덩어리를 형성
	모세혈관	정상적	확장

4. 화장품의 피부 흡수

화장품이 피부로 흡수되는 경로는 표피의 각질층을 통한 모세혈관에 이르는 경로와 부속기관 인 모낭과 피지선 및 땀샘 등을 통해 모세혈관에 이르는 경로로 구분할 수 있다.

화장품 가운데 세럼, 에센스, 고농축 앰플의 경우 유효성분이 피부에 흡수되는 것은 비교적 높지만 크림종류의 제품들은 피부흡수 기능이 상대적으로 낮다고 할 수 있다.

이렇듯 화장품의 유효성분의 침투차이는 제품의 제형, 분자량과 무게, pH 농도뿐만 아니라 기술적인 문제 등과 관련이 높을 수 있다.

1) 각질층을 통한 흡수

피부의 유효성분의 흡수과정에서 가장 핵심은 각질층인데 이 각질층은 친수성과 친유성의 라멜라 구조형태의 장벽으로 각질세포 사이에 존재하는 세포간지질에 녹아 흡수되는데 이 원리는 '수동확산'에 의해 일어난다고 볼 수 있다.

부속기관을 통한 흡수에 비교해 천천히 진행되나 표면적이 넓어 피부에 차지하는 흡수 정도는 더 크다. 기름과 기름은 잘 혼합되므로 피지에 잘 녹는 지용성 성분(분자량 800 이하)이 잘 흡수되고 수용성 성분의 고분자일 경우 거의 흡수되지 않는다고 할 수 있다.

2) 피지선과 모낭을 통한 흡수

부속기관인 피지선과 모낭을 통한 흡수는 화장품이 피부로 흡수되는 대부분의 경로로 알고 있지만, 모공이 피부에서 차지하는 비율은 피부 표면적의 약 0.1%로 비교적 적으므로 전체로 보면 이 경우는 아주 적다.

그러나 각질층은 고분자일 경우나 이온 물질의 경우 확산작용에 의한 신속하게 통과하는 특징이 있고 진피와 피하조직과도 연결되어 있어 각질층을 통한 흡수보다 빠른 장점이 있다.

3) 화학적 방법을 통한 흡수

피부에 유효한 성분을 침투시키기 위한 화학적 방법으로 요소(Urea), 살리실산(Salicylic acid) 등을 이용하여 각질층을 분해시켜 피부의 수분함량을 증가시켜 흡수를 도와주고 흡수 촉진제인 알코올(Alcohol), 글리콜(Glycols) 등의 화합물을 통해 피부에 효과적인 성분들을 침투시키기도 하는데 이러한 성분들은 주로 휘발성과 방향성이 뛰어난 식물의 꽃, 잎, 뿌리, 줄기, 과일 등에서 정유하여 사용한다.

5. 피부와 수분

인체의 약 65~70%는 수분으로 채워져 있으며, 피부의 상층부인 각질층에도 10~20%의 수분이 함유되어 있어 촉촉하고 윤기 있는 상태를 유지할 수 있다.

피부의 상층부인 각질층은 외부 유해환경으로부터 피부를 보호하는 것은 물론 피부의 수분증발을 막아주는 중요한 기능을 수행하고 있다.

그러나 각질층의 수분함유량이 10% 이하로 저하되면 피부가 건조해지고 잔주름 발생의 원인이 될 수 있음으로 수분을 유지하여 피부 장벽을 보호하는 것이 매우 중요하다고 할 수 있으며 이러한 각질층의 수분을 유지할 수 있는 메커니즘(Mechanism)은 다음과 같다.

첫째, 천연보습인자(Natural moisturizing factor, NMF)이다. 이는 각질층에 존재하는 수용성 보습인자 성분들을 총칭하는 것으로 이 NMF에 의해 표피의 수분 유지로 각질층이 유연할 수 있다.

둘째, 각질세포와 세포 간 사이 지질로 피지선에서 나온 피지와는 달리 각질층 자체에서 생성된 지질로 각질 세포 사이에 있는 지질과 수분은 세포와 세포를 단단하게 결합하여 벽돌 구조와 같은 라

멜라(lamella) 구조로 수분을 일정하게 유지하고 수분의 손실을 막아주는데 이는 화장품이 흡수되는 경로이기도 하다.

셋째, 부속기관 중 하나인 땀샘을 통해 배출된 땀과 피지선에서 분비된 피지가 서로 만나 만든 피지막으로 W/O(Water in the Oil) 타입의 상태로 존재하나 피부 상태에 따라 O/W(Oil in the Water)의 상태로 바뀌면서 서로 가역적으로 피부의 수분조절에 관여한다. 나이가 들수록 피지 분비 능력이 감소하면 보호막인 산성 피지막이 얇아져 자극에 민감하게 반응하고 수분 증발이 잘 되므로 적절한 수분관리가 필요하고 방치 시 노화가 빠르게 진행되어 주름이 발생할 가능성이 커진다. 이런 상태가 되지 않도록 화장품을 이용하여 인공 피지막을 제공하여 주는 것이다.

6. 피부의 기능

피부는 외부환경으로부터 신체를 보호하기 위해 방어막을 형성하고 세균으로부터 피부를 보호하기 위한 살균작용과 체온조절, 배설 및 감각기능을 가지고 있으며, 신체 내의 필수 영양소 공급 및 수분과 전해질 균형을 유지하여 건강한 피부가 되도록 도와준다.

1) 보호기능

물리적인 자극으로부터 표피의 각질과 진피층의 탄력성 및 피하조직의 완충작용을 통해 외부의 마찰, 충격 등으로부터 피부를 보호하며 피부 표면에 산성막을 형성하여 세균 번식 억제 및 살균작용을 하는데 이러한 약산성 보호막의 경우 유해물질이 피부 깊숙이 침투하지 못하도록 방어막을 구축하는 것으로 이해할 수 있다.

또한, 진피의 탄력섬유조직과 피하지방조직은 물리적인 외부의 충격을 흡수하여 신체 보호하는 역할을 한다.

2) 분비 및 배설기능

한선과 피지선을 통해 땀과 피지를 분비하고 땀은 대부분 피부 표면에서 증발하여 체온 조절에 도움을 주며 피지는 피지막을 형성하여 과다한 수분 증발을 막아 수분량을 일정하게 유지할 수 있도록 한다. 그리고 피지에 함유되어 있는 지방산은 곰팡이균과 여러 질환의 세균들에 발생과 성장을 억제하는 기능이 있으며 땀 분비를 통해 노폐물을 배설하기도 한다.

3) 흡수기능(경피흡수)

피부는 체내에 무분별한 이물질의 흡수를 차단하고 필요한 물질을 선별하여 투과시키는 흡수 작용을 하며 지용성 물질의 흡수가 용이하며 물질의 종류 및 피부의 습도, 온도, 환경에 의해 영향을 받을 수 있다.

4) 감각기능

외부의 물리적인 자극에 의한 의식의 변화가 생기는 것으로 신경을 통해 뇌까지 전달되어 여러 가지 자극을 감지하는 기능으로 촉각과 통각은 진피의 유두층에 존재하며 냉각, 압각, 온각의 경우는 진피의 망상층에 존재하며 그 기능을 수행한다.

5) 호흡기능

사람의 호흡은 99%가 폐호흡을 유지하며 1%의 피부가 모공을 통해 산소와 이산화탄소를 교환하며 호흡기능을 수행한다.

6) 체온조절기능

땀 분비를 통해 체온의 조절이 가능하며, 체온이 상승할 경우 모공 확장으로 땀의 분비가 촉진되며 열의 발산으로 체온을 낮추며 일정하게 체온을 유지하게 되는데 체온조절작용은 모세혈관의 확장과 수축에 의한 혈액량의 변화를 통해 체온을 조절하게 된다,

CHAPTER 03 | 화장품의 특성

1. 화장품정의

　화장품을 의미하는 'cosmetics'는 그리스어로는 '잘 정리하다', '잘 감싼다'라는 표현으로, 사람의 기술로 균형과 조화롭게 만드는 물품을 말하며, 코스메틱의 어원은 '코스메티코스(Cosmeticos)'로, 혼돈을 의미하는 카오스의 반대 개념으로 '질서 있는 체계' 또는 '조화'로 고대 그리스어인 '코스모스(Cosmos, 우주, 신의 명령)'에서 유래하였다.

　화장품에 대한 법적인 정의와 범위는 나라마다 조금씩 차이는 있지만, 우리나라의 경우 "화장품"이란 인체를 청결·미화하여 매력을 더하고 용모를 밝게 변화시키거나 피부·모발의 건강을 유지 또는 증진하기 위하여 인체에 바르고 문지르거나 뿌리는 등 이와 유사한 방법으로 사용되는 물품으로서 인체에 대한 작용이 경미한 것을 말한다. 다만, 「약사법」 제 2조 제4호에서 "의약품에 해당하는 물품은 제외한다."라고 정의하고 있다.

　우리나라뿐만 아니라 세계적으로 경제성장이 가속화되고 소비자들의 삶의 질이 높아지고 생활이 풍요로워져 남녀 모두 자신을 아름답게 가꾸려고 하는 미적 욕망을 추구하고 있다. 그러므로 지금의 화장품이란 일상생활의 한 부분으로 자리 잡으면서 화장품산업은 생명공학, 화학, 생물학, 생리학뿐만 아니라 기초과학의 일부분과 응용기술 등이 적용되면서 고부가가치산업으로 발전하면서 기능성을 가미한 탁월하고 우수한 제품들이 지속적으로 개발되고 있다. 또한 경제발전으로 인한 사회적 문제인 환경오염 등으로 인한 피부 질환과 심한 건조피부, 예민성 피부를 가진 사람들이 늘어나면서 화장품 성분과 자연주의 화장품에 관심을 갖고 있다.

2. 화장품 관련 법규에 따른 화장품 산업

　우리나라의 화장품관련 법규는 처음 1953년 제정된 약사법에 포함되어 있는 화장품 법령에 준하여 제조·판매가 규제되었으나 화장품산업의 발전과 해외 화장품 시장 경쟁력을 높이기 위해 화장품 관련 법규를 분리하여 2000년 7월에 단독 화장품법을 제정하게 되었고 2018년 12월에 화장품법이

개정되면서 식품의약품안전처의 관리·감독을 통해 기능성 화장품까지 포함하면서 화장품의 분류와 정의가 확대되었다.

1) 화장품법 법령 체계

화장품 법령 체계

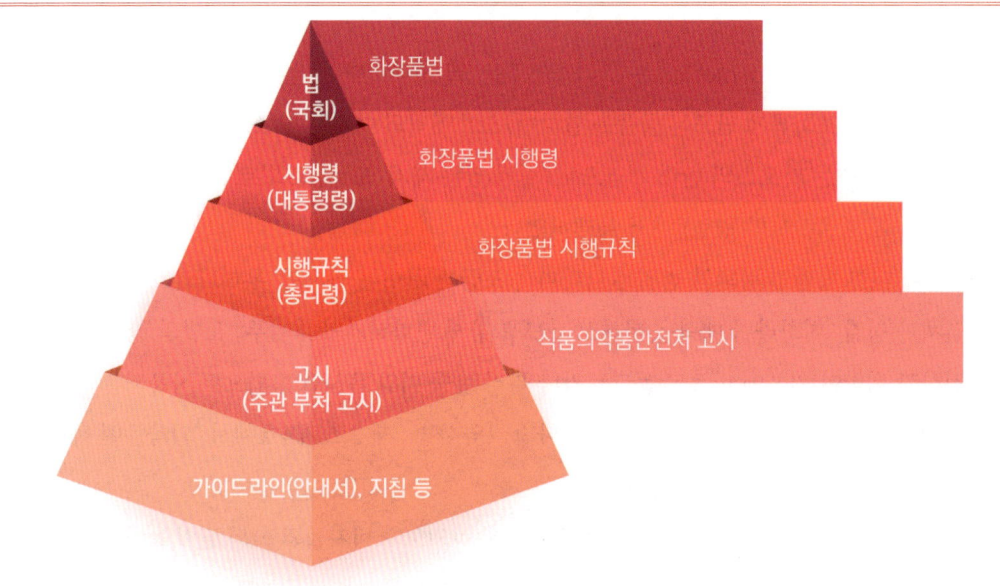

화장품법 법률, 시행령, 시행규칙

구분	목적
화장품법 (법률)	제1조(목적) 이 법은 화장품의 제조·수입·판매 및 수출 등에 관한 사항을 규정함으로써 국민보건향상과 화장품 산업의 발전에 기여함을 목적으로 한다. 〈개정 2018. 3. 13.〉
화장품법 시행령 (대통령령)	제1조(목적) 이 영은 「화장품법」에서 위임된 사항과 그 시행에 필요한 사항을 규정함을 목적으로 한다. 〈개정 2012. 2. 3.〉
화장품법 시행규칙 (총리령)	제1조(목적) 이 규칙은 「화장품법」 및 같은 법 시행령에서 위임된 사항과 그 시행에 필요한 사항을 규정함을 목적으로 한다.
법률 행정 규칙	• 기능성화장품 기준 및 시험방법 • 기능성화장품 심사에 관한 규정 • 맞춤형화장품조제관리사 자격시험 운영에 관한 규정 • 맞춤형화장품판매업자의 준수사항에 관한 규정 • 소비자화장품안전관리감시원 운영 규정 • 수입화장품 품질검사 면제에 관한 규정

- 식품의약품안전처 과징금 부과처분 기준 등에 관한 규정
- 어린이보호포장대상공산품의 안전기준
- 영유아 또는 어린이 사용 화장품 안전성 자료의 작성 보관에 관한규정
- 우수화장품 제조 및 품질관리기준
- 인체적용제품의 위해성평가 등에 관한 규정
- 천연화장품 및 유기농화장품 인증기관 지정 및 인증 등에 관한 규정
- 천연화장품 및 유기농화장품의 기준에 관한 규정
- 화장품 가격표시제 실시요령
- 화장품 바코드 표시 및 관리요령
- 화장품 법령 제도 등 교육실시기관 지정 및 교육에 관한 규정
- 화장품 안전기준 등에 관한 규정
- 화장품 안전성 정보관리 규정
- 화장품 원료 사용기준 지정 및 변경 심사에 관한 규정
- 화장품 표시 광고 실증에 관한 규정
- 화장품의 색소 종류와 기준 및 시험방법
- 화장품의 생산 수입실적 및 원료목록 보고에 관한 규정

※ 출처: 식품의약품안전처

2) 국내 화장품 관련 법률 및 제도

품질경영촉진법 및 산업안전관리법

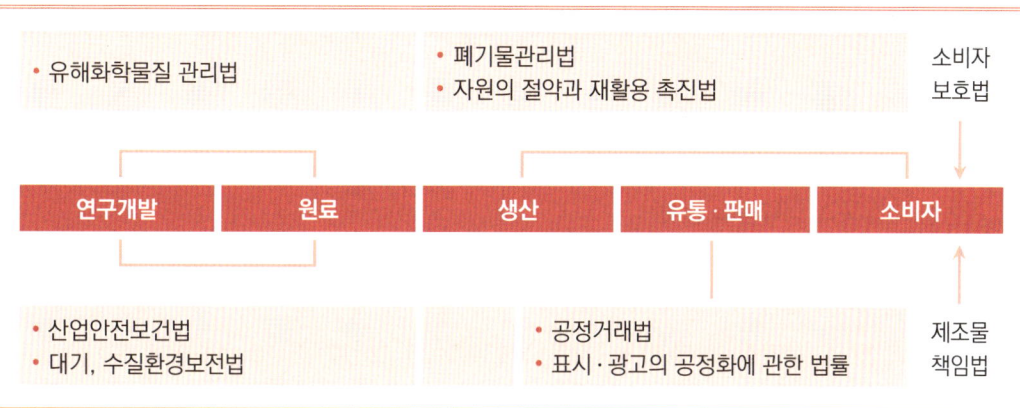

3. 화장품과 의약외품, 의약품의 구분

    화장품에 대한 분류와 정의는 각 국가마다 조금씩 차이가 있으나 기본적으로 인체의 청결과 아름다움을 목적으로 사용하며 사용기간 또한 장기간 또는 지속적으로 사용 가능하고 또 부작용이 없어야 한다. 의약품은 사용대상이 질병을 가진 환자에게 사용하는 것으로 질병의 진단과 치료를 위해

사용하는 것으로 정의하고 있다. 하지만 위생용품이나 의료기구 및 기계는 의약품에 포함되지 않는다. 의약부외품은 정상적으로 질병이 없는 사람에게 사용하는 물품 중에 어느 정도 약리적인 효과 및 효능을 나타내는 것을 말한다.

화장품과 의약외품, 의약품의 구분

종류	화장품	의약외품	의약품
사용대상	정상인	정상인	환자
사용목적	청결, 미화	위생, 미화	질병 진단 및 치료
사용기간	장기간 또는 지속적	장기간 또는 단속적	일정 기간
사용범위	전신	특정 부위	특정 부위
부작용	없어야 한다	없어야 한다	어느 정도 유효
허가여부	제한 없음	승인	허가

※ 출처: 의약품(약사법 제 2조 정의)

화장품법 신설 전·후 범주

구분	범 위		
2000년 7월 이전	화장품	의약외품	의약품
2000년 7월 이후	화장품	기능성화장품 의약외품	의약품

1) 기능성 화장품과 의약품외 분류

　제2조(기능성화장품의 범위) 「화장품법」(이하 "법"이라 한다) 제2조 제2호 각 목외의 부분에서 "총리령으로 정하는 화장품"을 말한다. 〈개정 2013. 3. 23., 2017. 1. 12. 2020. 8. 5.〉

기능성 화장품의 분류

4. 화장품의 사용 목적과 기능

1) 화장품 사용목적

과거의 화장품은 아름다움을 추구하거나 청결을 위해서라기보다는 피부 당김을 방지해주는 정도로 사용했다면 지금은 기능성을 목적으로 하는 기능성 화장품을 선호하고 있다.

기능성을 강화한 미백, 주름개선, 탄력유지 등을 위해 항산화성분이 다량 함유되어 있는 제품을 선호하는데 이것은 남녀노소 모두 자신의 매력을 더하여 자신감을 높이고 젊어 보이기 위한 노력으로 인간의 아름다움에 대한 본능적인 욕구의 충족이라고 할 수 있다.

화장품은 피부보호 차원에서도 매우 중요한 역할을 하는데 청결한 클렌징, 피부개선을 더한 유효한 성분의 함유, 외부자극(자외선, 건조, 한냉, 바람, 열, 세균, 먼지 등)으로부터 피부를 보호하기 위한 보호제 등이 화장품 사용의 기본적인 목적으로 사용되고 있다.

2) 화장품의 기능

인체에 적용하는 화장품은 피부를 청결히 유지하며 수분과 유분의 균형(Moisture balance)을 이루어 신진대사를 활성화하고 피부 항상성(Homeostasis)을 유지시켜 주는 기능이 있다.

목적에 맞는 미백, 주름개선, 자외선으로부터 피부보호, 모발의 색상 변화·제거 또는 영양공급을 도와주는 기능과 색조화장품으로 심리적인 만족감과 아름다움을 추구하는 심리적 안정과 건강미를 더하여 주는 기능을 포함하고 있다.

3) 화장품의 올바른 선택

좋은 화장품의 기준은 화장품을 사용하는 목적에 알맞은 것으로 현재 피부상태를 유지시켜주거나 이상적인 피부 상태로 돌아가고자 할 때 효과적이어야 한다. 그리고 피부에 대한 자극을 유발하거나 장기간 사용했을 경우에도 자극이 없고 잠재적인 어떠한 문제를 유발하는 성분이 함유되어 있지 않아야 하는데 화장품의 제형이 분리되거나 어떠한 이유 즉 자외선, 빛, 열 등에 의해 산화되거나 변질된 화장품을 선택해서는 안 된다.

기능성 화장품의 경우 사용 목적에 따라 필요한 화장품 원료가 함유되어 그 기능에 알맞은 효과를

나타내고 장기적으로 피부 장벽을 개선하여 피부재생에 도움을 주어야 한다.

　화장품의 주성분은 정제수 그리고 유분을 유화(乳化)시키기 위해 계면활성제를 사용하게 되는데 석유로부터 안전하게 추출된 화학물질이지만 경우에 따라 알레르기 반응 등 피부에 자극적일 수 있음으로 피부에 악 양향을 미치는 성분들이 함유되어 있는 제품은 피하는 것이 바람직하며 되도록 자연 친화적인 식물성원료를 사용한 화장품을 선택하는 것이 중요하다.

　피부구조와 비슷한 보습성분을 함유하여 피부의 수분함유량을 증가시키고 인체에 유효한 성분들이 피부 깊숙이 침투할 수 있어야 하고 사용감이 우수하며 피부개선 효과를 증대시키고 피부보습효과가 장시간 지속되는 기초화장품이라면 더욱 좋을 것이다.

　화장품은 기본적으로 오일, 정제수, 기타첨가물이 혼합되어 제조되는데 이때 화장품의 제형이 분리되거나 어떠한 이유 즉 자외선, 빛, 열 등에 의해 산화 변질되어서는 안 된다.

CHAPTER 04 ｜ 화장품 유형 및 분류

1. 화장품 유형 및 분류(의약외품은 제외)

　화장품의 유형은 사용하고자 하는 목적과 대상 부위에 따라 제형과 용도가 달라질 수 있으며 영·유아용, 인체세정용, 목욕용, 색조화장용, 방향용, 두발염색용, 두발세정용, 손·발톱용, 기초화장용, 면도용, 체취방지용, 체모 제거용 등으로 세분화하여 분류하고 있다.

　또한 화장품의 규정 및 기준, 시행령 및 시행규칙, 법령에 따라 일반화장품, 기능성 화장품, 맞춤형화장품 등으로 구분하며 이러한 기준의 법령은 화장품 법에 따라 구분하고 있는데 이것은 화장품의 제조·관리업체의 제조형태 즉, 원재료, 기술, 장비, 공정이 어떠한지, 사용자 욕구를 충분히 반영하고 이를 관리하는 관리업체의 적절한 매니지먼트의 일부라고 할 수 있다.

화장품 유형의 사용 용도별 구분

얼굴화장품	두발, 손발톱	인체 세정	영·유아, 방향, 체모
• 눈 화장용 제품류 • 색조 화장용 제품류 • 기초 화장용 제품류	• 두발 염색용 제품류 • 두발용 제품류 • 손·발톱용 제품류	• 목욕용 제품류 • 인체 세정용 제품류 • 면도용 제품류	• 영·유아용 제품류 • 방향용 제품류 • 체취 방지용 제품류 • 체모 제거용 제품류

1) 영·유아용(만 3세 이하)

- 영·유아용 샴푸, 린스
- 영·유아용 오일
- 영·유아용 인체 세정용 제품
- 영·유아용 로션, 크림
- 영·유아용 목욕용품

효능

영·유아의 피부가 건조해지지 않도록 방지하여 보습 및 유연하게 도와주며 두피와 모발의 유연성을 부여한다.

2) 목욕용 제품류

- 목욕용 오일·정제·캡슐
- 목욕용 소금류
- 영·유아용 인체 세정용 제품
- 버블 배스(bubble baths)
- 그 밖의 목욕용 제품류

효능

피부를 맑고 깨끗하게 세정하고 유연한 피부 상태가 될 수 있도록 도와주며 목욕 후 상쾌함을 부여하고 인체에서 향기로운 냄새가 나게 한다.

3) 인체 세정용 제품류

- 폼 클렌저(foam cleanser)
- 액체 비누(liquid soaps)
- 그 밖의 인체 세정용 제품류
- 바디 클렌저(body cleanser)
- 외음부 세정제
- 물휴지(다만, 「위생용품 관리법」(법률 제14837호)의 규정의 의한 「식품위생법」 제36조 제1항 제3호에 따른 식품접객업의 영업소에서 손을 닦는 용도 등으로 사용가능한 포장된 물티슈와 「장사 등에 관한 법률」 제29조에 따른 장례식장 또는 「의료법」 제3조에 따른 의료기관 등에서 시체(屍體)를 닦는 용도의 물휴지는 제외한다.)

※ 「품질경영 및 공산품안전관리법」 제 2조제10호에 따른 안전·품질표시 대상공산품 중 화장비누는 제외한다.

4) 눈 화장용 제품류

- 아이 라이너(eye liner)
- 아이 섀도우(eye shadow)
- 마스카라(mascara)
- 아이브로우펜슬(eyebrow pencil)
- 아이 메이크업 리무버(eye make-up remover)
- 그 밖의 눈 화장용 제품류

효능

색채효과로 눈 주위를 아름답게 꾸미고 눈의 윤곽을 뚜렷하게 표현할 수 있도록 명암을 주며 아이 메이크업이 잘 지워져 피부를 보호해 준다.

5) 방향용 제품류

- 향수
- 그 밖의 방향용 제품류
- 향낭(香囊, 향이 나는 주머니)
- 콜론(cologne)
- 분말향

효능

향기로운 냄새가 나는 효과를 준다.

6) 두발 염색용 제품류

- 탈염·탈색용 제품
- 헤어 틴트(hair tints)
- 헤어 컬러스프레이(hair color sprays)
- 그 밖의 두발 염색용 제품류
- 염모제

효능

두발 염색 또는 탈색을 통해 원하는 색상이 표현할 수 있다.

7) 색조화장용 제품류

- 바디 페인팅(body painting)
- 페이스 페인팅(face painting)
- 페이스 케이크(face cakes)
- 분장용 제품
- 볼연지
- 리퀴드(liquid)·크림·케이크 파운데이션(foundation)
- 메이크업 픽서티브(make-up fixatives)
- 페이스 파우더(face powder)
- 메이크업 베이스(make-up bases)
- 립스틱, 립라이너(lip liner)
- 립글로스(lip gloss), 립밤(lip balm)

효능

피부톤을 조절할 수 있으며 매력적인 색상표현을 통해 아름다움을 더 할 수 있다.

8) 두발용 제품류

- 바디페인팅(body painting)
- 헤어스프레이·무스·왁스·젤
- 페이스 케이크(face cakes)
- 포마드(pomade)
- 헤어 오일
- 헤어 컨디셔너(hair conditioners)
- 헤어 토닉(hair tonics)
- 샴푸, 린스
- 퍼머넌트 웨이브(permanent wave)
- 헤어 스트레이트너(hair straightner)
- 흑채
- 그 밖의 두발용 제품류

효능

두피와 모발을 깨끗하게 세정할 수 있으며 원하는 두발형태를 만들고 머리카락을 건강하게 유지시켜 준다. 또한, 모발의 윤기와 탄력을 부여하며 수분공급을 통해 거칠어지거나 갈라지는 현상을 방지해 주어 모발을 보호한다.

9) 손·발톱용 제품류

- 베이스코트(basecoats), 언더코트(under coats)
- 네일 폴리시(nail polish), 네일 에나멜(nail enamel)
- 탑코트(topcoats)
- 네일 크림·로션·에센스
- 네일 에나멜 리무버
- 그 밖의 손발톱용 제품류

효능

손·발을 보호하며 아름다움을 표현할 수 있다.

10) 면도용 제품류

- 애프터 셰이브 로션(aftershave lotions)
- 남성용 탤컴(talcum)
- 프리 셰이브 로션(preshavelotions)
- 그 밖의 면도용 제품류
- 셰이빙 크림(shaving cream)
- 셰이빙 폼(shaving foam)

효능

피부에 유·수분을 공급하여 촉촉하고 유연한 상태를 유지하며 면도 시 피부 자극을 줄여 준다.

11) 기초화장용 제품류

- 마사지 크림
- 바디 제품
- 로션, 크림
- 클렌징 오일, 클렌징 워터, 클렌징 로션, 클렌징 크림, 메이크업 리무버
- 수렴·유연·영양 화장수(face lotions)
- 파우더
- 팩, 마스크
- 손·발의 피부연화 제품
- 그 밖의 기초화장용 제품류
- 에센스, 오일
- 눈 주위 제품

효능

피부를 청결히 하고 영양공급을 통해 건강한 피부를 만들어 준다.

12) 체취 방지용 제품류

- 데오드란트
- 그 밖의 체취 방지용 제품류

효능

몸에서 나는 땀 냄새를 중화시켜 깨끗한 이미지를 연출할 수 있다.

13) 체모 제거용 제품류

- 제모제
- 제모왁스
- 그 밖의 체모 제거용 제품류

2. 화장품 사용시 주의사항

「화장품법」제 10조에 따르면 화장품 1차 포장 및 2차 포장의 경우 제품명, 제조업자 및 제조 판매업자의 상호, 사용성분, 용량, 제조번호, 사용기한 등과 함께 화장품 사용 시 주의사항을 필수 기

재하도록 되어 있다.

이러한 필수 기재사항들은 화장품법령에서 정한 내용이어야 하는데 그 내용은 다음과 같다.

1) 공통사항

① 화장품 사용할 때 또는 사용 후 직사광선에 의해 사용 부위가 붉어지거나, 부어오름 또는 가려움증 등의 이상 증상과 부작용이 나타나는 경우 반드시 전문의와 상담을 통해 사용 여부를 결정한다.

② 상처가 있는 부위는 피하거나 주의해서 사용한다.

③ 보관 및 취급시의 주의사항
- 유아·소아의 손이 닿지 않는 곳에 보관한다.
- 직사광선을 피하고 서늘한 곳에 보관한다.
- 유효기간을 확인하고 사용한다.
- 사용 후에는 반드시 마개를 닫아 보관한다.

④ 덜어서 사용하는 화장품은 깨끗하게 관리된 스패츌러를 이용하여 필요한 만큼 덜어서 사용한다.

⑤ 화장품의 설명서를 확인하고 올바른 사용방법을 적용해야 한다.

⑥ 화장품 사용 시 눈에 들어가지 않도록 주의해서 사용하고 팩종류는 아이패드 후 사용한다.

⑦ 스크럽 세안제 안에 들어있는 미세한 알갱이가 눈에 들어갔을 때에는 물로 씻어내야 한다.

⑧ 요소제제의 핸드크림이나 풋크림 등, 손·발의 적용하는 피부 연화 제품은 눈, 코 또는 입 등에 닿지 않도록 주의하여 사용하고 특히 프로필렌글리콜을 함유하고 있는 제품은 이 성분에 과민하거나 알레르기 병력이 있는 경우 신중히 적용해야 한다.

⑨ 체취 방지용 화장품은 체모를 제거한 직후에는 사용을 하지 않는 것이 좋다.

⑩ 고압가스를 사용하지 않는 분무형 자외선 차단제는 얼굴에 직접 분사하지 말고 손에 덜어 바른다.

⑪ 고압가스를 사용하는 에어졸 제품의 경우
- 같은 부위에 3초 이상 집중 분사하지 않고 인체에서 20cm 이상 떨어져 사용하는 것이 바람직하며 눈 주위 또는 점막 등에 뿌리면 안 된다.
- 가연성 가스를 사용하지 않은 제품을 사용해야 하며 높은 온도의 밀폐된 장소에 보관하지 않는다.
- 사용 후 남은 가스가 없도록 주의하며 불 속에 버리지 않는다.

⑫ 알파-하이드록시애시드(α-hydroxyacide, AHA) (이하 'AHA'라고 한다) 함유 제품

- 햇빛에 대한 피부의 감수성을 증가시킬 수 있으므로 자외선 차단제를 함께 사용해야 하며 패치 테스트를 확인한 후 적용한다.
- AHA 성분이 10%를 초과하여 함유되어 있거나 산도가 3.5 미만인 제품은 고농도의 AHA 성분이 들어 있어 부작용이 발생할 우려가 있으므로 주의해야 한다.

⑬ 치오글라이콜릭애씨드를 함유한 제모제
- 생리 전후, 산전·산후 병후의 환자나 얼굴, 상처, 부스럼, 습진, 짓무름, 기타의 염증, 반점 또는 자극이 있는 피부와 유사 제품에 부작용이 나타난 적이 있는 피부, 약한 피부 또는 남성의 수염 부위 등에는 사용하지 않는다.
- 이 제품을 사용하는 동안 땀발생억제제(Antiperspirant), 향수, 수렴 로션은 사용하지 않거나 제품 사용 후 24시간 후에 사용해야 한다.
- 부종, 홍반, 가려움, 피부염(발진, 알레르기), 광과민반응, 중증의 화상 및 수포 등의 증상이 나타날 때는 제품 사용을 즉각 중지한다.

2) 개별사항

화장품의 유형과 제형에 따라 개별적인 관리를 통해 고객에게 주의 사항을 기재하여야 하는데 두발용 제품, 모발용 제품, 피부연화 제품, 고압가스를 사용하는 에어로솔 제품 염모제 등에 대해서도 사용시 주의사항이 화장품법에 규정되어 있어 기재 표시사항을 작성하여야 한다.

① 미세한 알갱이가 들어 있는 각질관리제품(스크럽, A.H.A, 효소, 고마쥐)
- 스크럽은 미세한 알갱이가 함유된 크림으로 눈에 들어갔을 때에는 물로 씻어내고, 이상이 있는 경우 전문의 등의 진료를 권한다. 그리고 A.H.A, 효소, 고마쥐 제품도 눈과 입 그리고 귀에 들어가지 않도록 주의해야 하며 특히 A.H.A의 경우 자외선 차단제를 함께 사용해 피부자극을 줄이고 A.H.A 성분이 10%를 넘지 않아야 하고 산도가 3.5 미만인 제품만 사용한다.

② 두발용, 두발염색용, 탈모샴푸 및 눈 화장용 제품류
- 눈에 들어갔을 때에는 즉시 씻어낼 것

③ 퍼머넌트 웨이브 제품 및 헤어스트레이트너제품
- 두피와 얼굴, 손 등에 약품이 묻지 않도록 주의하고 신체일부에 약품이 묻은 경우 즉시 물로 씻어내는 것이 바람직하며 특이체질이 있는 경우, 병중에 있는 경우, 임신·출산 전후 등은 몸 상태를 체크한 후 적용해야 한다.

- 또한 두피 및 모발의 손상을 방지하기 위해 정확한 약품의 용량을 사용하며 트리트먼트에 신경 쓰며 관리 도중 고객을 혼자 두지 않음으로 불미스러운 일이 발생하지 않도록 한다.
- 개봉한 제품은 약품의 효과를 위해 7일 이내에 사용해야 하며 공기가 차단 가능한 용기에 담아 보관한다.

④ 외음부 세정제
- 프로필렌글리콜(Propylene glycol)을 함유하고 있어 사용 후 잔여물이 남지 않게 깨끗이 세정되어야 하며 과민하거나 알레르기 병력이 있는 사람은 주의해서 사용해야 하고 임산부의 경우 사용하지 않는 것이 바람직하다.

⑤ 고압가스를 사용하는 에어로졸 제품
- 같은 부위에 3초 이상 지속적으로 분사하지 말아야하며 적용부위에서 20cm 이상 떨어뜨려 사용하며 눈과 같이 예민한 곳에 닿지 않도록 주의해야 한다.
- 에어졸 제품의 보관 및 취급주의는 섭치 40도 이상의 장소 및 밀폐된 장소에 보관하지 말며 사용 후 남은 고압가스가 남아있지 않은지 확인하고 화염이 있는 곳은 절대 버리면 안 된다.

⑥ 염모제(산화염모제와 비산화염모제 제품)
- 사용 후 피부의 이상 징후의 반응(부종, 가려움, 염증 등)이 나타난다면 사용을 금지하고 전문의의 치료를 받아야하며 이를 방지하기 위해서 패치테스트를 통해 이상이 발견되지 않는지를 확인하고 사용하는 것이 바람직하다.

⑦ 팩과 마스크
- 눈 주위를 피하고 사용해야 한다.

⑧ 두발용, 두발염색용 및 눈 화장품 제품류
- 눈에 들어갔을 경우 즉시 씻어내야 하며 사용 시 주의해서 사용하는 것이 바람직하다.

⑨ 모발용 샴푸
- 제품을 사용 후 깨끗하게 씻어내지 않으면 탈모, 탈색이 될 수 있음으로 주의해야 하고 눈에 들어가지 않도록 주의해서 사용한다.

⑩ 손·발의 피부연화제품
- 프로필렌글리콜(Propylene glycol)을 함유하고 있어 피부를 민감하고 알레르기 반응이 일어날 수 있음으로 주의해서 사용해야 한다(프로필렌글리콜(Propylene glycol) 성분이 함유된 제품에 적용).

⑪ 채취방지용 제품

- 제모를 한 직후는 사용하지 않는다.

⑫ 탈염 탈색제품
- 사용 후 피부의 이상반응이 나타나는 사람은 사용하지 않으며 두피, 얼굴, 목덜미, 상처가 있는 곳 등은 사용하지 않으며 프로필렌글리콜(Propylene glycol)을 함유하고 있는 제품을 사용할 경우 과민하거나 알레르기 반응이 있는지 주의해서 살펴보고 이상 반응이 나타날 경우 전문의와의 상담을 통해 치료할 수 있어야 한다.

⑬ 제모제 (치오글라이콜릭애씨드 함유 제품에 표시)
- 생리 전후, 산전, 산후, 상처가 있는 부위, 염증부위 등에는 사용하지 않으며 제모 시 모질(毛質)의 차이가 있을 수 있음으로 한 번에 제거되지 않은 경우 2~3일의 시간을 두고 사용하며 적용시간도 10분 이상 피부에 방치하여서는 안 된다.

3) 화장품 함유 성분에 대한 주의사항

화장품은 많은 양의 화학성분과 첨가물을 혼합하여 제조된 것으로 사용 시 유독성물질, 알레르기 유발물질 등이 함유되어 있지 않는지 확인하고 사용해야 한다.

① 과산화수소 및 과산화수소 생성물질 함유제품
- 눈에 들어가지 않도록 주의하고 눈에 들어갔을 경우 즉시 씻어내야 한다.

② 벤잘코늄브로마이드(Benzalkonium bromide) 함유제품
- 헤어 컨디셔닝제로 사용되는 성분으로 알레르기와 두피 자극을 유발할 수 있음으로 주의해야하며 눈에 들어간 경우 물로 씻어내야 한다.

③ 스테아린산아연 함유제품(기초화장용제품 중 파우더 제품에 적용)
- 사용 시 입과 코로 흡입되지 않도록 주의한다.

④ 실버나이트레이트(Silver nitrate)
- 모발착색제, 살균작용 등을 하는 성분으로 최대 4% 농도까지만 사용허가를 하고 있으며 눈에 들어가지 않도록 주의하며 눈에 들어간 경우 즉시 씻어낸다.

⑤ 알루미늄 및 그 염류 함유제품(체취 방지용 제품 함유)
- 신장 질환이 있는 사람은 사용 전 반드시 전문의와 상담 후 사용한다.

⑥ 카민 함유제품
- 카민 성분에 과민하거나 알레르기가 있는 경우 신중하게 적용해야 한다.

3. 화장품의 품질 및 특성

1) 화장품의 품질 및 특성이해

(1) 화장품의 품질특성

화장품은 인체에 직접 적용하는 물품임으로 품질에 대한 법적 제한을 통해 적정한 품질을 유지하도록 권고하며 품질관리를 강화하고 있다. 이것은 사용자의 입장에서 안전을 먼저 생각하여 제조하고 유통함으로 피부에 자극을 줄이고자 하는 노력으로 볼 수 있다.

(2) 화장품의 품질 요소

품질이란 일반적으로 소비자의 만족도에 의해 결정되는 것이며, 기업의 경우 품질을 고려하여 '기획 설계의 품질, 제조상의 품질, 판매상의 품질'로 나눌 수 있는데, 어떤 경우에도 품질 특성을 만족시키는 것이 필수 조건이다.

화장품의 품질 요건

- **기능성**
  - 미백, 주름 개선 자외선 차단
  - 염모, 탈염 탈색, 제모
  - 피부장벽기능 회복(피부 가려움 등의 개선)
  - 여드름성 피부를 완화
  - 튼살로 인한 붉은 선 완화
- **안전성**
  - 피부자극, 독성
  - 오염 중금속, 미생물, 이물질 등
- **사용성**
  - 사용감
  - 편리성 및 기호성
  - 감성공학(뉴로코스메틱) 등
- **유통·사용기간**
  - 변색, 변취 방지
  - 변질 등 물성 변화
  - 활성성분 역가 유지
  - 미생물 오염 및 포장용기 등

① 안전성(Safety)

- 화장품은 인체를 청결·미화하여 매력을 더하고 용모를 밝게 변화시켜주거나 피부 모발의 건강을 유지 증진시키기 위해 사용하는 물품임으로 피부에 적용했을 때 어떠한 자극반응이 나타나지 않아야 하며 지속적인 사용에도 감작성(알레르기성)이 발생하지 않아야 한다. 또한 경구독성, 이물질혼입, 제품의 파손 등이 없어야 한다.

안전성에 관한 자료

- 단회투여독성시험 자료
- 1차피부자극시험 자료
- 안(眼)점막자극시험 자료
- 피부감작성시험 자료
- 광독성 및 광감작성시험 자료
- 인체첩포시험 자료

② 안정성(Stability)

- 화장품 사용 중 또는 모두 사용하는 동안 변질, 변색, 변취, 미생물 오염 또는 제형의 분리가 이루어지지 않도록 하여 품질의 안정성을 유지해야 하는데 이러한 목적을 위해 제조일자, 화장품의 사용기한, 개봉 후 사용기간, 물리적, 화학적, 미생물학적 안정성 및 제품을 담는 용기가 적합한지에 대한 확인을 위해 연구 개발 및 실험을 통해 안전성을 관리한다.

화장품 안정성

시험종류	의미	시험 항목	시험 기간
장기 보존시험	화장품의 저장조건에서 사용기간 설정을 위해 장기간에 걸쳐 물리·화학적, 미생물학적 안정성 및 용기적합성을 확인하는 시험	• 일반시험: 균등성, 향취, 색상, 사용감, 액상, 유화형, 내온성시험 • 물리적시험: 비중, 융점, 경도, PH, 유화상태, 점도 등 • 화학적시험: 시험을 가용성성분, 에테르불용 및 에탄올 가용성성분, 에테르 및 에탄올 가용성불검화물 등	6개월 이상이 원칙
가속시험	장기보존시험의 저장조건을 벗어난 단기간의 가속조건이 물리·화학적, 미생물학적 안정성 및 용기적합성에 미치는 영향을 평가하기 위한 시험	• 미생물학적시험: 정상적 제품 사용시 미생물증식억제 능력이 있음을 증명하는 미생물학적시험 및 필요 시 기타 특이적시험을 통해 미생물에 대한 안정성평가 • 용기적합성시험: 제품과 용기의 상호작용(용기의 제품흡수, 부식, 화학적반응)에 대한 적합성	
가혹 시험	온도편차, 극한조건, 기계·물리적시험, 광안정성의 가혹조건에서 화장품의 분해과정 및 분해산물 등을 확인하기 위한 시험	보존기간 중 제품의 안정성이나 기능성에 영향을 확인할 수 있는 품질관리상 중요한 항목 및 분해산물의 생성유무	
개봉 후 안전성 시험	화장품 사용 시 일어날 수 있는 오염 등을 고려해 사용 기한을 설정하기 위해 장기간에 걸쳐 물리·화학적, 미생물학적안정성 및 용기적합성을 확인하는 시험	개봉전 시험항목과 미생물한도, 살균보존제, 유효성분시험 수행(단, 개봉불가한 스프레이, 일회용제품은 제외)	6개월 이상이 원칙

③ 유효성(Efficacy)

- 화장품의 유효성은 사용감인 퍼짐성, 부착성, 피복성, 지속성과 냄새 즉 형상, 성질, 향의 정

- 도가 적당하고 색조, 채도 명도가 화장품의 사용목적에 적합해야 한다.
- 또한 생리적 유효성(보습, 주름개선, 미백, 탈모, 세정 등), 물리화학적 유효성(자외선차단, 기미나 주근깨 커버, 체취, 모발개선 등) 그리고 심리적인 요인까지 유효성이 유지되어야 한다.

유효성 또는 기능에 관한 자료

• 효력시험 자료	• 인체적용시험 자료

일반화장품 유효성 특성

보습 효과	경피 수분 손실량(TEWL: Transepidermal water loss)
수렴 효과	혈액의 단백질 응고 변화량을 측정하여 평가

④ 사용성(Usability)
- 화장품의 사용성은 사용하는 사람의 기호에 따라 선택되기 때문에 부드러운 사용감, 냄새, 색상 등의 사용성은 품질평가에 매우 큰 영향을 미치는데 이것은 소비자의 나이, 체질, 사용방법, 피부타입, 화장품 용기, 용량, 휴대성, 제형의 형상, 발림성, 흡수성 등의 개인적인 관점에서 개별적인 기호성의 차이가 있기 때문이다.
- 식품의약품안전처장은 기능성 화장품의 심사, 유효성, 효능·효과에 따른 실태조사를 5년마다 실시하여야 하며, 다음 사항이 포함되어야 한다.

화장품 품질에 관한 실태 조사

① 제품별 안전성 자료의 작성 및 보관 현황
② 소비자의 사용실태
③ 사용 후 이상 사례의 현황 및 조치 결과
④ 영·유아 또는 어린이 사용 화장품에 대한 표시·광고의 현황 및 추세
⑤ 영·유아 또는 어린이 사용 화장품의 유통 현황 및 추세
⑥ 그 밖에 식품의약품안전처장이 필요하다고 인정하는 사항

2) 화장품의 안전 기준

화장품은 인체에 적용하는 제품임으로 화장품의 제조 등에 사용할 수 없는 원료 및 제한이 필요한 원료에 대하여는 그 사용기준을 지정하고, 그 밖에 유통화장품안전관리 기준을 정하여 고시토록 한

사항을 반영하여 「화장품 안전기준 등에 관한 규정」(식약처 고시)을 개정 고시하였다.

화장품은 인체에 직접 적용하는 물품임으로 화장품의 제조수입 및 안전 관리에 적정한 기준을 정하여 화장품으로 인해 발생할 수 있는 부작용과 질병을 피하고 안전관리에 적정할 수 있도록 하는 목적을 갖는다.

화장품법 제8조(화장품 안전 기준 등)

① 식품의약품안전처장은 화장품의 제조 등에 사용할 수 없는 원료를 지정하여 고시하여야 한다.
② 식품의약품안전처장은 살균 보존제, 색소, 자외선차단제 등과 같이 특별히 사용상의 제한이 필요한 원료에 대하여는 그 사용기준을 지정하여 고시하여야 하며, 사용기준이 지정·고시된 원료 외의 살균 보존제, 색소, 자외선차단제등은 사용할 수 없다.
③ 식품의약품안전처장은 국내외에서 유해물질이 포함되어 있는 것으로 알려지는 등 국민보건상 위해 우려가 제기되는 화장품 원료 등의 경우에는 총리령으로 정하는 바에 따라 위해요소를 신속히 평가하여 그 위해 여부를 결정하여야 한다.
④ 식품의약품안전처장은 제3항에 따라 위해평가가 완료된 경우에는 해당 화장품원료 등을 화장품의 제조에 사용할 수 없는 원료로 지정하거나 그 사용기준을 지정하여야 한다.
⑤ 식품의약품안전처장은 그 밖에 유통 화장품 안전관리 기준을 정하여 고시할 수 있다.

※ 식품의학안전처의 화장품 안전기준 등에 의한 규정 해설서 참고

CHAPTER 05 | 화장품 산업의 트렌드

1. 소셜커머스를 통한 새로운 소비 방식의 성장

1) 디지털 커뮤니케이션 커머스(Digital communication commerce)

국내에선 네이버 블로그, 카카오스토리, 인스타그램, 페이스북 등이 연결된 소셜커머스(Social commerce)가 자리잡은 지 오래되었으며, 전세계적으로도 유튜브, 틱톡 등의 디지털 커뮤니케이션 플랫폼이 쇼핑과의 연결이 자유로워지며 매장을 방문하지 않아도 편리하게 쇼핑할 수 있다.

2020년에 전 세계적으로 유행하는 COVID-19로 인해 소비패턴이 변화하여 전미소매협회(National retail federation, NRF)는 2024년까지 연평균 31% 가까이 성장할 것으로 예측하고 있다.

2) 라이브 스트리밍 커머스(Live streaming commerce)

 국내에선 많은 가정에 보급된 IPTV(인터넷 망을 통한 양방향 텔레비전 서비스, 인터넷TV, 케이블TV)를 이용하여 가정에서 편하게 홈쇼핑에서 판매하는 화장품을 실시간으로 TV 리모콘의 버튼 몇 번을 눌러 주문할 수 있는 라이브 스트리밍 커머스가 보편화 되어 있다.
 인터넷 쇼핑몰에서 제공하는 한정적인 이미지와 상세 설명만으로 화장품을 구매하기에 소비자 만족도가 떨어질 수 있는 약점을 보완하기 위해서 글로벌 시장에서도 라이브 스트리밍 쇼핑 방식을 채택하기 시작했다.
 전 세계에서 가장 거대한 이커머스(e-Commerce)인 미국 아마존(Amazon)은 아마존 라이브(Amazon live)에 인플루언서(Influencer)를 출연시켜 소비자가 궁금해 하는 사용법 등을 시연하고 소비자들은 영상 시청 중에 클릭 한번으로 주문을 할 수 있게 했다.

(1) 럭셔리패션 업계의 화장품 시장 진출
 브랜드 로열티(Brand royalty), 빠른 교체주기, 트렌드의 빠른 반영 등이 화장품과 패션의 공통된 특징이며, 이러한 이유로 인해 많은 럭셔리 패션업계에서 화장품 산업에 진출하여 커다란 성과를 이루고 있고, 이미 잘 알려진 샤넬(Chanel), 크리스찬 디올(Christian dior), 이브생로랑(Yves saint laurent) 등의 럭셔리 패션 브랜드는 향수뿐만 아니라 색조화장품, 스킨케어, 바디케어 화장품까지 영역을 넓혀 활발하게 활동하고 있다.

(2) 이색 업종의 크로스오버 코스메틱(Cross-over cosmetics)
 패션업계의 화장품 산업 진출을 넘어 비(非) 패션업계에서도 화장품 브랜드와 다양한 협업을 통하여 소비자의 구매 욕구를 자극하고 있으며, 소비자들에게 널리 알려진 서로 다른 브랜드가 혁신적인 아이디어와 이색적인 마케팅 전략을 펼쳐 소비자들을 즐겁게 한다. 2018년에 중소 화장품기업 '스와니코코'가 국내시장 점유율 2위의 '곰표밀가루'가 콜라보레이션을 통해 '곰표밀가루쿠션'과 '곰표밀가루썬크림'을 출시하여 소비자들의 큰 관심을 끌었다.

3) 제약업계의 화장품 시장 진출

 치료제 개발과 생산 기술을 보유하고 있는 제약업계에서의 화장품 시장 진출은 어쩌면 당연한 수순이다. 신약을 개발하는데 엄청난 시간과 자본을 쏟아 부어야 하며 성공률 또한 높지 않은 반면, 보유 기술과 원료를 활용하여 화장품을 개발하는 것이 높은 수익을 확보할 수 있기 때문인데 동국제약의 경우 상처치료제 '마데카솔'의 성분과 기술을 적용한 화장품 '마데카크림' 등을 선보여 2019년 811억 원의 매출을 달성하였다.

2. 고객 니즈(Need)가 반영된 맞춤형 화장품 시장

1) 소비자가 화장품 시장을 주도

과거의 화장품 산업은 소비자가 선택할 수 있는 옵션이 한정적이었으며, 생활환경, 식습관, 피부상태 등이 각각 다름에도 한정적인 선택을 하고 반복되는 구매실패를 경험하며 자신의 피부에 맞는 화장품을 찾아야 했다.

그러나 최근 화장품 산업은 소비자들의 의견을 수용하여 브랜드명, 디자인, 향 등을 적극 반영하여 소비자의 만족을 끌어내고 있다.

2) 맞춤형 화장품 제도 세계 최초 시행

화장품 산업의 경쟁력을 강화하고 세계 3대 화장품 수출국가로 도약하기 위해 화장품 육성방안 중 하나로, 세계 최초로 개인별 피부 진단을 통해 화장품을 제조하는 맞춤형화장품 제도가 2020년에 신설되었다.

'맞춤형화장품 조제관리사'가 소비자의 피부상태에 따라 화장품의 내용물에 원료를 혼합·소분하여 판매할 수 있게 되었다. 이러한 제도의 도입으로 7만 3000개의 신규 일자리가 창출될 것으로 예상된다.

미국에서는 이미 2015년 MIT 공대생들이 창업한 맞춤형 샴푸 'Function of beauty'가 폭발적인 인기를 끌고 있다. 이들의 온라인 쇼핑몰에 접속하여 간단한 설문조사를 마치면 개인의 헤어 고민에 따라 맞춤형 샴푸를 구매할 수 있고, 선택한 조합에 따라서 12억 개가 넘는 다양한 조합이 가능하여 모발의 상태나 변화에 맞게 조합을 변경할 수 있다.

3. 화장품 시장에서 착한 소비의 중요성에 대한 인식 변화

1) 화장품 산업 내 윤리 소비, 착한 소비 인식 확산

자신의 아름다움을 가꾸는 제품을 구매하는 것을 넘어 환경과 윤리성을 위해 클린 화장품(Clean cosmetics)을 선호하는 소비자가 증가하고 있다.

화장품 보존제로 널리 사용되던 파라벤(Paraben)이 암을 유발한다는 연구결과에 따라 소비자들이 파라벤이 함유된 화장품을 기피하는 현상이 일어났으며, 화장품 업계는 파라벤을 배제하고 파라벤을 대체할 안전한 보존제를 개발하여 사용하기 시작했다. 이렇게 소비자들은 일반적으로 인체나 환경에 유해한 성분을 함유하지 않은 화장품을 선호하기 시작하며, 동물실험을 하지 않거나 식물성 원료만을 사용한 화장품의 구매로 확장되고 있다.

2) 친환경 포장재 사용 확장

화장품의 성분뿐만 아니라 용기나 포장재도 클린 윤리성이 강조되어 전세계 화장품 업계가 이에 맞추어 움직이고 있다. 특히 용기의 디자인과 기능이 중요하고 여러 재질이 혼합된 구조로 구성되어 있는 화장품 산업이지만, 다양한 포장재의 개발에 박차를 가하고 있다.

2019년 아모레퍼시픽은 플라스틱 공병 재활용에 관한 업무 협약을 체결하고, 엘지생활건강은 플라스틱을 대체할 재활용이 용이한 재질로 용기를 변경하고 있으며 톤28은 환경에 무해한 종이 용기 개발을 통해 플라스틱 용기 사용비율을 약 97%까지 줄였다.

4. 홈 뷰티(Home beauty)의 부상

1) 가정용 피부 미용기기 다양

기술이 발전해감에 따라 미용기기도 점점 소형화가 가능해지고 집에서 스스로 피부 관리를 할 수 있는 가정용 피부 미용기기의 개발이 활발해졌다. 소비자가 에스테틱샵이나 피부과에 소비하는 시간과 비용에 비해 합리적인 가격으로 집에서 휴식을 취하거나 수면을 취하는 시간을 활용할 수 있어

소비자의 만족도가 높아지고 있다.

    피부관리실에 방문하여 자신의 아름다움을 가꾸는 제품을 구매하는 것을 넘어 환경과 윤리성을 위해 클린 화장품(Clean cosmetics)을 선호하는 소비자가 증가하고 있다.

    2019년의 뷰티 가전 시장 규모는 9천억 원으로 2018년에 비해 약 10배 성장하였으며 제품군이 다양해지고 새롭게 진출하는 기업도 빠르게 늘었다. 2017년 LG전자에서 출시한 가정용 LED 피부 미용기기 프라엘은 2019년 출시해보다 700% 매출이 증가하였다.

5. 코로나19가 미친 화장품 산업변화

1) 색조화장품 수요 감소

    전세계 화장품 시장 1위인 로레알 발표에 따르면, 중국시장의 경우, 2016년 이후 색조화장품의 수요가 화장품 산업을 이끌어가다, 2020년 전세계 COVID-19가 확산됨에 따라 마스크 착용이 일상화되고, 재택근무, 락다운 등의 변화로 색조화장품의 매출이 전년대비 두자리 수로 급감하였다. 반면, 개인 위생에 관심이 높아지며 손소독제, 세정제 등의 매출이 급등하고 마스크 착용시간이 길어짐에 따라 피부 트러블을 잠재울 수 있는 기초화장품과 세안제가 동반 상승하였다. 국내 한 인터넷 쇼핑몰에 따르면 2020년 1월부터 1개월간 세안제는 215%, 스킨로션은 54% 판매량이 증가하였고, 립스틱 8%, 쿠션 7% 감소하였다고 밝혔다.

2) 온라인 판매 채널 비중 급상승

    COVID-19 펜더믹 현상으로 화장품 산업의 유통구조에도 상당한 변화를 일으켰는데, 마스터카드의 조사에 따르면 미국 온라인쇼핑 매출은 2020년 5월에만 전월 대비 92.7%가 증가했으며, COVID-19 이전에는 화장품의 약 85%가 백화점, 편집숍, 브랜드숍, 마트 등의 매장을 통해 판매되었고, 온라인 쇼핑에 익숙한 MZ세대(1980~1994년생, 1995년생 이하)도 60%가 오프라인 채널을 통해 화장품을 구매해왔다.

    그러나 COVID-19 이후 두 배에 달하는 온라인 쇼핑채널 매출이 보고되었다. 반면 매장을 위주로 유통 채널을 구축해오던 화장품 브랜드들은 인원 감축과 매장 축소를 감행하며 피해를 최소화하고 있다.

CHAPTER 06 | 미래화장품의 발전 및 기술개발

1. 화장품 산업과 IT 산업의 기술이 복합된 스마트 뷰티 테크놀로지

1) 3D 프린팅 기술의 다양한 응용

(1) 개인 맞춤형 3D 프린팅 마스크팩

제조업에 점차 널리 사용되는 3D 프린팅 기술이 화장품 산업에도 활용되기 시작했으며 그 활용성은 무궁무진할 예정이다. 매장에서 소비자의 얼굴 골격과 크기를 측정한 후 데이터를 입력하면 하이드로젤을 출력할 수 있는 3D 프린터가 즉석에서 소비자 얼굴에 꼭 맞는 마스크팩을 출력하는 기술이 상용화 되었다.

소비자 얼굴의 윤곽을 그대로 덮을 수 있게 출력되기 때문에 완벽하게 밀착되어 고급원료가 낭비 없이 피부에 그대로 전달되는 장점이 있다. 또한 코, 눈 주위, 볼, 입 주변 등 서로 다른 피부의 특성에 맞추어 다른 원료를 한 장의 마스크팩으로 출력할 수도 있다.

(2) 3D 프린팅 기술을 이용하여 크림과 에센스가 한 병에

3D 프린팅 기술을 이용한 화장품이라면 당연 립스틱 같은 고체 색조화장품일거라는 생각을 하는데 세계 최초의 3D 프린팅 화장품은 스킨케어 제품이다. 국내의 한 화장품 기업이 3D 프린터 제조업체와 협력하여 고농도 에센스를 특수 노즐을 이용하여 크림 안에 프린팅하여 정밀하게 쌓아 원하는 모양이나 문양을 만들어 상용화되었고 이러한 3D 프린팅 기술을 활용하여 화장품 원료를 꽃이나, 글자와 같은 다양한 모양과 색상을 표현하는 게 가능해짐에 따라 따로 화장품 용기를 화려하게 만들지 않아도 됨으로 환경오염도 줄일 수 있다.

2. 증강현실과 인공지능의 접목

1) 증강현실을 이용한 가상 메이크업 애플리케이션

과거에는 소비자가 자신의 얼굴에 어울리는 파운데이션을 찾기 위해서는 매장에 방문하여 테스터를 직접 얼굴에 발라보거나, 인터넷 쇼핑몰의 제품 상세페이지에서 제공되는 손등에 발라놓은 발색사진에 의존할 수밖에 없었다.

그러나 가상현실 뷰티 애플리케이션이 진보함에 따라 매장에 가서 파운데이션 색상을 직접 확인하지 않아도, 피부에 발라보지 않고, 카메라를 얼굴에 비추기만 해도 파운데이션의 모든 색상을 자신의 얼굴에 가상으로 매칭해 보고 구입할 수 있다. 이는 꼭 화장품 기업에서 제공하는 애플리케이션뿐만 아니라 최근 많이 사용되는 핸드폰 사진 애플리케이션의 AR(증강현실) 필터 기능으로 많은 소비자들이 증강현실에 익숙해지고 있다.

2) 인공지능을 이용한 피부측정 기술

AI(인공지능)은 방대한 정보를 축적하여, 그 정보를 분류하고 통계처리하여 소비자가 자신에게 맞는 화장품을 쉽게 선택할 수 있도록 해준다.

AI 기술 기반으로 만들어진 핸드폰 애플리케이션으로 촬영한 얼굴 이미지에서 피부의 상태와 특징을 분석할 수 있고, 이 데이터를 이용하여 에스테티션은 고객의 피부관리를 체계적이고 과학적으로 진행할 수 있다. 또는 에스테틱샵을 방문하지 않아도 개인이 직접 휴대폰을 이용하여 얼굴을 촬영해서 애플리케이션으로 분석하여 AI가 제안하는 피부 관리방법을 그대로 보고 따라할 수 있고, 피부에 맞는 화장품을 추천받을 수도 있다.

3. 화장품 산업의 특징

1) 화장품의 개발

상품 개발이란 기업이 지속적인 성장기반을 구축하기 위해 고객의 요구에 맞는 새로운 가치를 조직적으로 창조해 나가는 활동을 말하며 화장품을 개발하는 경우에 먼저 시장의 변화와 기회 요인을 잘 이해하여 소비자의 욕구(Needs)를 정확히 파악하는 것이 중요하다.

그 후 기업이 가지고 있는 기술적인 측면(Seeds)의 연구 성과를 기반으로 하여 소비자의 욕구를 만족시켜 줄 수 있는 아이디어를 도출한다.

(1) 화장품 산업화 과정

화장품 산업은 다품종 소량 생산으로 고부가 가치를 창출하고 자원 및 에너지를 절약함으로써 환경 친화적이며, 첨단기술 및 두뇌 집약형 산업으로서 자원이 부족한 우리 실정에 적합한 미래지향적인 산업이라고 할 수 있다.

아울러 화장품은 기호성이 강한 이미지 상품이기 때문에 상품수명(Life cycle)이 짧아 새로운 제품개발이 빠른 속도로 이루어지며 경제 사이클의 변화에 의해서 영향을 많이 받게 되는 속성을 가지고 있다.

화장품 신제품 개발 프로세스

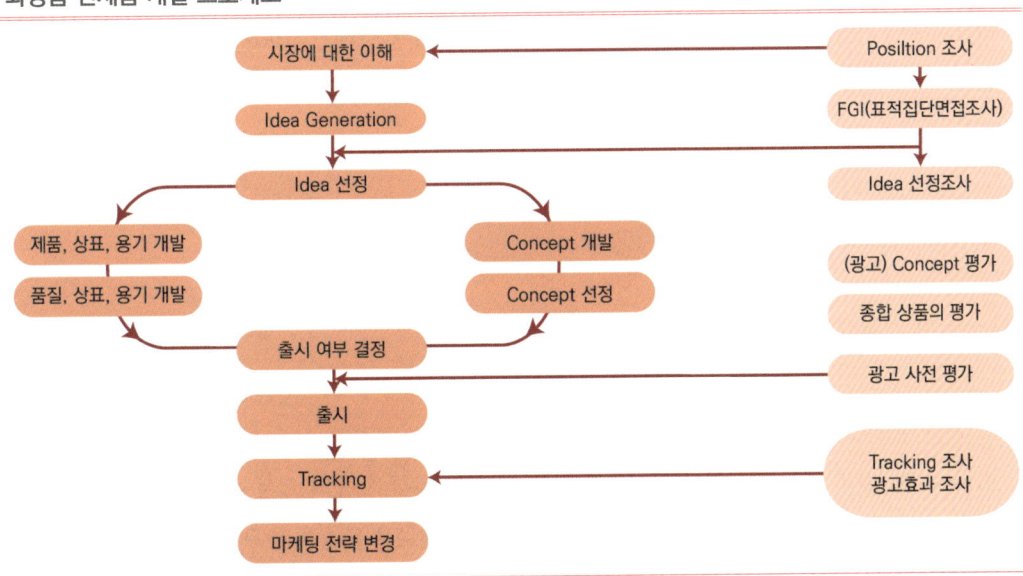

① 기술집약적 고부가가치 산업

화장품 산업은 의학, 생명과학, 생화학, 생리학, 약학 등의 기초과학과 다양한 점도와 성질의 원료를 융합하는 응용기술이 복합적으로 작용되는 화학공업의 한 분야로 제조원가 대비 높은 이익을 창출하는 고부가가치 산업이다.

② 내수 중심 산업이자 수출 산업

국한된 지역, 생활습관, 인종, 환경 등에 따른 피부의 성질 및 미를 추구하는 습관의 다름으로 인해 화장품산업은 전형적인 내수 중심 산업으로 발전해 왔으나, 국가 간의 이동의 제약이 없어지고, 다양한 문화의 교류로 인하여 화장품 산업은 선진국에서 수출의 핵심을 차지하고 있다.

③ 시장 진입장벽이 낮은 산업

자동차, 반도체, 건설, 제조 등의 다른 산업에 비해 OEM(주문자 개발 생산), ODM(주문자 상표부착 생산) 방식으로 제조 및 판매를 하기 위한 진입장벽이 높지 않은 소규모 자본 투자형 산업이다. 국내에 3,000여개 업체가 ODM이 가능한 것으로 추정되며, 경쟁이 점차 치열해지고 있으나, 다양한 업종에서 화장품 소매업 진출이 급부상하여 성장 가능성이 아주 높다.

④ 소비성향에 맞춘 트렌드에 민감한 산업

아름다움을 추구한다는 공통된 목적으로 화장품과 패션의 경계가 무너지면서 화장품이 유행에 민감한 제품이 되어 구매 시기가 짧아졌다. 이렇게 짧은 구매주기 때문에 화장품 산업은 다품종 소량생산 체제로 전향되었다.

2) 글로벌 화장품 산업의 특징

(1) 소득의 변화가 반영되는 미래유망산업

① 선진 시장의 특징

미국, 유럽, 일본 호주 등에서는 페이스북, 인스타그램, 유튜브 등의 소셜 네트워크 서비스를 이용하여 개개인의 개성과 생활을 공유하는 소비자들은 항상 새로운 모습을 추구하고 있다. 의류나 신발을 쉽게 질려하듯이 화장품도 다양하게 경험하고자 하는 성향을 반영하여 구매주기를 당길 수 있도록 화장품의 용량도 작아지는 추세이다.

② 주력 시장의 특징

중국, 홍콩, 동남아 등에서는 소득수준이 가파르게 높아짐에 따라 외모와 개인위생에 대한 관심이 폭발적으로 증가하고 있다. 또한 여러 나라의 다양한 문화를 접하고 소비 성향이 프리미엄을 추구하고 있으며, 화장품을 사용하는 행위에 대한 인식이 바뀌고 있다.

③ 신흥 시장의 특징

중남미, 인도, 러시아, 중동, 아프리카 등에서는 경기가 회복됨에 따라 중산층의 비중이 확대되고 있어 화장품의 관심이 높아지고 있다. 또한 여성 취업자 비율이 높아짐에 따라 헤어케어 제품과 향수제품 구입이 증가하고 있다.

3) 화장품 산업의 문화 산업화

기존의 글로벌 화장품 산업은 바이오테크놀로지, 메디컬테크놀로지와 같은 몇몇 산업의 발전에 따른 결과물과 결합이 가능한 연계적인 산업으로서, 생의학, 면역학, 화학, 분자학, 유기화학 등의 여러 가지 의학/과학 분야의 기술력이 반영된 산업이었다.

그러나 다양한 통신, 인터넷과 미디어의 발전으로 영화, TV드라마, 음악 등 다양한 문화가 국가 간의 경계를 자유롭게 넘나들며 오늘날 글로벌 화장품 산업 또한 이러한 종합 문화산업과 융합되어 새로운 가치를 창출하여 과학기반의 화장품산업을 뛰어넘는 고부가가치의 문화산업으로 변해가고 있다.

4) 화장품 산업의 IT화

기존의 소비자들은 화장품을 구입하기 위해서 백화점의 매장을 찾거나, 브랜드의 로드숍을 방문하여 구매하였지만, 개인의 취향에 맞는 향, 질감, 색상 등을 직접 시연해 볼 수 있는 다양한 브랜드를 함께 취급하고 체험할 수 있는 오프라인 편집매장과 물류시스템의 발전으로 인해 아마존(Amazon)과 같은 온라인 유통 채널이 지속적으로 증가하고 있다.

또한 디지털 발전의 수혜를 입어 메이크업 가상체험, 원격 피부진단, 온라인 마케팅, 개인별 맞춤형 화장품 등의 IT기술을 상용화하고 있다.

미용인을 위한
화장품학

PART 02
화장품 제조원리

CHAPTER 01 • 계면화학
CHAPTER 02 • 유화
CHAPTER 03 • 가용화 및 분산

CHAPTER 01 │ 계면화학

우리가 사는 지구는 표면의 복잡한 계의 모습을 가지고 있다. 지구표면에는 많은 원소와 다양한 화합물로 이루어져 있으며 이런 크고 작은 표면(경계면)에 의해 여러 형태의 모양들이 결정된다. 내부상에 크기가 매우 작은 표면(Surface)을 형성하므로 표면이 큰 것을 콜로이드(Colloid)라고 한다.

콜로이드는 다양한 형태로 존재하게 되며 자연 또는 인위적으로 생물체의 생리활동에 영향력을 주는데 이런 학문을 계면과학 이라고 하며 역사적 시발점은 물리화학에서 그 근원을 찾을 수 있으며 최근 나노기술의 발전으로 학문으로서 매우 중요한 관점으로 다루어지고 있고 이러한 계면과학은 분석화학, 물리화학, 생화학, 분자생물학, 섬유화학, 식품화학, 재료화학 영역에 이르기까지 연결되어 있다.

1. 표면과 계면

지구상에 존재하는 물질은 기체, 액체, 고체의 세 가지 상으로 존재하는데 이물질의 분자들은 서로 당기는 힘을 가지고 있으며 일정 공간 안에 많은 분자들이 존재하게 되면 액체 또는 고체의 형태를 유지하고, 적은 수의 분자들로 이루어지게 되면 기체가 된다. 이때 성질이 서로 다른 물질들이 접촉하게 되는 면을 '표면' 또는 '계면'의 두 개의 상(phase)이 이루어지게 되는데 이것을 경계면이라 한다.

기본적으로 5가지 형태로 존재하는 계면은 고체-증기, 고체-액체, 고체-고체, 액체-증기, 액체-액체의 형태를 말하며 표면상 내부 분자를 이동하는 일이 요구되는 계면의 원자 또는 분자는 물질 내부에 비해서 강한 에너지를 가지고 있다.

2. 계면과 콜로이드

콜로이드(Colloidal system)는 계면 전체가 갖는 성질을 좌우하는 부피에 대한 표면적 비율이 일정 크기 이상이 되는 것을 말한다. 자연계에 존재하는 콜로이드 계의 종류는 매우 다양하다. 계면활성제(surfactant)를 대표하는 콜로이드 기술은 계면화학 응용 부분에서 그 영역이 증가하고 있는 것은 과학기술의 발전하면서 계면과학의 나노기술, 계면성형기술 등에서 중에서 중요한 응용분야로 사용되고 있다.

1) 콜로이드의 분류

콜로이드계는 콜로이드 분산(Colloidal dispersions), 고분자 용액(Macromolecular solutions), 응집 콜로이드(Association colloids) 등 3가지로 그 형태를 분류할 수 있다. 콜로이드가 만들어 지는 과정은 매질에 대한 친화성(용해 및 팽윤) 등이 분산, 용액, 그리고 응집 콜로이드가 만들어지는 과정에 중요한 역할을 한다.

콜로이드 분산은 분산상(Dispersed phase), 연속상(Continuous phase)이라고 부르며 두 상의 역할에 따라 분산의 물리적인 성질은 구성이 결정된다. 콜리이드의 특징은 표면적(부피)이 큰 것이며 계면은 흡착과 전기이중층 같은 특징을 지니고 있다.

주변에서 흔히 볼 수 있는 유화액(Emulsion), 에어로졸(Aerosol), 거품(Foam), 식품(Food), 플라스틱(Plastic), 시멘트, 염료 등이 콜로이드의 분산이다. 콜로이드 분산 중에 가장 중요한 형태는 유화액과 졸(Sol)이라고 할 수 있다. 졸은 정확하게 콜로이드 현탁액과 일반 현탁액을 구분하는데 어려움이 있다. 라텍스는 고분자 분산에 해당이 되며 고무나무에서 얻어지는 하얀 수액을 지칭하며 합성 고분자 분산의 의미로 사용된다.

계면활성제는 농도, 매질, 온도의 상태에 따라 수중에서는 미셀(Micelle), 역미셀(Inverted micelle), 액정(Liquid crystal), 결정(Crystal), 베시클(Vesicle) 등의 응집 형태를 가지게 되며 표면 장력을 약하게 하는 성질을 가지고 있어 계면에 흡착하여 그 성질을 변화시키는 기능이 있다.

미셀은 다양한 조건에 따라 구형, 라멜라 등으로 나타나게 된다. 물에 대한 친화력을 갖는 부분을 친수성(Hydrophilic)이라고 부르며 그 반대를 소수성(Hydrophobic) 이라고 하며 친화력이 있는 친액성(Lyophilic)기와 친화력 없는 소액성(Lyophobic)기로 분류한다.

친액성 콜로이드는 가용성 물질을 지칭하며 분자 내에 소수성 또는 친수성 구조를 같이 가지는 고분자일 경우 또는 작은 분자가 수용성 용액에 모여서 클러스터(cluster)의 형성되면 응집 콜로이드가 있게 되며 응집 형태를 미셀이라고 하고 미셀이 방생하기 시작되는 농도를 임계미셀농도(critical micelle concentration, CMC)라고 이야기 한다. 연속상 또는 분산상 용액을 이루는 친액성 콜로이드가 용매의 용질에 해당된다.

콜로이드 계의 분류

대 분류	명칭	분산상	연속상	적용
콜리이드 분산	거품	기체	액체	소화기(거품), 면도 크림
	고체 거품	기체	고체	스티로폼
	유화액	액체(지방)	액체(물)	화장품, 우유
	고체 유화액	액체(물)	고체(지방)	버터
	액체 에어로졸	액체	기체	안개, 스프레이
	고체 에어로졸	고체	기체	먼지, 연기
	분산	고체	액체	페인트. 치약
	분산	고체	고체	진주, 오펄
	졸 또는 분산	고체	액체	페인트, 잉크
	고체 졸	고체	고체	스테인드글라스
응집 콜로이드	미셀 용액	세제 분자 미셀	액체	세제, 액상 비누
	-	안의 수산화물	콜라겐	뼈
고분자 용액	용액	고분자	액체	전분 호제

2) 콜로이드계의 특성

콜로이드계는 입자의 유동성과 입자의 크기 그리고 형태, 표면적, 표면에너지, 또는 하전 구조의 결정이 매우 중요한 부분에 해당된다.

입자크기 또는 형태에서의 특성으로는 광(X선, 중성자) 산란, 흡광도, 광학현미경, 전자현미경으로 분석 연구로 활용 되며, 확산, 원심분리, 점도 측정, 크로마토그래피 등은 입자의 유동성 연구분석에 사용하며 표면적 연구에 사용되는 것은 입자에 대한 기체 흡착이나 용액에서의 흡착 또는 표면장력 분석에 사용하며 표면에너지로는 표면장력과 입자간 퍼텐셜 연구에 사용되고 있다.

3. 물질의 표면과 표면장력

모든 물질은 표면(Surface)을 가지고 있으며 내부(Bulk)와 구별되는 특성을 나타낸다. 물질의 표면과 내부는 분자 간 인력이 다르지만 접근방식을 표면 열역학이라고 한다. 어떠한 물질의 표면이 내부와 구별되는 특정 위치를 말하며 고체와 액체, 기체에 접하게 되는 '면'을 말한다. 따라서 계면

(Interface)은 접촉하는 두 면을 경계면으로 정리할 수 있다.

액체의 부분 분자는 옆에 있는 이웃 분자와 인력 작용으로 인해 힘의 형을 이루고 있으나 표면 분자의 경우 힘의 불균형 상태로 물질이 내부 방향을 끌려가게 된다. 힘의 불균형 상태로 인해 표면 분자는 내부 분자 보다 불안정하며 높은 에너지 상태가 된다. 물질은 높은 에너지 상태의 분자 수를 줄이려는 성질을 가지고 있어 표면적을 줄이려는 결과를 나타내게 되며 이러한 현상이 표면에 작용하는 에너지를 표면장력(Surface tension)이라고 부른다. 분자 간의 화학결합력, 수소결합력, 인력(물리적 인력)의 종류가 있다.

1) 표면과 계면

물질에 존재하는 세 가지 상인 기체, 액체, 고체의 분자들이 서로 끌어당기는 인력의 결과로 인해 존재하게 된다. 공간 안에 많은 분자가 있게 되면 액체나 고체 상태를 유지하며, 적은 경우 기체 상태를 유지한다. 서로 다른 물질이나 같은 물리적인 상태여도 화학적인 성질이 다르면 물질들끼리 서로 접촉하는 그 면을 '계면'이라고 정의할 수 있다. 진공과 경계면을 이루는 액체 또는 고체는 '표면'이라고 넓은 의미로 표현하게 되는데 표면 또한 계면의 하나라고 볼 수 있다.

계면

2) 계면 상평형

물질이 서로 다른 물질과 접촉하여 형성하는 계면을 상(Phase)이라고 하며 그의 종류에 따라 고체/기체, 고체/액체, 고체/고체, 액체/액체, 액체/기체 등이 있다. 여러 계면에서의 표면에너지를 열역학적으로 해석하기 위해서는 계면에서 표면에너지의 상관관계를 파악하는 것이 중요하다. 계면에서 평형을 이루고 있는 에너지는 계면이 액체/액체/증기 계면과 고체/액체/증기 계면에서 나타난다.

(1) 액체-액체-증기 계면

계면의 형태가 같은 구조를 가지고 있으며 이를 렌즈구조 계면이라고 한다. 세 가지의 상이 이루는 것이 렌즈구조의 계면이다.

(2) 고체-액체-증기 계면

특수한 경우의 렌즈구조 계면 형태이며 같은 계면에서 세 가지 계면장력이 작용하여 계면의 평형 상태를 나타낸다.

3) 고체 표면

습윤과 용질의 흡착이 발생하는 물리 현상이 고체와 액체 계면에서 이루어지는데 습윤은 고체-기체 계면이 액체-고체 또는 액체-기체 계면으로 바뀌는 것을 말한다.

고체와 액체의 표면장력과 고체-액체 간 계면장력은 평형에 의해 달라지며 액체의 표면장력에 비해 고체의 표면장력 크면 액체는 고체 표면으로 이동하게 되고 고체표면에서는 액체 방울의 접촉이 줄어들게 된다.

액체의 접촉은 고체 표면에 대한 습윤 상태를 반영하게 되고 액체-고체 계면에서는 용질 흡착이 물리현상이 일어나게 된다.

습윤 현상으로 응용되는 것은 발수 및 발유가공이나 부유선광, 용질의 흡착이 응용으로 연수로의 전환과 여러 가지의 크로마토그래피가 있다.

4) 액체 계면

액체 계면에서는 계면이 평면일 경우 계면이 안팎의 압력의 차이는 없지만, 기포 방울이나 모세관 내의수면과 같은 곡면을 이루는 구조의 현상이 나타나게 되며 이러한 구조의 계면에서는 계면의 압력차이가 생기게 된다.

표면이 내부의 비하여 에너지가 커서 잉여 에너지를 감소하기 위해 표면적을 줄이려는 현상이 나타나고 액체 표면을 곡면이 되도록 유도할 경우 계면은 압력 차이를 발생하게 된다.

4. 계면활성제(Surfactants)

 물질의 면이 서로 맞닿아 있는 경계면을 계면(界面)이라고 하며 자신은 변하지 않고 다른 물질을 통해 물리화학적 변화를 연결하여 촉매제 역할을 하는 것을 활성제(活性劑)라고 한다.

 계면활성제란 한 분자 내에 극성(친수성)과 비극성(소수성)을 동시에 갖는 물질로 계면의 성질을 바꾸거나 계면의 장력을 낮추어 물과 기름이 잘 섞일 수 있도록 도와주는 역할을 하는 것으로 고체/액체, 고체/기체, 고체/고체, 액체/기체, 액체/액체의 경계면에서 활성화를 도와준다. 이러한 계면활성제는 다양한 물질의 형태로 산업 분야에서 많이 이용되는 중요한 물질로 계면활성제의 구조에 따라 대전방지, 분산(Dispersing), 습윤(Washing), 발포(Forming) 유화(Emulsification), 가용화(Solubilization), 세정(Washing) 등의 기능이 있다.

 계면활성제의 특징은 한 분자 내에 물을 좋아하는 친수성기(Hydrophilic group)와 기름을 좋아하는 친유성기(Lipophilic group)를 함께 갖고 있으면서 물과 기름의 경계면인 계면의 성질을 변화시키며 서로 섞이지 않는 물질의 경계면의 장력을 변화시키는데 이때 친수성기를 둥근머리 모양으로 표현하고, 친유성기는 꼬리모양으로 나타내게 된다.

 이때 친수성기의 이온성에 따라 음이온 계면활성제(Anionic surfactant), 양이온 계면활성제(Cationic surfactant), 양쪽성 계면활성제(Amphoteric surfactant)로 구분된다.

 이러한 계면활성제는 그 종류를 모두 헤아릴 수 없을 정도로 많은 종류와 사용범위가 넓은 화학물질로 일상생활에서 사용되는 화장품, 세제, 생활용품, 식품에 이르기까지 다양하게 사용되고 있다.

 그러나 여러 산업분야 및 인체에 적용하는 화장품등의 제조에 필요한 성분으로 꾸준히 사용되고 있지만 다양한 연구결과를 통해 나타난 피부건조, 알레르기유발, 피부트러블 등의 문제들이 발생하면서 이러한 성분들이 함유된 제품을 사용한 이후 반듯이 충분한 세정을 통해 잔여물이 남지 않도록 해야 한다.

1) 계면활성제 용어 이해

 계면활성제는 액체, 기체 또는 고체끼리 서로 접촉되는 계면의 면을 의미한다. 또한 표면 활성을 하는 물질을 계면활성제라고 볼 수 있다. 계면활성제의 영어 뜻을 살펴보면 surfactant(surf + act + ant)이며 의미로는 'surf'는 surface, 표면을 의미하고, 'act'는 active로 활성화라는 뜻을 가지

고 있으며 'ant'는 agent의 의미로 물질이라는 뜻으로 해석된다.

계면활성제는 표면장력을 파괴하거나 또는 완화시켜 표면이 서로 다른 물질끼리 잘 침투되도록 하는 기능을 하기 때문에 계면활성제보다 '표면 활성제' 또는 '표면 파괴'로 번역되어 사용되고 있는데 이것은 서로 다른 표면이 물의 표면장벽을 억제하는 기능과 활성화시키는 역할을 하기 때문이다.

2) 계면활성제의 분류

계면활성제는 사용 목적과 기능에 따라 구분하거나, 이온 특성에 따라서 구분할 수 있다.

(1) 기능에 따른 분류

계면활성제를 사용하는 목적이나 기능에 따라 유화제, 가용화제, 분산제, 세정제 등으로 구분할 수 있다.

기능에 따른 분류

분류	특징 및 종류	제품
유화제	• 크림이나 로션과 같이 물과 오일을 혼합하기 위한 목적으로 사용되는 계면활성제 • 분산된 입자의 크기에 따라 마이크로에멀젼, 나노에멀젼으로 구분함	글리세릴스테아레이트, 솔비탄스테아레이트, 스테아릭애씨드 등
가용화제	• 향과 에탄올같은 난용성 물질을 용해시키기 위한 목적으로 사용되는 계면활성제 • 가용화는 난용성 물질이 미셀 내부 또는 표면에 흡착되어 용해되는 것과 같아 보이는 현상으로 가용화력과 미셀 형성과는 밀접한 관계를 가짐	폴리솔베이트80, 콜레스-24, 세테스-24 등
분산제	• 안료를 분산시키는 목적으로 사용되는 계면활성제 • 고체 입자를 액체 속에서 균일하게 혼합 • 파운데이션, 마스카라, 아이라이너, 네일 에나멜 등	벤토나이트, 폴리하이드로시스테아릭애씨드 등
세정제	• 세정을 목적으로 사용되는 계면활성제 • 계면활성제의 소수성 부분이 주로 지방성분인 오염 물질 표면에 붙고, 친수성 부분은 물 쪽을 향하여 세정효과가 나타남	소듐라우릴설페이드, 소듐라우레스설페이드, 암모늄라우릴설페이드

(2) 이온특성에 따른 분류

용액에 해리 시 극성부분의 이온특성에 따라 (-)전하를 띠면 음이온(Anionic) 계면활성제, (+)전하를 띠면 양이온(Cationic) 계면활성제, 전하를 띠지 않으면 비이온(Non-ionic) 계면활성제, pH에 따라 전하가 변하는 양쪽성(Amphoteric) 계면활성제로 구분된다.

5. 계면활성제의 구조와 기능

계면활성제는 독특한 화학구조를 가지고 있으며 분자의 한쪽은 물과 친화성이 뛰어난 친수성기가 있고 반대 방향은 기름과 친화성이 뛰어난 소수성기를 가지고 있으며 그 기능은 분산, 가용화, 유화, 습윤, 대전방지, 세정 등이 있다.

대표적인 계면활성제인 비누는 고급지방산 나트륨(R-COONa)의 구조에서 고급지방산의 긴 알킬기 사슬 끝에 카르복실기가 있고 Na이 결합되어 있다. 이러한 비누의 구조는 지방산의 알킬기는 소수성을 갖고 있는데 반하여 카르복시산 나트륨기(-COONa)는 친수성을 가지고 있는 것이 특징이다.

계면활성제는 대부분 물을 용매로 이루어지며 수용액 상태에서 이온화에 따라 분류하게 되며
이온을 띠는 친수성 부분에 따라 이온 계면활성제, 비이온 계면활성제로 이온화가 불가능하며 침투제, 기포제, 소포제 등 분야에 응용되고 이온화로 분류되는 계면활성제는 음이온 계면활성제, 양이온 계면활성제, 양쪽성 계면활성제 등으로 친수성기의 특징에 따라 세정제, 대전방지제, 살균제 등 분야에 응용되며 네 가지로 분류된다.

1) 음이온 계면활성제

친수성기로 음이온 전하를 갖는 것으로서 수중에서 친수기 부분이 음이온으로 해리된다. 세정작용과 기포형성 작용이 우수하여 비누, 샴푸, 바디클렌져, 주방세제, 클렌징폼 등에 주로 사용되지만 잦은 사용은 유분을 빼앗음으로 주의해서 사용해야 한다.

음이온 계면활성제는 주로 석유 부산물의 추출한 물질에 화학적인 합성을 통해 얻어지는 것으로 강한 세정력뿐만 아니라 피부 자극 유발물질과 발암물질을 포함하고 있어 인체적용 시 유의해야 한다. 하지만 식물성 음이온 계면활성제의 경우 인체에 무해하며 빠른 분해를 통해 자연환경에도 도움을 준다.

이러한 음이온 계면활성제는 약 64% 정도 계면활성제의 시장에서 사용되고 있으며 역사적으로 산업혁명 이래 종래의 비누가 표면활성이 필요한 공정에서 사용하였고 개선된 성능을 얻기 위하여 개발되기 시작하였다. 19세기 후반 황산화 피마자유가 개발되면서 염색공업에 사용되기 시작한 황산에스테르나 설폰산염 구조의 활성제가 활성화 되면서 그 시장은 더욱 확대되고 있다.

음이온 계면활성제는 천연유지를 수산화나트륨 수용액과 가열하여 고급지방산 알칼리 형태의 글리세린과 비누로 금속염 형태가 된다.

보통 비누는 알칼리로는 수산화나트륨을 많이 사용하기 때문에 나트륨 비누라 할 수 있으나 세안용 또는 화장용에서는 수산화칼슘이 사용되기 때문에 염색시키지 않은 글리세린을 사용하여 부드러운 사용감을 주는 상태의 칼륨 비누로 사용한다.

화장품에 사용되는 음이온계로는 SLS(Sodium lauryl sulphate)가 사용되며 계면활성제 가운데 다양한 방법으로 사용되어 온 물질로 피부 건조나 알레르기 반응을 유발하는 원료로 주의해야 한다. 또한, 카르복시산염 비누는 동물성 지방과 식물성에서 얻을 수 있는 천연지방산 비누이기 때문에 합성 계면활성제의 생산에도 그 중요성을 그대로 이어가고 있으며 원료가 되는 유지류의 종류로는 팜유, 대두유, 경화유 , 쌀겨기름, 야자유, 유지 등이 있으나 이중 유지가 제일 많이 사용된다.

지방산의 종류 또는 비율에 따라 비누의 성능이 달라지고 친수기가 음이온으로 해리되는 것은 물에 녹았을 때 계면이 활성화되는 친수기 계면활성제로 피부에 필수적인 피지까지 세정이 가능한 거품형성과 세정력이 뛰어나며 탈지력이 매우 강한 계면활성제이다.

세정 과정은 주변의 +와 가지고 있는 - 성분을 분리시켜 결합을 하는 형식이기 때문에 세정력이 강하며 샴푸 또는 샤워 젤 등의 거품이 많아야 하는 딥 클렌징의 원료로 주로 사용하는데 황산에스터염(Sulfate esters)은 설폰산염과 황산에스터와 비슷한 화학구조이지만 제조과정은 여러 측면에서 다르다.

황산에스터는 황산, 삼산화황(Sulfur trioxide)과 알코올을 반응하여 황산과 올레핀 반응으로 얻을 수 있고 화학적 안정성과 물에 대한 용해성이 표면의 활성을 좋게 하고 합성 과정 또한 매우 간단하기 때문에 제조비가 저렴한 것이 특징이다. 천연 원료에서 또는 석유화학 제품에서 쉽게 원료들을 구할 수 있는 기술적인 중요함을 가지고 있다.

(1) 카르복시산염 비누(Carboxylate soaps)

카복실산의 녹는점과 끓는점은 크기가 비슷한 탄화수소나, 산소가 있는 화합물에 비해 상당히 높은 것이 특징인데 이것은 수소결합으로 이합체를 형성하기 때문이다.

카복실산은 카복시기의 수와 결합되어 있는 원자단에 따라 모노카복실산, 다이카복실산, 트리카복실산, 지방족 카복실산, 바양족 카복실산으로 구분한다. 비누화 반응은 화학반응을 말하는 것으로 이것을 '비누화'라고 하며 트리글리세리드를 알칼리의 촉매작용을 카르복시산염과 알코올을 생성하는 반응을 말한다. 이때 반응하는 알코올은 글리세롤로서 보습제 역할을 한다.

(2) 황산에스터염(Sulfate esters)
  ① 고급알코올 황산에스터염
    - 용해성, 세정성이 우수하여 공업용 또는 가정용으로 널리 사용
  ② 고급알킬에테르 황산에스터염
    - PEG 쇄가 도입되어 기포성이 향상되어 샴푸, 식기세척제 등의 용도로 사용
  ③ 황산화유, 황산화지방산에스터 및 황산화지방산
    - 로트유로 염색조제, 섬유후가공제, 특수세제 등으로 사용
  ④ 항산화 올레핀
    - 액체 세제의 원료로 사용하며 이중결합을 하여 세정력이 우수함

(3) 설폰산염(Sulfonic acid salts 습윤제, 유화제, 분산제)
  ① 알킬아릴설폰산염
    - 지방족 알코올 및 폴리옥시에틸렌 유도체의 마지막부분을 인산에스터화하여 알칼리로 중화한 성분으로 세제용으로 전체 계면활성제 생산량의 69% 점유하고 있다.
    - 종류는 모노에테르염, 트리에테르염, 디에테르염이 있으며 사용하고자 하는 제품에 따라 선택적으로 적용하는데 주로 클렌징류 및 샴푸 등에 사용한다.
  ② 리그닌설폰산화물
    - 기름, 물, 유화 액의 분산제나 염료, 살충제 및 시멘트를 물에 분산시킨액의 안전제로 a-설폰카복시산과 그 유도체 부식방지제로 작용하여 액체 세제의 점도 저하제로 이용한다.
  ③ 지방족 설폰산염
    - 강산의 염, 낮은 pH에 영향을 받지 않아 가수분해 대한 안정성이 큼.
  ④ 알킬 글리세릴 에테르 설폰산화물
    - 습윤제, 기포제, 분산제

2) 양이온 계면활성제

계면활성의 주체가 물에 용해되었을 때 양이온으로 친유기를 가진 꼬리 부분이 해리되는 것을 양이온성계면활성제(Cationic surfactant)라고 하며 용액의 pH(수소이온농도)에 따라 양이온 또는 음이온이 되기도 한다. 음이온계면활성제와 반대적인 구조를 가지고 있기 때문에 역성비누(Invert soap) 또는 양성비누(Positive soap)라고도 하며 살균력과 소독작용이 뛰어나고 정전기 발생을 방지하는 특징을 가지고 있다. 일반적으로 헤어린스, 헤어트리트먼트제와 같은 화장품에 사용하여 정전기 발생 및 모발의 유연성을 부여한다.

양이온계면활성제는 4급 암모늄 할로겐화물($R_4N^+Cl^-$)이 대표적이며 계면활성제를 사용하는 시장의 점유율은 약 8% 정도로 대부분의 양이온 계면 활성제의 기능은 미생물성장저해 등의 기능으로 이용되고 있다. 이외에도 섬유공업의 유연제, 방수제, 염료 고착제 등으로 사용되고 있다. 그리고 화장품에 사용되는 성분은 염화 벤즈알코늄(benzalkonium chloride), 디알킬디메틸암모늄염, 알킬벤질메틸암모늄염 등이 있다.

(1) 아민염(Amine salts)
섬유의 유연 가공제로 사용

(2) 제4급 암모늄염(Quaternary ammonium salts)
제4급 암모늄클로라이드는 제3급 아민과 알킬클로라이드를 반응시켜 사용

3) 비이온 계면활성제

음이온 계면활성제 다음으로 다량 사용하는 계면활성제로 수중에서 해리되지 않는 수산기 친수기가 있으며 한 개의 친수기로 친수성을 발휘하는 음이온이나 양이온 계면활성제와는 다르게 구분되고 POE 형과 다가 알코올 형으로 구분하고 POE형은 소수기 원료에 친수기인 EO를 추가하여 만들고 다가 알코올 고급지방산과 결합하여 사용한다.

비이온 계면활성제는 중성으로서 덜 민감하여 pH(수소이온농도)에 영향을 최소화하여 합성 과정에서 중합도를 고안하여 용해성을 조절한다. 또한, HLB(Hydrophilic lipophilic balance) 의 균형 차이에 따라 용해도, 침투력, 가용화력, 화력에 성질 차이를 보인다. 또한 이온성 계면활성제보다 피부 안정성이 높아 자극이 적은 클렌져를 만드는 원료로 사용되고 있고 비이온성 계면활성제의 형태로 화장품에 사용한다.

(1) POE형 계면활성제(Polyxyethylene-based surfactants)
거품 발생이 적고, 액상으로 제조가 용이한 장점

(2) 폴리글리세롤과 다른 폴리올의 유도체(Derivatives of polyglycerol and other polyol)

활성수소를 띠는 소수성기와 글리세롤을 축합한 화합물이며 식품, 의약품, 화장품, 살충제 등에 사용

(3) 블록공중합체형 비이온 계면활성제(Block copolymer nonionic surfactants)

단량체의 공급과 반을 조건에 의해 용해성, 습윤성, 기포력 등의 성질을 얻는다.

(4) 기타 비이온 계면활성제(Miscellaneous nonionic surfactants)

지방산으로부터 유도된 알카놀아민, 아민옥사이드, 설폭사이드, 포스파인옥사이드 등이 있으며 지방족 알카놀아마이드는 기포력, 거품 안정성이 우수하여 샴푸, 식기세척제, 화장품 등에 사용한다.

4) 양쪽성 계면활성제

특수한 분야에 제한적으로 응용되는 양쪽성 계면활성제는 음이온과 양이온의 조합으로 구성되어 있고 양쪽성 계면활성제는 시간의 0.5~1% 정도의 계면활성제 시장을 자치하고 있다.

양쪽성 계면활성제는 생체 접촉시 문제가 없기 때문에 영유아 샴푸 등에 많이 사용되며 다른 종류의 계면활성제와 함께 사용하는 경우 더 상승효과를 보이는 특징이 있으며 음이온 부분에는 카르복시산염 형태가 주로 사용되며 산성에 양이온 활성과 알칼리성에는 음이온 활성을 하는 성질을 가진 분자층에 두 가지 활성을 모두 가진 계면활성제이다.

화장품에 원료로는 세정성과 살균성이 모두 있기 때문에 오랫동안 사용하고 있으며 비자극적인 계면활성제로 부드러움이 있어 베이비 샴푸에 사용하고 안정적인 거품 형성과 기포 촉진제, 건성 모발용 원료로 쓰이고 있으며 피부 자극이나 눈에 자극이 덜하고 독성이 거의 없어 피부에 안정성이 높다. 또한, 흡착력을 형성하고 지속성이 있어 헤어 컨디셔너에 사용에 용이 하며 기포력 또한 양호한 성질을 가지고 있고 베타인과 레시틴이 대표적으로 사용되며 립스틱의 첨가로 안료의 분산성을 향상하고 퍼짐성을 높여주는 기능을 한다.

식물성 코코넛에서 추출한 양쪽성 계면활성제로 린스의 원료로 활용이 가능한 계면활성제로 피부 안전성이 좋은 세정력, 살균력, 유연력이 우수하여 저 자극 샴푸 또는 어린이용 샴푸 등에 주로 사용한다.

(1) 프로피온에스테르(Propionate esters)

제1급 아민과 아크릴산 또는 아크릴산 에스터의 반응으로 합성한다.

(2) 아미다 졸린 유도체(Imidazoline derivatives)

지방산아미노에틸에탄올아민 축합물로 눈에 자극이 덜하다.

(3) 계면활성을 지니는 베타인과 설포베타인(Surface active betaine and sulfobetaine)

섬유공업에서 균염제, 습윤제, 세제, 대전방지제, 직물 유연제 등에 사용한다.

(4) 포스파타이드 및 관련 양성계면활성제

레시틴이라는 이름으로 알려진 물질로 화장품에서 유화제, 분산제, 습윤제로 사용한다.

5) 천연 계면활성제

화장품 제조에 사용되는 천연물질은 리포좀 제조 시에 사용되는 레시틴이 천연물질로 많이 사용되고 있으며, 미생물을 이용하거나 천연물에서 직접 추출한 콜레스테롤, 사포닌 등이 화장품에 사용되고 있다. 그 외에도 라놀린 유도체, 콜레스테롤 유도체 등 동식물에서 추출한 기름을 원료로 사용하는 계면활성제도 있다.

계면활성제의 구조 및 기능

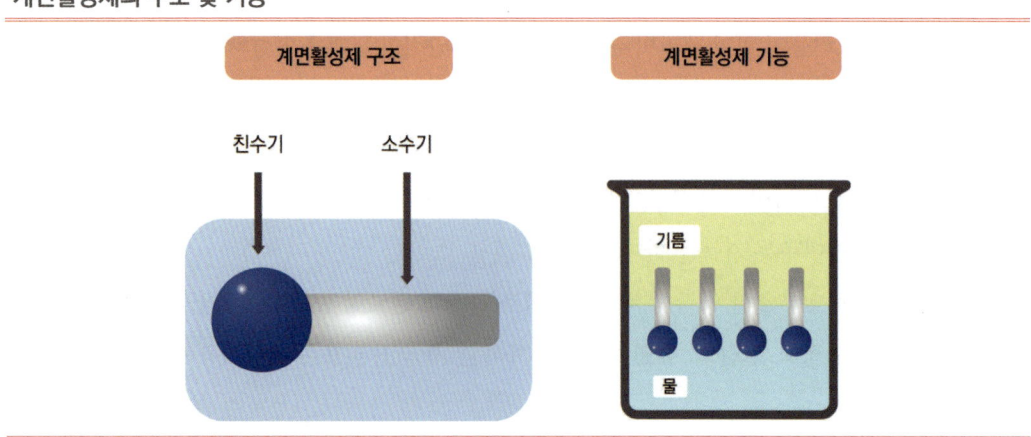

6. 계면활성제의 특성

계면활성제의 특성은 친액성-소액성 밸런스(Hydrophile lipophile balance, HLB)의 의해서 결정이 된다. 임의로 부여되는 숫자 0~20 범위를 갖는 HBL 값은 7일 기준으로 하여 보다 작은 경우에는 기름을 용해하는 성질이 강하고 더 크게 디면 강한 친수성이 나타나게 된다.

소수성기나 친수성기의 수률 변화하면 여러 성질을 얻게 되는데 이런 계면활성제는 그 구조에 따라 표면장력을 저하하고 용해도, 흡착, CMC, 세정력, 거품 발생 능력 등의 특성이 작용되지만 오히려 작용하지 못하는 현상을 보이기도 한다.

계면활성제의 새로운 개발로 인해 다기능성 계면활성제, 환경친화형 화학구조를 갖는 계면활성제, 재생 가능한 원료를 사용할 수 있는 계면활성제, 화학적, 열적 안정성을 갖는 계면활성제 그리고 생체적합성 계면활성제, 계면활성과 점도증가 효과를 보이는 고분자 구조의 계면활성제, 저온 기능성을 갖는 에너지 절약형 계면활성제 응용 기술 등의 연구 개발이 계속 발전되어 가고 있다.

1) HLB(Hydrophile lipophile balamce)

계면활성제는 친수성기와 친유성기를 동시에 가지고 있는 물질로서 계면활성제가 가지고 있는 친수성기와 친유성기의 비율을 값으로 나타내 비율에 따라 친수성 또는 친유성으로 나타내는 상대적 세기를 HLB이라고 한다.

계면활성제는 다양한 산업 분야에서 적용하고 있는데 이것은 계면활성제가 모든 분야에 필요한 물질이라고 할 수 있기 때문인데 이때 사용범위에 따라 그 성질의 차이를 이해하고 친수성과 친유성의 균형을 조절하는 것이다.

HLB값은 1949년 그리핀(W. C. Griffin)에 의해 처음 만들어진 값으로 친수성이 최대한 계면활성제의 HLB값을 20으로 기준하고 친유성이 가장 큰 HLB값을 1로 정한 후 그 사이에 모든 계면활성제의 각각의 값을 나열하여 분류하였다.

하지만 그리핀의 계산법은 이온성 계면활성제의 값을 구하기 어렵고 비이온성 계면활성제 역시 모든 성분에 적용되지 않는 문제점이 있어 이후 1957년 데이비스(Davies)가 제안한 HLB의 개량된 계산법을 적용하게 되었는데 이 계산법은 친수성 부분의 강함과 약함 정도를 계산할 수 있도록 개발한 방법이다. 하지만 HLB의 값을 구하는 방법은 계면활성제를 선택할 때 기준이 되기는 하지만 계면활성제에 모든 부분에 적용하기는 어렵다.

HLB 범위에 따른 응용 범위

HLB 범위	분야
3 ~ 6	W/O 유화
7 ~ 9	습윤
8 ~ 18	O/W 유화
3 ~ 15	세정
15 ~ 18	가용화

2) 미셀(Micelle)

미셀은 분자에 농도가 낮은 수용액에서 다양하게 존재하다가 농도의 변화로 농도가 높아지면 다시 모여지는 것을 말하며 계면활성제는 이런 미셀을 형성시킨다.

물에 대한 용해성을 지니고 있는 대부분의 계면활성제는 소수성은 길고 친수성을 가진 부분의 성질, 대 이온의 이온가 또는 용액의 상태에 따라 변화하는 특성이 있고 물에 대한 용해성은 온도 상승에 따라 증가하는 이온 물질이다.

에너지와 용해되는 수화열과 같은 고체 상태가 이들의 결정격자 에너지의 물리적인 특징으로 친유기는 내측, 친수기는 외측을 향하며 방울 형태의 입자가 형성되어 봉상 미셀, 층상미셀, 구상 미셀 등 다양한 형태가 존재하는데 계면활성제의 농도는 임계 미셀농도(Critical micelle concentration, CMC)라고 부른다.

물질의 용해도가 어떠한 특정 온도에서 불연속적인 증가를 보이는 이온 계면활성제의 경우 증가를 보이는 이점을 온도라고 하며 온도는 용해도 곡선과 임계미셀농도 곡선의 교점이며 단일 분자 상태의 계면활성제의 용해도의 온도가 같다. 즉 CMC와 같은 온도이다. 계면활성제는 CMC에서부터 계면 활성의 성질을 가지게 된다.

계면활성제의 용해도는 온도 이하의 온도에서 결정격자 에너지와 계의 수화열에 결정되며 용액의 단일분자 상태가 농도의 값을 나타내는데 이런 특성으로 계면활성제 분자의 용해도는 온도 이상에서 미셀을 형성하고 이런 형태가 열역학적으로 안정해지는 지점까지 올라가게 된다.

계면활성제의 농도 변화는 표면장력, 전기전도도와 같은 고아 산란 분석을 하면서 낮은 농도에서 불연속점을 나타내게 되는데 이러한 현상이 용질의 존재 상태의 측정량에 영향을 줄 수 있다.

미셀의 형성과정

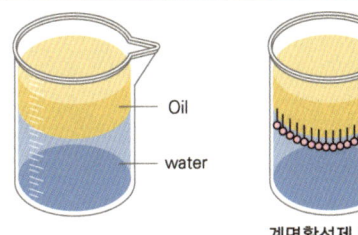
계면활성제 첨가

미셀의 구조

미셀(micelle)이란?

계면 활성제 용액의 농도가 어떤 일정한 농도 이상일 때 용액 속에 생기는 분자나 이온의 집합체. 친수기는 바깥쪽으로 소수기는 안쪽으로 향하여 공 모양의 콜로이드 입자를 이루게 되는데, 이러한 집합체를 미셀(Micelle)이라 하며, 미셀이 형성되기 시작하는 농도를 임계미셀농도(Critical micelle concentration, CMC)라 한다.

(1) 미셀 형성 및 구조

친수성과 친유성의 성질을 모두 가지고 있는 계면활성제 분자는 계면에서 진한 농도를 만들며 계면을 접촉하여 자유에너지를 감소시키는 특징이 있다. 이때 에너지를 저하하는 계면에너지의 기본 작용으로는 흡착 현상과 계면에서 포화된 경우 전체 에너지의 감소를 나타낸다. 이때 용질의 결정화 또는 침전의 현상이 되는 계면활성제를 볼 수 있고 용액에서 유지되는 다른 현상으로는 안정한 분자 응집체가 열역학적으로 안정화되면서 미셀의 형성이 나타나게 된다. 그리고 계면활성제의 합성이 보편화 되는 이유는 지방산으로 만든 비누가 칼슘과 마그네슘처럼 다가이온이 발생하는 경우 침전이 일어나기 때문이다.

(2) 미셀 농도(C_C)

임계미셀농도를 경계로 하여 계면활성제로써 경계로 그 역할을 상실하게 되며 그 이상이 될 경우 용액이 응고점, 표면장력, 세정력 등의 물리적 성질의 변화를 하게 된다.

(3) 하부임계 온도

비이온성 계면활성제가 폴리에틸렌글리콜(PEG)의 친수성 작용으로 물에 대한 용해도가 저하되어 계면활성제로의 특징이 사라지며 탁한 상태의 액체로 분리되는 온도를 말한다.
산소와 물과의 수소결합이 온도를 높이므로 증가된 에너지에 의해 연결이 절단되어 나타나게 되는 현상으로 이런 현상을 하부임계온도 이하의 온도로 낮추게 되면 다시 용해되어 투명한 액체의 형태로 바뀌게 된다.

(4) 그래프트 점

같은 온도에서 이온성 계면활성제는 물의 용해도가 빨리 증가하게 되며 임계미셀농도(CRC)에서 미셀을 만들어 내는데 그 온도의 지점을 그래프트 점이라고 부르며 세정제의 경우에는 그 이하에서 사용하게 되면 그래프트 점에 의해 세정력을 상실하게 된다.

(5) 계면활성제의 안전성

계면활성제의 안정성으로는 분자량의 부근의 자극이 크며 분자량 300~600에 해당되며 POE 분포가 넓을수록 자극이 높을 가능성이 있고 비이온성 계면활성제는 이온성 계면활성제에 비해 자극이 매우 적으며 계면활성의 성능이 높아질수록 자극 또한 높아지는 경우가 많다.

또한, 친유기에서 벤젠의 구조를 가지게 되는 경우에 자극이 가장 높으며, HLB 10 수치에서 높은 자극이 나타나고 POE 분포도가 높아지면 자극이 높아지는 경우가 많다.

7. 계면활성제가 사용되는 산업 분야

계면활성제는 수성과 유성 성분을 혼합해주는 물질이기 때문에 화장품의 원료로 많이 사용되고 있다. 계면활성제가 개발된 시기는 1900년대 초반에 독일의 섬유산업 때문에 시작되었다. 섬유 직물에 염색이나 탈색을 위해 처음 사용되었다.

계면활성제는 분석화학, 생화학, 분자생물학, 물리화학, 화학공학, 섬유공학, 환경과학, 식품과학, 재료과학의 학문분야에서 산업적으로는 중요한 응용분야의 역할을 한다.

분석화학 학문에서는 흡착, 이온교환의 계면현상을 활용하고, 물리화학에서는 핵 생성, 과열의 계면현상의 활용한 산업과 생화학 또는 분자생물학 학문 분야에서는 전기이동 및 삼투압 계면현상을 활용하고 있다.

계면활성제로 세제, 가공, 염색 조제, 안개, 스모그, 거품, 수질 정화 등의 산업 응용으로 화학과 섬유공학 학문분야에 관련이 있으며 식품과학 학문 분야 에선 우유, 맥주에 응용되며 마이크로캡슐의 산업적 응용으로 농약(제초제, 살충제), 의약(경구약, 주사약), 기타(화장품, 접착제, 경화제) 등의 기술 분양에 응용된다. 재료과학 학문분야 관련하여 금속 방지, 세라믹, 시멘트, 프린트 잉크, 나도기술 산업 분야까지 계면현상을 활용한 다양한 산업 분야에 이용되고 있다.

화장품 분야에서 응용되는 계면활성제는 대표적인 세정제로 머리세정제인 샴푸와 바디세정제인 샤워 젤, 식기를 세척하는 주방용 세제 또는 의류 세탁용 세제와 같이 우리가 일상생활 속에서 자주 사용하며 쉽게 접하는 것들에 활용되고 있다.

세정용에 활용되는 계면활성제는 물을 이용하여 깨끗하게 닦아주는 역할을 하고 있으며 그 외에도 다양한 용도로 계면활성제는 사용되고 있으며, 특히, 계면활성제는 물의 침투를 도와주기 때문에 습윤의 목적으로 섬유산업에도 많이 이용되고 식품산업의 경우로는 아이스크림을 부드럽게 하기 위해 물과 유지방을 잘 섞이도록 하여 동결해야 하므로 계면활성제를 유화제로 사용하고 있다. 이외에도 물질을 잘 녹여 분산하는 분산작용, 거품 발생과 소포작용, 대전방지 작용 등 매우 다양한 기능의 작용들이 접목되고 있다.

CHAPTER 02 | 유화

1. 유화

유화(Emulsion)는 과정은 두 개의 섞이지 않는 액체가 다른 액체로 분산되는 것을 말하며 콜로이드의 범위에서 분산상의 크기가 벗어나지 않는 의미로 유화액은 콜로이드로 구분할 수 있다. 연속상, 분산상, 유화제가 유화액을 구성하는 성분이며 대표적인 예로는 우유를 들 수 있는데 즉, 유화제는 단백질이라고 할 수 있다.

유화입자는 가시광선보다 크기 때문에 빛이 통과하지 못하고 산란 되어 유화제품은 뿌옇게 백탁화되어 보이며 이렇게 생성된 분산계를 우리는 에멀션(Emulsion)이라고 하고 이때 사용되는 유화제는 계면활성제이다.

유화 과정 중에 두 개의 불용성 액체간의 넓은 표면적이 생겨야 유화액이 만들어지는데 식품에서는 가공 유제품이나 의약품, 화장품 그리고 농업용 분무제까지 다양하게 사용되고 있으며 유화 액이 제조되는 과정은 물리적 유화, 상전이에 의한 유화, 자발적인 유화의 과정에서 이루어지며 크기와 안정을 돕는 첨가제가 필요하게 된다.

O/W 또는 W/O 의 형태를 발생시키는 첨가제가 유화제 또는 안정제라고 부르며 같은 기능을 하며 에너지를 낮추는 기능과 내부 상으로의 전환을 지연시키는 작용으로 이런 기능들이 잘 이루어지기 위해서는 액체 또는 액체 계면에서 흡착이 잘 발생되어야 한다.

유화의 원리

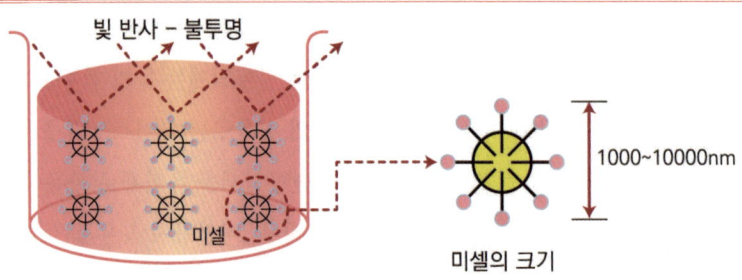

낮은 계면장력의 인자는 유화 액의 안정성을 높여주며 탄성이 있는 계면 막, 전기이중층 반발, 작은 분산상의 부피 그리고 작은 크기의 분포 그리고 높은 점도 등도 유화 액의 안정성을 높여주는 인자들이다.

이런 과정에서 생성된 분산계를 에멀션이라 하며 이때 사용하는 계면활성제를 유화라고 한다. 에멀션은 연속상과 불연속상으로 구성되는 계면으로 미세한 입자의 형태로 분산하고 있는 부분이 내부상이며, 미세한 입자를 감싸고 있는 액체의 부분이 외부상에 해당되며 한쪽의 액체가 수분으로 수용성 물질이고 반대쪽이 유지나 왁스 같은 유성혼합물질이 화장품에서는 에멀션이라 한다.

화장품용에서는 크림, 로션 등의 기초화장품 뿐만 아니라 색조까지 유화과정을 사용하는 경우가 많은데 에멀션(Multiple emulsion)은 분산상 내부 안에서 다른 에멀션이 형성되는 것을 말하며 에멀션의 경우 물을 연속상으로 하여 그 속에 오일이 분산되어 있는 것을 수중유적형(Oil-in-water type, O/W형), 오일을 연속상으로 하여 그 속에 물이 분산되어 있는 것을 유중수적형(In-oil-type, W/O형)으로 분류하는데 일반적으로 기초화장품 중 크림, 로션과 같은 경우는 대부분 O/W타입, 자외선차단제 및 색조화장품의 경우는 W/O타입이라고 할 수 있다.

유화의 기술은 화장품의 사용감에 영향을 주기 때문에 사용 목적, 사용 연령층, 첨가제 등의 배합을 잘 고려하고 사용 목적, 사용하는 연령대, 첨가되는 원료를 충분히 고려해서 결정해야 한다.

2. 유화방법

1) 전기 전도도

O/W형 에멀션이 W/O형 에멀션보다 전도도가 높은 것을 이용하는 방법이며 W/O형 에멀션은 바깥쪽이 오일 형태라 전기가 흐르기 힘들다. O/W형 에멀션은 바깥 부분이 물이기 때문에 전기 전도도가 좋다. 간단하게 에멀션 형태를 구분할 수 있다.

2) 희석법

분산을 판단하는 방법으로 에멀션을 물에 희석시키는 방법을 말한다. W/O형 에멀션은 주위가 오일이라서 물에 잘 희석되지 않는다. 따라서 물표면 위에 뜨는 현상이 일어나게 되지만 O/W형은 바깥 부분이 물이기 때문에 물이 희석되면 분산되는 현상이 나타나게 된다.

3) 염색법

수용성 염료나 유용성 염료를 용해시키는 방법으로 판단할 수 있고 O/W형 에멀션은 수용성 에멀션에 염색이 잘 되는 현상을 보이며 W/O형의 경유 유용성 에멀션에 잘 염색되는 것을 관찰할 수 있다.

에멀션의 크기 측정의 경우에는 입자를 현미경을 사용하여 분산상의 직경을 측정할 수 있으며 화장품의 경우 입자 크기가 일정하기 않기 때문에 입자를 측정하는 것이 많이 분포되어 있는 입자 크기를 측정 기록할 수 있으며 화장품 에멀션의 경우 불투명한 상태의 에멀션을 마이크로 에멀션이라고 한다.

마이크로에멀션의 크기가 1.000~10.000㎚의 여러 오일을 함유한 백색의 에멀션이 기본 타입이며 입자 크기에 따라 미니에멀션 또는 나노 에멀션이라고 한다. 입자의 크기가 10~100㎚인 마이크로에멀션은 안정한 형태의 에멀션으로 투명한 형태와 불투명형태도 있다.

유화는 오일과 물의 계면장력을 최대한 작게 하기 위해 유화제를 적용하며 이러한 작용을 통해 물과 기름을 쉽게 섞는 것으로 물과 기름을 유화제 없이 강하게 흔들어 혼합하게 되면 두 개의 층으로 빠르게 분리가 되지만 계면 주변에 유화제가 지속적으로 존재한다면 계면장력을 감시켜 물과 기름의 분리 속도는 크게 감소하게 되는 것이다.

유화제라는 것이 에멀션의 불안정한 상태를 안정화 시킬 수는 없지만 최대한 분리되는 현상을 지연시켜 줄 수 있다. 즉, 물과 기름을 안정적으로 유화작용을 해 줌으로써 분산상의 크기는 최대한 미세하게 해주는 것이 바람직하며 이때 사용하는 장치가 호모믹스(Homo-mixer)이다.

호모믹서의 원리

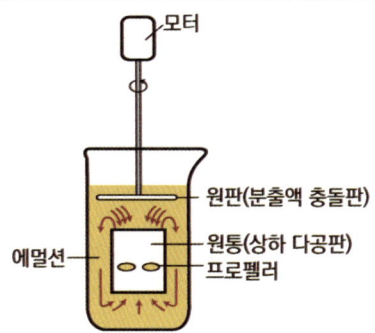

CHAPTER 03 | 가용화 및 분산

1. 가용화

가용화 현상은 물에 불용성 물질을 계면활성제인 미셀의 존재 하에 용해되는 것을 말한다. CMC 이상에서 그 기능을 하게 되며 액 상태가 투명하게 열역학적으로 안정하게 된다.

가용화가 높아지는 것은 미셀의 생성을 촉진시키는 조건을 만들어 주면 되는데 예를 들어 계면활성제의 친유기가 길어지면 미셀의 생성이 촉진되어 그로 인해 가용화가 높아진다. 가용화가 감소되는 경우는 동족계열에 속한 화합물의 분자량이 커질수록 감소하게 되며 가용화가 되는 물질의 화학구조는 분자량에 의해서 그 양이 달라진다.

미셀의 성질이나 형태는 가용화 과정에 의해서 많은 변화가 일어나게 되는 것은 비극성 물질들이 내부에 있는 경우 농도가 높아질수록 미셀의 형태는 더 비대칭 구조로 바뀌게 된다.

정상적인 라멜라 미셀이 반대의 형태로 바뀌게 되는 것은 연속상의 비극성 물질로 바뀌는 현상에서 이루어지며 용질 또는 계면활성제의 형태에 따라 가용화 미셀의 내부 용질은 다양해진다. 화장품에서는 스킨, 토너, 헤어토닉, 에센스, 향수 등이 가용화 현상을 사용하여 만드는 제품으로 분류되며 수용액을 유성성분으로 용해시켜 만드는 제품으로 립스틱이 대표적이다. 립스틱의 경우 유성성분 베이스로 수용성 성분을 첨가시켜 만드는 경우도 있다.

가용화의 원리

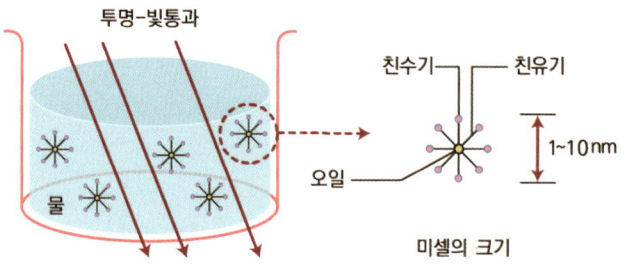

2. 분산

　분산은 유화의 일종이지만 유화가 수성액과 유성액이 균일한 혼합인 것에 반해 분산은 액체 속에 고체 입자가 혼합되어 안정화시킨 방법이다. 하나의 상에 또 다른 상이 아주 미세한 형태로 분산되는 것을 말하며 기체, 액체, 고체 등이 분산계에 해당된다.

　분산계의 상태는 거의 모든 화장품에 해당이 된다. 액체와 액체의 혼합형태가 아닌 액체와 고체 형태의 혼합을 분산이라고 하며 고체는 액체 속에 혼합이 되기 어렵지만 분산제의 계면활성제를 사용하여 두 물질이 서로 혼합하게 만들어 준다.

　안료와 같은 고체 입자를 액체와 잘 혼합시키는 것을 고체-액체 분산계라고 말하며 파운데이션, 메이크업 베이스, 크림, 마스카라, 아이라이너, 립스틱 또는 네일 에나멜과 같은 메이크업제품 등의 고형 형태의 제품들이 주로 분산계를 이용한 제품이다.

　가용화와 유화는 주로 기초화장품과 헤어제품 등에 활용되며 안료를 이용한 색조 화장품의 경우 분산 기술을 이용한 혼합과정을 사용하게 된다. 따라서 색조 화장품은 피부의 결점을 커버하여 깨끗하게 보이도록 하는 목적을 가지고 있으며 네일아트는 손톱과 발톱에 색을 더하여 예뻐 보이도록 하는 목적이 있기에 색상을 부여하는 성분인 고체의 안료를 사용하게 된다.

　안료를 사용하여 볼 밀(Ball mill), 콜로이드 밀(Colloid mill), 롤러 밀(Roller mill) 등의 기기를 이용하여 혼합 또는 분산 과정이 기계적 힘을 이용하여 이루어진다. 균일하게 분산시키는 것에 따라 안료 사용으로 인한 색조 화장품 제품들의 상품의 가치에 영향을 줄 수 있다.

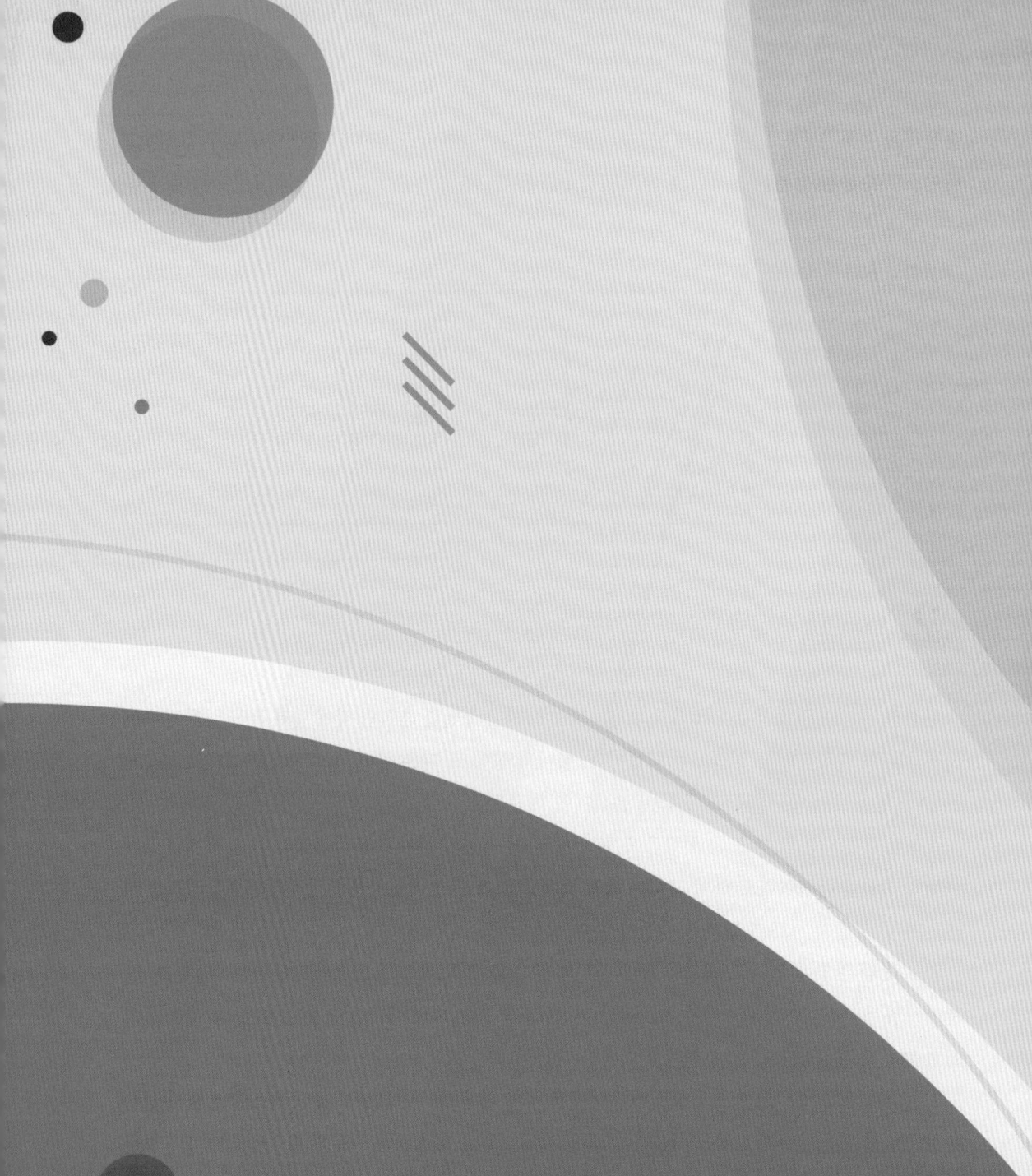

미용인을 위한
화장품학

PART 03
화장품 성분과 제형

CHAPTER 01 • 화장품 성분
CHAPTER 02 • 수성원료
CHAPTER 03 • 유성원료
CHAPTER 04 • 색소
CHAPTER 05 • 활성성분
CHAPTER 06 • 향료
CHAPTER 07 • 보존제
CHAPTER 08 • 기타 첨가제

CHAPTER 01 | 화장품 성분

1. 화장품성분 이해

　화장품은 물과 오일에 용도에 알맞은 성분들을 혼합한 제형과 제품으로 물, 보습제, 유성원료, 고분자화합물, 분체, 색소, 향료, 계면활성제, 활성 성분, 용제, 기타 첨가물 등이 대표적 성분이라고 할 수 있다.

　서로 섞이지 않는 수성성분과 유성성분을 연결하기 위해 계면활성제가 필요하고, 사용감이나 효능을 좋게 하기 위해 사용목적에 맞는 적절한 첨가제가 이용되는데 화장품법 시행규칙에 기재된 우리나라의 화장품 유형은 모두 13가지로 이러한 유형을 토대로 사용 목적에 따른 수많은 화장품들이 있다.

　화장품은 통상 20여 종 이상의 화장품 원료들이 적절히 배합되어 만들어지고 필요한 유형 및 콘셉트에 따라 성분의 첨가 수가 다르지만 50여 가지 이상의 원료의 배합으로 만들어지는 화장품도 많이 있기 때문에 화장품의 안정성, 안전성, 유효성, 사용성 등의 결과는 그 화장품에 사용되는 원료들의 특성 및 배합 비율의 정도를 통해 나타난다.

　원료의 사용기준은 전성분 표시제 시행에 따라 화장품에 적용된 원료 성분이 모두 공개되어져야 하며 화장품 원료는 미국의 화장품 성분 사전(ICID), 우리나라 화장품 성분 사전(KCID) 등에 등록되어진 것을 사용하며 국가별로 원료들을 관리하는 기준은 다르지만, 우리나라의 화장품원료 관리기준은 네거티브 방식(Negative system)으로서, 사용할 수 없는 원료를 지정하고 그 밖의 원료는 화장품책임판매업자가 책임지고 사용하게 하고 있다.

　화장품제조업자와 책임판매업자는 네거티브 방식(Negative system)을 통해 더욱 다양한 종류의 화장품 원료 개발과 사용에 집중함으로 제조와 수입에 대한 제품의 개발이 활성화 되면서 규격이나 안전성 심사로 인한 시간과 비용을 절약할 수 있는 계기가 되었다.

　우리나라 화장품 제조에 사용할 수 없는 원료는 식품의약품안전처장이 「화장품 안전기준 등에 관한 규정」에 준하여 고시하고 있으며, 보존제, 자외선 차단제, 염모제 성분, 색소 등 특별한 관리가 필요한 원료는 허용되는 원료 목록을 정해놓고, 각 원료별 사용농도 및 사용조건 등을 제한하고 있다.

　안전성이 확보된 원료는 화장품책임판매업자의 책임 하에 사용할 수 있으며 2008년 10월 18일

화장품 전성분표시제가 시행되면서, 소비자들도 화장품의 포장에 표시된 전성분을 직접 확인하고 사용하는 시대가 되었다.

   화장품은 인체에 직접 적용하기 때문에 가장 강조되는 부분이 안전성으로 소비자들은 식물추출물이나 천연성분들이 많이 들어간 화장품을 좀 더 선호하여, 천연물들을 정제 가공한 화장품원료들이 많이 사용되어 왔지만, 천연성분에도 인체에 위해가 되는 독성들은 함유되어 있어 최근에는 바이오테크놀로지(Biotechnology)의 발달로 인체에 위해를 최소화하고 유효성이 높아진 화장품 원료들이 끊임없이 개발되고 있다.

2. 화장품 성분의 기능에 따른 분류

   화장품 성분은 수성성분과 유성성분 및 각종 첨가제를 계면활성제가 섞이게 해주고, 사용감을 좋게 하기 위해 점도조절과, 향 등을 상품의 목적에 따라 첨가하고, 제품의 안정성을 고려하여 적절한 산화방지제와 금속이온봉쇄제, pH조절제 그리고 보존제 등이 각각의 기능을 더하여 화장품이 개발되고 있다.

화장품 성분 분류

분류	세부종류			
수성원료	정제수, 에탄올(ethanol), 폴리올(polyol), 보습제			
유성원료	유지	지방(시어버터, 망고버터, 코코아버터 등)		
		오일	식물성오일, 동물성오일, 광물성오일, 실리콘오일	
	고급알코올, 고급지방산, 왁스			
계면활성제	사용기능에 따른 계면활성제 분류	유화제, 가용화제, 분산제, 세정제		
	이온특성에 따른 계면활성제 분류	음이온계면활성제, 양이온계면활성제, 양쪽성계면활성제, 비이온계면활성제		
고분자화합물	점도조절제	천연유래	식물유래, 미생물유래, 동물유래	
		합성		
	피막형성제			
색소	유기합성색소	염료, 레이크, 유기안료		
	무기안료	체질안료, 착색안료, 백색안료, 펄안료		
유효성분	기능성원료	미백, 주름, 자외선 등		
	비타민	수용성비타민	비타민C	
		지용성비타민	비타민E, 비타민A	
	펩타이드, 식물추출물			
향료	천연향료	식물성	라벤더, 로즈, 재스민	
		동물성	시베트, 무스크	
	합성향료	멘톨, 벤질아세테이트		
기타첨가물	보존제, 금속이온봉쇄제, 산화방지제, pH조절제 등			

3. 화장품의 제형

    화장품은 사용하는 목적에 따라 액상, 크림, 분말 등 여러 가지 형태로 만들고 있다. 식품의약품안전처 고시인 기능성화장품 기준 및 시험방법(KFCC, Korean functional cosmetics codex)에서 정하는 제형의 정의는 다음과 같다.

화장품제형의 분류

분류	정의
로션제	유화제 등을 넣어 유성성분과 수성성분을 균일화하여 점액상으로 만든 것
액제	화장품에 사용되는 성분을 용제 등에 녹여서 액상으로 만든 것
크림제	유화제 등을 넣어 유성성분과 수성성분을 균질화하여 반고형상으로 만든 것
침적마스크	액제, 로션제, 크림제, 겔제 등을 부직포 등의 지지체에 침적하여 만든 것
겔제	액체를 침투시킨 분자량이 큰 유기분자로 이루어진 반 고형상태 인 것
에어로졸제	원액을 같은 용기 또는 다른 용기에 충전한 분사제(액화기체, 압축기체 등)의 압력을 이용하여 안개모양, 포말상 등으로 분출하도록 만든 것
분말제	균일하게 분말형태로 만든 것을 말하며, 부형제 등을 사용할 수 있다.

1) 화장품 제형의 분류

화장품 제형을 분류 하면 유화 제형, 가용화 제형, 분산 제형으로 분류할 수 있다.

(1) 유화(Emulsion)제형

서로 섞이지 않는 수상과 유상을 유화제를 사용, 혼합하여 두 액체 중 한 액체가 미세한 입자 형태로 다른 액체에 분산된 제형으로, 유화(Emulsion) 상태에 따라 O/W(Oil-in-water)형, W/O(Water-in-oil)형, W/O/W형, O/W/O형 유화로 구분한다.

유화의 분류

분류	특징
O/W형 (수중유형)	• 유성성분이 계면활성제에 의해 수성성분에 입자형태로 분산된 것 • 수분감이 많아 촉촉하고, 피부에 부담스럽지 않음 • 로션, 크림 등이 있음
W/O형 (유중수형)	• 수성성분이 계면활성제에 의해 유성성분에 입자형태로 분산된 것 • 유성성분이 많아 발림성과 매끄러운 사용감이 장점 • 선크림, 비비크림 등 색조화장품
W/O/W형 O/W/O형 (다중유화)	• W/O형을 다시 수상에 유화시킨 W/O/W형의 에멀전이나, O/W형을 다시 유상에 유화시킨 O/W/O형의 다중 에멀전 • O/W에멀전에 비해 보습도 뛰어나고, 각종 유효물질을 안정한 상태로 보존 가능 • 보습크림, 영양크림 등

(2) 가용화 제형
- 물에 녹지 않는 난용성 물질(오일)을 계면활성제를 사용하여 물과 일체화되어 투명하게 용해되어 있는 상태
- 입자(미셀)가 작기 때문에 빛이 통과되어 제품이 투명하게 보임
- 투명한 스킨, 토너, 향수 등

(3) 분산 제형
- 수상 또는 유상에 고체 입자가 균일하게 분포되어 있는 상태
- 분리, 침강, 응집 등이 발생하기 쉬우므로 분산제를 사용하여 분산성 향상
- 파운데이션, 아이섀도, 네일에나멜 등이 있다.

CHAPTER 02 | 수성원료

1. 정제수

화장품 제조에 기본이 되는 원료로 증류의 과정을 거치거나 이온교환 수지방법을 통해 얻어진 순수한 물을 말하며 일부 메이크업 화장품을 제외한 모든 화장품 제형에 많은 함량을 포함하고 있는 피부보습의 기본적인 물질로 화장품 전성분 표시의 경우 가장 먼저 표기되는 원료이다.

화장품 원료에 사용되는 물의 정수과정은 이온교환수지를 이용해 만든 이온 교환수를 자외선램프를 적용하는 방법으로 살균하고, 일정한 수소이온농도(PH)를 유지하며 사용한다.

물은 피부의 기능을 위해서 필수적인 성분이며 화장품 제조에서도 중요한 용매제 역할을 하기 때문에 세균에 오염된 물이나 중금속이 함유된 물은 다른 성분들과 섞여 제품의 분리 및 점도 변화 등의 원인이 될 수 있으므로 화장품의 원료로 사용될 수 없다.

정제수를 만드는 방법으로 증류, 활성탄흡착, 이온교환, 역삼투, 자외선 살균램프장치 등이 있고 최근에는 소비자의 다양한 욕구 충족과 사용하고자 하는 목적에 따라 정제수뿐만 아니라 천연수인 해양 심층수, 빙하수, 온천수, 식물추출수 등을 이용하여 화장품을 만들기도 한다.

2. 에탄올(Ethanol)

에틸알코올(Ethyl alcohol)이라고도 하며, 화학식은 C_2H_5OH의 구조식을 가지고 있다. 에탄올은 휘발성이 있는 투명하고 무색의 액상 형태로 물과 유기용매에 잘 혼합되는 성질이 있으며, 화장품 성분으로 사용할 경우 수렴, 청결, 청량감을 부여하고 에틸알코올의 배합률이 높아지면 살균과 소독의 용도로 사용한다. 일반적으로 살균과 소독에 적합한 비율은 7:3이 적당하다. 이러한 에탄올은 비극성인 탄화수소기와 극성인 하이드록시기(-OH)가 존재하여 식물의 소수성 및 친수성 물질의 추출 및 기타 화장품 성분의 용제(용매)로도 사용하는데 이때 적용되는 에탄올은, 술을 만들 수 없게 변성제를 첨가하여 만든 변성 에탄올을 사용하며 Ⅰ가 알코올로서 2개의 탄소와 3개의 수소 및 Ⅰ개의 수산기로 이루어져 있다.

에탄올의 특징은 여러 물질을 잘 녹이며, 정제수와 친화성을 가지고 있어 혼합할 경우 부피가 줄고 열 발생률이 높아 잘 타는 성질을 가지고 있다.

에탄올 구조식

$$H-\underset{\underset{H}{|}}{\overset{\overset{H}{|}}{C}}-\underset{\underset{H}{|}}{\overset{\overset{H}{|}}{C}}-O-H$$

3. 보습제(Moisturization, Humectants)

보습(保濕)제는 공기 중의 수분을 끌어당겨 피부에 전달하거나 외부의 수분을 끌어당겨 수분을 보충하는 역할 그리고 피부표면의 수분증발을 막아 주는 보호막을 형성하는 것으로 피부 상태에 따라 적절히 사용하는 것이 바람직하다.

보습제는 성분의 특성에 따라 습윤제, 밀폐제, 유화제, 장벽대체제로 사용하며 보습제에 함유된 주성분으로 글리세린, 바세린, 프로필렌글리콜, 부틸렌글리콜 등이 있다. 하지만 피부대사과정 중에 진피에 영향을 미친다는 연구사례가 있어 사용 시 주의가 필요하다.

이외에도 피부 속 세포간 지질 구성의 40~60%를 차지하는 세라마이드, 소듐피씨에이(Sodium-

PCA) 세포내 천연보습인자 구성 성분, 그리고 세포성장과 상처치유 등의 기능이 뛰어나고 물 분자를 끌어 모으는 히알루론산, 보습막 형성에 도움을 주는 식물성 오일인 피마자유, 호호바 오일, 과일의 과즙과 해조류 등에 함유된 솔비톨, 석유에서 추출되는 미네랄 오일 등이 주요 성분으로 알려져 있다.

피부와 보습화장품의 관계

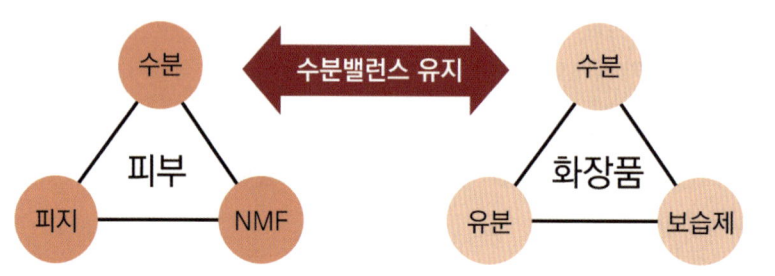

1) 천연보습인자(Natual moisturizing factor, N, M, F)

피부 자체에서 발생하는 나트륨으로 수분과 결합하는 능력이 있어 흡습효과와 피부의 유연성에 매우 뛰어난 성분으로 각질층의 경우 10~20%의 수분이 일정하게 유지됨으로 항상 피부를 촉촉하게 유지시켜 준다.

구성성분으로 아미노산, 요산, 젖산염, 피롤리돈카르본산염, 구연산염, 글리코사민 등이 있으며 아미노산의 경우 단백질의 구성성분으로 피부 천연보습인자의 약 40%를 함유하고 있는 보습 성분으로 단백질을 가수분해 해서 얻어진 물질이다.

이러한 천연보습인자의 기능은 수분과 밀접한 수용성구조로 많은 양의 수분을 흡수할 수 있어 피부가 거칠어지거나 갈라지는 것을 막아주어 어린선, 건선, 악건성 등이 발생하지 않도록 도와준다. 하지만 노화의 진행됨에 따라 N, M, F는 현저하게 감소되며 세안 시 비누나 계면활성제가 다량 함유된 제품을 사용할 경우도 감소세는 뚜렷하게 나타남으로 세안제 선택에도 성분을 잘 살펴보아야 한다.

2) 고분자 보습제

① 히알루론산(Hyaluronic acid)

다당류의 일종으로 1934년 독일의 화학자인 쿠르트 마이어에 의해 소의 수정체에서 처음 발견하였고 일반적으로 포유동물의 결합조직 내에 함유되어져 있는 성분으로 세포 공간을 수분으로 채워 피부보습, 관절 유연성, 세포결합과 조직 재생에 도움을 주며 화장품뿐만 아니라 영양제, 의약품 등 다양하게 활용되고 있는 성분이다.

② 콘드리친 황산(Chondroitin sulfate)

진피의 기질 속에 함유되어 있는 성분으로 피부보습에 중요한 역할을 하며 점성이 있고 피부와 같은 각종 결합조직에 존재하는 다당류로 보습기능이 뛰어난 성분이다.

③ 콜라겐(Collagen)

단백질은 약 28종류로 인체의 뼈, 피부, 연골, 결합조직 등을 구성하고 있으며 물에 잘 녹지 않고 산이나 염기처리와 함께 열을 가하면 분해되어 젤라틴화 되는 특징을 가지고 있다. 콜라겐은 수분과 결합력이 우수하여 보습능력이 뛰어나지만 분자량 자체가 커서 피부 깊숙이 흡수하지 못하는 단점으로 인해 효소를 이용해 가수분해하여 피부에 흡수 가능한 화장품 제형으로 이용한다.

(1) 보습제 분류

① 습윤제

죽은 각질세포 내 케라틴과 NMF(Natural moisturizing factor)와 같이 수분과 결합하는 능력을 갖춘 성분을 보습제 성분(습윤제)으로 처방하여 피부에 수분을 증가시키는 역할을 하고 종류로는 글리세린, 부틸렌글라이콜, 락틱애씨드, 프로필렌글라이콜, 솔비톨, 하이알루로닉애씨드, 판테놀, 우레아 등이 있다.

② 밀폐제

피지처럼 피부 표면에 얇은 소수성 밀폐막을 형성하는 역할을 하는 것으로 피부에 소수성 막을 형성하여 물리적으로 TEWL(Transepidermal water loss)을 저하시킨다. 밀폐제의 종류로는 페트롤라툼, 미네랄오일, 실리콘오일, 파라핀, 스쿠알렌, 왁스 등이 있다.

③ 연화제

탈락하는 각질세포 사이의 틈을 채워 주는 역할을 하는 물질로 피부의 윤기와 유연성을 제공하고 글리세릴스테아레이트, 호호바오일, 파라핀, 스쿠알렌, 왁스 등이 있다.

④ 장벽 대체제

각질층 내 세포 간 지질(세라마이드, 콜레스테롤, 지방산)을 보습제 성분으로 처방하여, 피부장벽 기능의 유지와 회복에 관여함으로써 피부보습력을 유지하고 증가시키는 성분을 함유하고 있다.

화장품 적용에 필요한 보습제의 구비조건

1. 안전성이 확보되어야 한다.
2. 무색, 무취, 무미의 제품이어야 한다.
3. 흡습력이 지속되어야 한다.
4. 다른 성분과 공존성이 높아야 한다.
5. 응고점이 낮아야 한다.
6. 사용감이 뛰어나며 피부와 친화력이 우수하여야 한다.
7. 가능한 휘발성이 낮거나 없어야 한다.
8. 흡습력이 환경변화에 쉽게 영향을 받지 않아야 한다.

CHAPTER 03 | 유성 원료

물에 녹지 않는 특성 또는 기름에 녹는 물질들을 총칭하며, 피부로부터 수분 증발을 억제하고 유연성을 향상시킬 목적으로 사용하며 일반적으로 상온에서 액체인 것을 오일(oil)이라 부르고, 고체인 것은 지방(fat)이라 한다.

화장품은 피부가 여러 가지 이유로 인해 제 기능을 수행하지 못할 때 도와주는 역할을 하기 때문에 수분과 유분을 통해 막을 형성하여 피부를 보호하는데 이때 수분은 증발하기 때문에 피부를 보호하는 기능성 막을 형성하는 것은 유성원료의 역할이라고 할 수 있다.

화장품의 성분으로는 유성 성분이라 표현하지만 우리 피부층에서 각질층의 콜레스테롤, 지방산, 세라마이드와 같은 세포 간 지질이 자체적으로 가지고 있는 유성성분의 역할을 대행한다고 이해할 수 있다.

이러한 피부의 성격을 화장품의 성분인 유성원료를 사용함으로 피부 및 모발의 유연성과 피부표면의 피막을 형성하여 유해물질 침투방지 및 수분증발억제 등 피부기능을 더욱 향상시키게 한다. 유성성분이 함유된 화장품들은 물에 녹지 않는 성질 및 기타 화학적 특성을 바탕으로 밀폐제, 컨디셔닝제, 광택제 등의 특징을 갖고, 대표적으로 유지(오일과 지방), 고급알코올, 고급지방산, 왁스 등이 있다.

1. 유지류(Oils and Fats)

화장품 원료 중 오일이라고 명칭을 사용하는 것은 모두 유성성분으로 여기에서 유지란 지방과 오일을 합쳐서 부르는 말로, 상온에서 고체상인 것을 지방, 액체상인 것을 오일이라 하는데 과거에는 동물성 오일을 많이 사용하였으나 피부트러블, 알레르기, 과민성 반응 등과 동물보호차원에서 지금은 사용하지 않는 성분들이 많고 거의 화장품에 적용되는 성분들은 천연성분으로 식물성 오일을 사용하고 있다고 보면 된다. 하지만 식물성 오일의 단점은 쉽게 산화할 수 있다는 단점이 있으며 유지류는 지방산과 글리세롤과의 트리글리세릴에스테르, 즉 트리글리세라이드를 주성분으로 하는 것으로 크게 식물성오일, 동물성오일, 광물성오일, 합성오일로 분류한다.

유지류의 분류

분류		특징	종류	장•단점
식물성오일		식물유래 오일을 총칭하며, 비극성인 특성을 기반으로, 보습 및 사용감 향상과 피부 및 모발에 유연성을 부여하기 위해 사용	• 올리브오일 • 로즈힙씨오일 • 아보카도오일 • 피마자씨오일	지방산 내 불포화 결합이 많아 쉽게 산화된다.
동물성오일		동물 유래 오일을 총칭하며, 보습 및 사용감 향상과 피부 및 모발에 유연성을 부여하기 위해 사용	• 밍크오일 • 난황유 • 스쿠알렌 • 라놀린	식물성 오일에 비해 색상 및 냄새가 좋지 않아 많이 이용하지 않는다.
광물성오일		광물유래 오일을 총칭, 대부분 원유를 정제하는 과정에서 생성되는 부산물로서, 보습 및 사용감 향상과 피부 및 모발에 유연성을 부여하기 위해 사용	• 미네랄오일 • 파라핀 • 페트롤라툼	잘 증발하지 않고 산화되지 않는 특성이 있고, 유성감이 강해 피부호흡을 방해할 수 있어서 다른 오일과 혼합하여 사용한다.
합성오일	실리콘 오일	실록산 결합(-Si-O-Si-)을 가지는 유기 규소 화합물을 통칭하며, 보습 및 사용감 향상과 피부 및 모발에 유연성을 부여하기 위해 사용	• 다이메티콘 • 사이클로메티콘 • 에칠트라이실록세인	퍼짐성이 우수하고 가벼운 발림성으로 유연성과 광택을 부여한다.
	에스테르 오일	천연 에스테르류가 가진 장점을 유지하고 단점을 보완하여 합성한 것으로 지방산과 알코올의 축합반응으로 생성된 물질이며, (-COO-)와 같은 구조를 가진 오일	• 아이소프로필미리스테이트 • 다이카프릴릴카보네이트 • 세테아릴올리베이트 • 콜레스테릴스테아레이트 • 세틸팔미테이트	분자량이 작아 사용감이 가볍고 유화도 잘되어 화장품원료로 많이 쓰인다.

1) 식물성 오일의 종류와 효능

식물성 오일은 식물의 씨앗에 열을 가하지 않은 상태로 압축하여 다른 화합물을 첨가하지 않은 오일을 말한다. 하지만 드물게 가열 후 오일을 추출하는 경우 많은 양을 얻을 수 있는 반면 열과 탈색과정을 거치면서 색과 맛, 향을 잃게 되고 영양학적으로도 비타민, 필수 지방산, 효소 등의 유효성분이 파괴되는 단점이 있어 주의해야 한다. 또한 식물성 오일의 기능으로서 고농축된 에센셜오일을 희석할 때 주로 사용하며 에센셜 오일을 운반해 주는 역할을 한다.

식물성 오일의 분류는 베이스 오일(Base oil)이라 할 수 있는 아몬드 스윗, 아프리콧, 그레이프 씨드 등이 있으며 이 오일은 단독 또는 브렌딩해 사용한다. 또한, 농도가 매우 진한 오일로 주식물성 오일인 베이스 오일에 섞어 사용하는 Specialized oil로 로즈힙 씨드오일, 이브닝 프림로즈, 아보카도 등 오일과 아몬드 스윗이나 썬플라워 등에 해당하는 Infused가 있다.

① 올리브오일(Olea europaea (olive) fruit oil)

올리브 (Olea europaea)의 익은 열매에서 얻은 불휘발성 오일로 비타민 A, D, E가 풍부해 피부의 침투성이 좋으며 피부를 유연하게 하며 염증과 가려움증 억제, 모발관리 및 피부 진정작용이 뛰어난 특징이 있다. 또한, 올레인산(Oleic acid)의 함량이 65~80%로 높고 영양분이 풍부하여 요리에도 많이 사용되며, 압착올리브오일은 버진(Virgin) 올리브오일이라고도 하며, 처음 짜낸 것을 엑스트라버진(Extra virgin) 올리브오일이라 한다. 화장품 원료로 사용 시에 피부 친화성이 매우 우수하다.

② 로즈힙열매오일(Rosa canina fruit oil)

로즈힙 Rosa canina의 열매에서 얻은 오일로, 비타민 C를 다량 함유하며 피부재생에 탁월한 효과와 세포활성화, 기미 등 색소침착 방지에도 효과가 있으며 오일이나 에센스 등의 유성성분으로 이용된다.

③ 아보카도오일(Persea gratissima (avocado) oil)

아보카도 열매에서 씨를 제외한 과육으로부터 추출하며 초록색의 끈적끈적한 점성오일로 비타민 A, E, 프로비타민A, 피토스테롤, 미네랄 등이 함유되어 있고 엽록소가 많아 녹색 빛을 띤다. 피부의 수분공급과 부드러움을 유지시키며 각질과 같은 두꺼운 피부조직에 침투성이 뛰어나 피부의 연화작용 및 재생 효과로 인해 건조한 피부, 보습이 필요한 피부, 노화피부, 습진성 피부에 도움을 주며 다른 천연오일에 비해 자외선 흡수효과가 우수하다.

④ 피마자씨오일(Ricinus communis (castor) seed oil)

피마자 Ricinus communis의 씨로부터 얻은 고정유(불휘발성 오일)로 피부컨디셔닝제(수분차단제), 착향제로 립스틱과 매니큐어의 가소제, 포마드의 주원료 및 비이온성 계면활성제의 원료로 사용된다.

⑤ 마카다미아씨오일(Macadamia ternifolia seed oil)

호주산 상록수인 마카다미아(Macadamia ternifolia)의 씨에서 추출한 고정유(불휘발성 오일)로 사용감이 우수하며 수렴, 혈액순환 촉진, 피부재생, 소염 등의 효과가 있기 때문에 기초화장품의 원료로 사용한다.

⑥ 코코넛 야자오일(코코넛오일, Cocos nucifera (coconut) oil)

코코넛야자(Coconut cocos nucifera)의 씨를 압착하여 얻은 고정유(불휘발성 오일)로 산화에 대해 안정적이지만 가수분해가 되면 변취될 수 있어 보관에 주의해야 한다.

변취된 오일은 저급지방산이 함유되어 피부 자극을 유발할 수 있기 때문에 주로 물로 씻어내는 제품(샴푸, 린스, 비누 등)에 사용되며, 일반적으로 피부에 흡수가 잘 되는 기능성으로 보습효과가 뛰어난 천연 화장품에 베이스 오일로도 사용한다.

⑦ 해바라기씨 오일(Sunflower seed oil)

세포의 구성 성분인 레시틴과 비타민 A, E를 함유하고 있어 노화 방지, 피부 보호막 형성 등의 효과가 있고 피부친화적인 특징으로 여드름을 유발하지 않는 오일로도 알려져 있다.

⑧ 달맞이꽃 오일(Evening primrose oil)

외부자극으로부터 피부를 보호하는 방어막 기능을 유지하기 위한 필수 지방산인 감마 리놀레인산이 풍부해 가려움을 완화시키며 보습기능과 상처를 치유하는 효과가 있다.

⑨ 윗점 오일(Wheat germ oil)

밀배아유인 위트점 오일로 단백질, 비타민 B 등이 풍부하며 콜라겐과 엘라스틴의 생성을 촉진시

키는 기능이 있어 피부노화예방에 효과적이다.

⑩ 동백유(Camellia oil)

올레인산을 함유하고 있어 항산화 작용이 우수하며 모발 제품을 만들 때 주로 사용되는데 크림 또는 로션의 제형으로 끈적임이 없다.

2) 동물성 오일

① 밍크오일(Mink oil)

밍크의 내피 지방조직에서 얻은 오일로 피부친화성이 우수하여 피부흡수가 빠르고 얇게 도포되며 모발표면에 얇은 막을 만들어 광택을 부여하는 기능으로 인해 모발컨디셔닝제, 수분증발차단제로 사용된다.

② 난황유(Egg oil)

신선한 난황에서 추출하여 얻은 지방유로 인지질을 함유하고 있으며 화장품의 유화작용, 항산화 작용 약제의 흡수작용을 촉진하고 헤어컨디셔닝제, 피부컨디셔닝제(기타)로 모이스처 크림, 마사지 오일, 모발용 화장품에 사용된다.

③ 스쿠알렌(Squalene)

상어의 간이나 올리브, 쌀겨, 맥아 등에 함유된 불포화 탄화수소로 응고점이 낮은 액체 형태의 기름으로 화학식은 $C_{30}H_{50}$이며 동물과 식물에서 조금씩 생산이 가능하며 사람의 경우 인체표면의 지방샘에서 주로 생성되고 스쿠알렌은 콜레스테롤과 스테로이드 호르몬 비타민 D의 합성에 활용된다. 또한 비릿한 냄새가 나는 경우가 있으며 오일의 산패가 빠르게 나타나기 때문에 화장품 성분으로 사용되는 경우는 흔하지 않으나 피부 흡습성과 윤활성은 좋은 편이다.

④ 라놀린(Lanolin)

양의 피지선에서 분비된 부드러운 지방 유사 물질로 고분자량의 지방족 스테로이드 혹은 트라이터페노이드알코올 및 지방산의 에스터 복합 혼합물로 유화안정제, 헤어컨디셔닝제, 피부보호제, 피부컨디셔닝제(유연제), 계면활성제(유화제)로 사용된다.

3) 합성오일

① 미네랄오일(Mineral oil, paraffinum liquidum)

석유에서 얻은 탄화수소의 액상 혼합물로 쉽게 산화되거나 변질되지 않으며 미생물에 대한 오염 정도가 낮은 것이 특징으로 흔히 유동파라핀(Liquid paraffin)이라고도 하고 착향제, 헤어컨디셔닝제, 피부보호제, 유연제, 수분차단제의 용제로 사용된다.

② 파라핀(Paraffin)

비교적 큰 결정체로 특성화 된 석유에서 얻은 탄화수소의 고형 혼합물이며, 양초의 원료로서 불활성, 변질, 변취가 없고 유화하기 쉬우며 향료, 수분증발 차단제, 점증제(비수용성)로 마스카라, 바셀린, 립스틱 등에 사용된다.

③ 페트롤라툼(Petrolatum)

석유에서 얻은 탄화수소로, 상온에서 유동 파라핀이 액체, 파라핀이 고체인데 반해 페트롤라툼은 반고형물로 탄소수 25개 이상의 탄화수소로 이루어져 있고, 공기 중에서 산패되지 않아 냄새가 없고 점착력이 강하다. 모발컨디셔닝제, 수분증발차단제, 피부보호제로 사용되며, 유성성분으로 클렌징크림, 마사지크림 등에 이용되는데 일반적으로 바셀린(Vaseline)이라고도 한다.

④ 다이메티콘(Dimethicone)

트라이메틸셀록시 단위로 끝이 막힌 완전 메틸화된 선형 실록세인 중합체 혼합물로서 가벼운 사용감과 잘 펴지는 발림성을 좋게 해주고 끈적임이 없는, 흔히 '실리콘오일'이라 부르는 것으로 크림, 로션, 파운데이션, 아이브로우, 아이라이너, 모발화장품 등에 널리 사용된다.

⑤ 사이클로메티콘(Cyclomethicone)

다이메티콘(Dimethicone)의 메틸(Methyl)기의 일부를 페닐(Phenyl)기로 치환한 구조로서, 실리콘 원자와 산소원자가 고리 모양을 형성한 분자 구조를 하고 있으며 물에 녹지 않고, 분자량이 낮은 것은 휘발성이 있어 사용 후 산뜻한 느낌을 주며 기초화장품 및 메이크업 제품에 첨가된다.

⑥ 사이클로펜타실록세인(Cyclopentasiloxane)

5개의 실리콘원자와 산소원자가 고리 모양을 형성한 분자구조를 하고 있으며 물에 녹지 않고 휘발성이 높은 것이 특징으로 화장품의 헤어컨디셔닝제, 피부컨디셔닝제(유연제)의 용제로 사용된다.

⑦ 아이소프로필미리스테이트(Isopropyl myristate)

아이소프로필알코올과 미리스틱애씨드의 에스터로 피부, 모발에 바를 때 퍼짐성이 좋고 끈적이지 않으며 산뜻하게 도포되어 흡수되지만 알레르기 유발 가능성이 있다. 알코올에 잘 녹으므로 애프터쉐이브로션, 헤어토닉 등 알코올이 많은 제품에 첨가되며 피부에 적당한 유분감을 부여해 준다.

⑧ 다이카프릴릴카보네이트(Dicaprylyl carbonate)

카보닉애씨드와 카프릴릴알코올의 다이에스터로 피부에 도포할 때 잘 퍼지며 실리콘오일과 유사하게 끈적임이 없는 매끄러운 사용감을 부여하며 자외선 차단용 크림 등에 많이 사용된다.

⑨ 세테아릴올리베이트(Cetearyl olivate)

올리브오일에서 유래된 지방산과 세테아릴알코올의 에스터로 수분증발차단제로 사용된다.

⑩ 콜레스테릴스테아레이트(Cholesteryl stearate)

Cholesterol과 Stearic Acid가 결합된 합성에스터로 피부에 있는 세포간 지질 유사성분으로, 건조피부를 막는 효과가 있다. 콜레스테롤 단독보다 유화안정 효과가 매우 크기 때문에 피부컨디셔닝제, 점증제(비수용성)로 사용된다.

⑪ 세틸팔미테이트(Cetyl palmitate)

비즈왁스, 카나우바왁스, 칸델리라왁스의 구성성분 중 하나로 주로 세틸알코올과 팔미틱애씨드의 에스터이다. 향료, 수분증발차단제로 사용되며, 기초화장품의 주요 유성성분으로 피부에 유연성과 광택을 증가시켜 준다. 립스틱, 연고 등에 사용된다.

2. 고급알코올(Fatty alcohol)

알코올은 R-OH(R:알킬기, $C_nH_{2n+1}OH$)로 하이드록시기(-OH)의 숫자에 따라 1가, 2가, 다가알코올(Polyol, OH가 3개 이상)로 분류되며 탄소수가 적은 알코올을 저급알코올이라 하고, 탄소수가

6개 이상인 알코올을 고급 알코올이라 한다.

저급알코올은 발효법과 합성에 의해 만들어지고 저급알코올인 에틸알코올, 이소프로필알코올, 부틸알코올 등은 용제(Solvent), 소독제(에탄올 70%, 이소프로필알코올 70%), 가용화제(에탄올 50%)로 사용된다.

고급알코올은 우지, 팜유, 야자유에서 생산 또는 파라핀의 산화과정을 통해 생산되는데 화장품의 유화제형에서 에멀젼 안정화로 사용되며, 라우릴알코올(C12), 미리스틸알코올(C14), 세틸알코올(C16), 스테아릴알코올(C18), 세토스테아릴알코올(C16+C18), 베헤닐알코올(C22) 등이 있다. 그리고 알킬기의 탄소(C)의 수가 1~3개인 경우 수용성 알코올이라 하며 알킬기의 탄소(C) 수가 증가할수록 수용성이 감소되며 유용성은 증가하게 된다.

그 중 술의 주요 성분인 에탄올(CH_3CH_2OH)은 알코올을 대표하며, 알킬기의 탄소(C) 수가 증가할수록 수용성이 감소하고 유용성이 증가하게 되는 과정에서 얻어진다.

고급알코올의 분류

종류	탄소수	배합목적	특징
라우릴 알코올 (lauryl alcohol)	12	유화안정제, 착향제, 피부컨디셔닝제(유연제)	백색의 고체로서, 유화안정제 및 피부컨디셔닝제로 사용
미리스틸 알코올 (myristyl alcohol)	14	유화안정제, 향료, 피부유연화제, 계면활성제	백색~황백색 고체로서, 유화안정 및 보습에 사용
세틸 알코올 (cetyl alcohol)	16	유화안정제, 향료, 불투명화제, 계면활성제	백색~황백색의 고체로서 끈적임 없이 매끄러움과 광택을 주고 사용 감촉을 조절
올레일 알코올 (oleyl alcohol)	18	향료, 피부유연화제, 용제, 점증제(비수용성)	불포화결합 1개를 갖으며, 무색~담황색의 액체로서 크림, 로션 등에 사용
스테아릴알코올 (stearyl alcohol)	18	유화안정제, 향료, 계면활성제 (유화제, 거품형성제)	백색~황백색의 고체로서 친유성이 강하며 매끄러운 감촉이 있어서 크림이나 로션에 사용
아라키딜 알코올 (arachidyl alcohol)	20	점증제(수용성, 비수용성), 유화안정제	백색의 고체로서 유화 보조 및 화장품의 완화제로 사용
베헤닐 알코올 (behenyl alcohol)	22	결합제, 유화안정제, 점증제(비수용성)	백색의 고체로서 매끄러운 감촉과, Herpes Virus에 대한 항균성도 알려짐

3. 고급지방산(Higher fatty acid)

지방을 가수분해하여 얻어지기 때문에 지방산이라 하며 지방산의 일반식은 R-COOH로, 천연지방산은 탄소수가 4~30개 정도로, 탄소수의 양에 따라 고급지방산과 저급지방산으로 분류되는데 탄소수가 적은것은 저급지방산, 탄소수가 중간인 것은 중급지방산, 탄소수가 가장 많은 것이 고급지방산으로 분류되는데 고급지방산이란 탄화수소 사슬이 긴 지방산 물질로 포화지방산과 불포화지방산으로 나누어진다.

포화지방산과 불포화 지방산의 차이는 친유기 R-기의 이중결합의 유무에 따라 달라지는데 이중결합이 아닌 단일결합으로 이루어진 것은 포화(Saturated) 지방산, 이중결합으로 이루어진 것은 불포화(Unsaturated) 지방산으로 불리며 이것은 비누의 원료가 된다.

고급지방산의 분류

분류	탄소수	배합목적 화학식	특징
라우릭 애씨드 (Lauric acid)	12	착향제, 계면활성제	흰색의 고체로서 고급포화지방산의 혼합물로 주로 야자유, 팜유에서 얻으며 세정제에 주로 사용
미리스틱 애씨드 (Myristic acid)	14	향료, 불투명화제, 계면활성제(세정제)	흰색의 고체로서 주로 팜유를 분해하여 얻고 세정제에 주로 사용
팔미틱 애씨드 (Palmitic acid)	16	향료, 불투명화제, 계면활성제(세정제, 유화제)	흰색의 고체지방산으로서, 팜유와 우지에서 얻으며, 유화안정 및 사용감 개선을 위해사용
올레익 애씨드 (Oleic acid)	18	향료, 계면활성제(세정제)	불포화지방산으로 무색~담황색의 투명한 액체로서 올리브오일이나 동백기름 같은 식물성오일에 많이 함유
스테아릭 애씨드 (Stearic acid)	18	향료, 계면활성제(세정제, 유화제)	흰색의 고체로서, 팜유와 우지에서 얻고, 화장품에 많이 사용
아라키딕 애씨드 (Arachidic acid)	20	계면활성제(세정제)	흰색의 고체로서 땅콩오일에서 추출, 피부컨디셔닝제로 사용
베헤닉 애씨드 (Behenic acid)	22	불투명화제, 계면활성제(세정제)	흰색의 고체로서 보습크림, 유액에 사용

4. 왁스(Wax)

왁스는 고급지방산에 고급알코올이 결합된 에스테르(Ester) 화합물을 말하며, 상온에서 대부분이 고체형태의 특성을 갖고, 고급지방산과 고급알코올의 종류에 따라 반고체 또는 액상으로 기초 화장품 또는 메이크업 화장품에 사용되는 고형의 유성성분이다. 왁스의 기능은 화장품 제형을 단단히 굳혀주는 역할을 하기 때문에 립스틱과 크림류, 체모를 제거하는 왁스 등으로 쓰여 진다.

왁스는 유래 물질에 따라 식물성, 동물성, 광물성, 석유화학유래로 구분할 수 있는데 식물성 왁스는 열대 식물에서의 잎과 열매 등에서 추출하며 대표적인 식물성 왁스는 카나우바 왁스(Carnauba wax), 칸델릴라 왁스(Candelilla wax)가 대표적이다. 동물성 왁스는 밀납왁스(bees wax), 라놀린 왁스(lanolin)가 대표적이다.

왁스의 분류

분류	왁스	특징
식물성	호호바씨 오일(Jojoba oil)	호호바 종자에서 유래, 녹는점이 낮아 상온에서 액상이라 일반적으로 오일
	카나우바 왁스(Carnauba wax)	카나우바의 잎과 잎눈으로부터 얻은 왁스이며, 녹는점이 높은 노란색 고상
	칸델릴라 왁스(Candelilla wax)	칸델릴라 나무에서 추출, 노란색 고상
동물성	라놀린(Lanolin)	양의 피지선에서 분비된 부드러운 지방 유사 물질
	비즈왁스(Bees wax)	사양꿀벌의 벌집에서 얻은 납을 정제하여 얻음
	경납(Spermaceti)	향유고래에서 유래, 반고상
광물성	몬탄왁스(Montan wax)	갈탄에서 추출하여 얻은 왁스
	오조케라이트(Ozokerite)	미네랄 혹은 석유 원료에서 유래된 탄화수소 왁스
	세레신(Ceresin)	오조케라이트의 정제로 얻은 흰색에서 노란색의 왁스형태의 탄화수소 혼합물
합성	파라핀왁스(Paraffin wax)	석유에서 얻은 탄화수소의 고형화합물
	폴리에틸렌(Polyethylene)	에틸렌모노머의 중합체

CHAPTER 04 | 색소

1. 색소(Colorants)

화장품의 색상 또는 피부에 색을 부여해 주는 것을 주요 목적으로 하는 성분으로 색상 외에도 피복력이나 자외선 방어를 목적으로 사용하기도 한다. 기초화장품에서 내용물의 외형을 꾸미기 위해 첨가하기도 하지만, 주로 메이크업화장품에 사용하여 피부의 결점을 커버하거나 좀 더 아름답게 표현하기 위하여 사용하고 있다.

일반적으로 화장품에 배합되는 색소는 유기 합성 색소(타르색소), 천연색소, 무기안료로 구분하는데 제품의 사용 목적에 따라 진주광택안료 또는 고분자 분체가 화장품의 원료로 이용되기도 한다. 지금도 계속해서 인체에 무해하고 다양한 기능을 가진 분체들이 연구, 개발되고 있다.

1) 유기 합성 색소

유기 합성 색소는 염료(Dye), 레이크(Lake), 유기 안료(Organic pigment)의 3가지 종류가 있다.

유기 합성 색소의 분류

분류	특징	종류
염료	물, 알코올, 오일 등의 용매에 용해되고 화장품 기제 중에 용해 상태로 존재하며 색채를 부여하는 물질로서 수용성 염료와 유용성 염료로 구분한다.	아조계 염료, 잔틴계 염료, 퀴놀린계 염료 등
레이크	수용성 염료에 불용성 금속염이 결합된 유형으로, 타르색소를 기질에 흡착, 공침 또는 단순한 혼합이 아닌 화학적 결합으로 확산시킨 색소를 말한다.	타르색소의 나트륨, 칼륨, 알루미늄, 바륨, 칼슘, 스트론튬 또는 지르코늄염을 기질에 확산시켜 만든 레이크
유기 안료	유기안료는 구조 내에서 가용기가 없고 물, 오일에 용해되지 않는 유색 분말을 말하며, 일반적으로 안료는 레이크보다 착색력, 내광성이 높아 립스틱, 브러쉬 등의 메이크업 제품에 널리 사용된다.	아조계 안료, 인디고계 안료, 프탈로시안계 안료

2) 무기 안료(Inorganic pigment)

무기 안료는 발색 성분이 무기질로 되어 있어 유기안료에 비해 내열, 내광의 안정성은 좋으나 색상은 선명하지 않다

무기 안료의 분류

분류	특징	색소종류
체질안료 (Extender pigment)	체질 안료는 색상에는 영향을 주지 않으며 착색 안료의 희석제로서 색조를 조정하고 제품의 부연성, 부착성 등 사용감촉과 제품의 제형화 역할을 함	마이카, 탈크, 카올린 등
착색안료 (Coloring pigment)	화장품에 색상을 부여하는 역할을 하는 안료로서, 색이 선명하지는 않으나 빛과 열에 강하여 변색이 잘되지 않은 특성을 가짐	적색 산화철, 흑색 산화철, 황색 산화철
백색안료 (White pigment)	피부의 커버력을 조절하는 역할을 하는 안료	티타늄다이옥사이드, 징크옥사이드
진주안료 (Pearlescent pigment)	색상에 진주광택을 주며, 홍채색 또는 금속 광채를 부여하기 위해서 사용되는 특수한 광학적 효과를 갖는 안료	운모에 티타늄다이옥사이드를 코팅한 티타네이티드마이카 등

3) 천연색소(Natural color)

동물이나 식물의 생체 내에 함유되어 있거나 미생물이 생산하는 색소를 말하며, 광물에도 함유된 것이 있으나 일반적으로 천연색소에는 포함하지 않는다. 카민류, 안토시아닌류, 라이코펜, 콘스타치, 구아닌, 진주가루 등이 있다. 제조 공정은 일반적으로 원료에서 추출-여과-농축-정제-살균 및 색가 조정-액상화 또는 분말화의 과정을 거친다.

천연색소는 인공의 합성색소에 비하여 안정성과 신뢰성이 높고 착색 효과가 좋으며, 제조 공정이 간단하여 환경 친화적인 장점이 있다. 반면에 색택(色澤)이 밝지 않고 빛이나 열 또는 금속이온에 대한 안정성이 떨어지며, 원료 사정이 불안정하며 가격이 비싼 것이 단점이다.

① 카민(Carmine)

염료 코치닐의 알루미늄염이며 연지벌레(Coccus cacti) 암컷을 건조하여 얻은 천연 색소이고, 붉은색, 빨강의 순색과 비슷하나 채도가 약간 약한, 서양에서 건너온 홍색이다.

② 안토시아닌(Anthocyanins)

식용 과일 또는 야채에서 물리적 공정으로 얻은 물질이며, 수소 이온 농도에 따라 빨간색, 보라색, 파란색 등을 띤다.

③ 구아닌(Guanine)

핵산을 구성하는 염기의 하나로서 천연퓨린이다. 물고기의 비늘, 양서류의 색소 세포, 포유류의 간과 이자 등에 함유되어 있다. 무색 비늘 모양의 결정이며, 360℃에서 분해되고 물이나 알코올에는 녹지 않는 성질이 있다.

④ 라이코펜(Lycopene)

밝은 적색을 띠는 카로티노이드의 색소로, 토마토와 수박, 당근, 파파야 등 빨간 식물에서 찾을 수 있는 파이토케미컬이다. 참고로, 딸기와 체리에는 없다. 라이코펜은 로망스어 라이코페르시쿰(Lycopersicum)에서 유래되었다. 라이코펜은 사람의 몸에서 가장 흔한 카로티노이드이며 가장 효능이 좋은 카로티노이드 항산화물질 가운데 하나이다.

CHAPTER 05 | 활성성분

화장품을 선택할 때 가장 중요한 요소로 화장품이 가지고 있는 유효성이다. 화장품법에 정의된 화장품의 정의를 인체에 작용이 경미해야 한다고 했지만, 원료들의 발달과 제조기술의 발전으로 인하여 단순한 보습이 아닌, 다양한 기능을 첨가한 원료들이 많아지고 있다.

식약처에 고시된 기능성원료 외에도 각종 비타민류와 동·식물성추출물 등이 있고, 최근에는 바이오테크놀로지(Biotechnology)의 발달로 인하여 원하는 원료의 배합과 배양기술의 발달로 다양한 활성 성분을 함유한 화장품들이 개발되고 있다.

이러한 활성성분들은 기능성의 강화분만 아니라 치료목적을 가진 약리효과를 지닌 제품들로 출시되고 있다.

1. 활성성분의 종류

① 마이카(Mica)

운모(雲母)를 이르고, 다양한 화학 조성이지만 유사한 물리적 특성을 가진 일련의 실리케이트미네랄이다. 흡입하면 자극적이며 폐에 손상을 줄 수 있다. 피부에는 독성이 적고 박편상 입자로 탄성이 풍부하기 때문에 사용감과 피부의 부착성이 좋아 각종 메이크업 제품에 많이 사용된다.

② 탈크(Talc)

매끄러운 감촉이 풍부하기 때문에 활석이라고도 불리며, 퍼짐성이 좋고 광택이 난다. 불순물로 석면(Asbestos)이 함유될 수 있으며, 수분의 흡수력은 약하지만 피부에 붙기 쉽기 때문에 다른 것과 혼용한다. 파운데이션, 페이스파우더 등에 체질안료로 사용된다.

③ 카올린(Kaolin)

천연의 함수알루미늄실리케이트이다. 피부 부착성이 좋으며 커버력이 우수하여 메이크업 화장품, 팩 제품에 널리 사용되고, 주로 스크럽제, 안티케이킹제, 흡수제, 충진제, 불투명화제, 미끄럼 개선제 등으로 사용된다.

④ 적색산화철(Iron oxide red)

무기색소로 분류되며, 주로 페릭옥사이드로 구성되어 있다. Red oxide of iron, 또는 Iron oxides라고도 하며, 메이크업 화장품에 착색제로 사용된다.

⑤ 흑색산화철(Iron oxide black)

Black oxide of iron, 또는 Iron oxides라고도 하며, 아이라이너, 마스카라 등의 착색제로 사용된다. 이 원료는 무기색소로 분류되며, 주로 페러스-페릭옥사이드로 구성되어 있다.

⑥ 황색산화철(Iron oxide yellow)

Yellow oxide of iron, 또는 Iron oxides라고도 하며, 메이크업 화장품의 착색제로 사용된다. 이 원료는 화학적으로 무기염료로 분류되며 수화된 페로스옥사이드로 구성된다.

⑦ 징크옥사이드(Zinc oxide)

백색안료로 자외선차단 제품에 널리 사용되는 무기산화물이다. 산화아연 이라고도 하며 피복력이 우수하기 때문에 메이크업 제품에 널리 사용되어지고 수렴성과 살균작용이 있다. 벌킹제(증량제), 피부보호제로 사용된다.

⑧ 티타늄다이옥사이드(Titanium dioxide)

백색안료로 자외선차단 제품에 널리 사용되며 불투명화제로 쓰인다. 백색의 미세한 분말로 굴절률이 높으며 은폐력, 착색력 등의 광학적 성질이 우수하나, 분말을 들이마시면 기도를 자극하고, 광독성에 의해 활성산소를 만든다.

⑨ 콜라겐(Collagen)

인체를 구성하고 있는 결합조직의 주성분으로 뼈와 피부에 주로 존재하지만 관절 및 각 장기의 막 등 우리몸 전체에 분포하고 있는 성분이다. 콜라겐을 화장품에 배합하면 보습 및 재생력이 향상되며 사용감이 좋으나 콜라겐의 분자량이 30만 이상으로 크기 때문에 피부에 침투하기 어려운 단점이 있다. 하지만 최근 콜라겐을 펩타이드 형태로 분해하는 기술을 이용하여 분자량을 낮춘 콜라겐 가수분해물들이 생산되면서 활발하게 적용되고 있다.

⑩ 프로폴리스(Propolise)

프로폴리스는 꿀벌이 나무의 수액이나 식물들로부터 수집한 수지질의 혼합물로 살균성, 항산화성, 항염, 항종양 작용을 한다.

⑪ 달팽이 추출물

달팽이의 점액질의 성분인 뮤신(Mucin)은 피부손상조직을 치료하고 재생하는 기능이 있으며 뮤신의 주된 성분 가운데 콘드로이틴 황산의 영향으로 피부의 탄력에도 도움을 줄 수 있다. 모든 피부타입에 사용가능하나 글리콜릭산 성분으로 인해 약간의 따가운 현상이 발생할 수 있음으로 소량씩 사용하다 늘리는 것이 좋다.

1) 식물추출물의 유효성분

화장품 포장에 표시된 전성분표를 보면, 많은 화장품성분표시에서 여러 식물추출물을 볼 수 있으며 식물의 잎이나 줄기, 뿌리 등에서 피부에 좋은 유효성분을 추출하여 가공 또는 배양하여 화장품에 들어갈 원료로 사용되고 있다.

통상 화장품제조는 약 20여 종의 성분으로 만들 수 있지만, 대부분의 화장품은 20여 가지 이상, 많게는 100여 가지의 성분을 포함한 화장품들이 제조되고 있다. 화장품에 들어가는 식물추출물들은 그 원료가 주는 효과를 기대하지만 제품의 컨셉에 알맞게 적용하기도 한다.

대부분의 화장품에는 식물추출물들의 함유량이 높으면 천연성분의 화장품으로 피부에 효과적이며 안전하다고 소비자들이 인식하고 있다. 식물성 추출물은 식약처에서 고시된 효능을 살펴보면 대부분 피부컨디셔닝제로 표기되어 있다.

① 감초뿌리추출물(Glycyrrhiza uralensis (licorice) root extract)

감초에서 추출한 성분으로 미백효과가 비타민 C보다 뛰어나며 화장수, 크림, 로션 등에 쓰이지만 민감한 피부의 경우 알레르기 반응을 일으킬 수 있다.

② 녹차추출물(Camellia sinensis leaf extract)

차나무(녹차) Camellia sinensis의 잎에서 추출한 것으로서 카페인, 플라보노이드, 비타민 C 등을 함유하고 있으며 소염, 미백, 수렴작용으로 화장수, 크림, 로션 등에 사용된다. 또 탈취작용으로 데오드란트 스프레이에도 사용된다.

③ 인동덩굴꽃추출물(금은화추출물, Lonicera japonica (honeysuckle) flower extract)

인동덩굴(Honeysuckle, lonicera japonica)의 꽃에서 추출한 것이며, 염증치료에 효과적이며 탈모 예방 효과도 있다.

④ 고삼추출물(Sophora flavescens extract)

고삼 Sophora flavescens의 전초에서 추출한 것으로, 혈행 촉진작용이 있어 세포를 활성화시킨다. 항균 수렴작용이 뛰어나고 비듬, 가려움 방지에도 효과적이다.

⑤ 당근추출물(Daucus carota sativa (carrot) root extract)

당근(Carrot) Daucus carota sativa의 뿌리에서 추출한 것으로 베타카로틴, 카로티노이드가 주성분으로 피부 정돈 효과, 피부 신진대사 촉진, 피부건조 방지 및 보호 효과, 자외선 흡수 효과가 있다.

⑥ 로즈마리잎추출물(Rosmarinus officinalis (rosemary) leaf extract)

로즈마리(Rosemary) Rosmarinus officinalis의 잎에서 추출한 것으로 종명의 Officinalis는 약용이라는 뜻으로 항균, 소염, 항산화 작용으로 여드름에 효과가 있고, 방부, 살균성분을 함유하고 있어 화장수, 에센스, 세안제 등에 사용된다.

⑦ 버지니아풍년화추출물(위치하젤추출물, Hamamelis virginiana (witch hazel) extract)

버지니아풍년화(Witch hazel) Hamamelis virginiana의 전초에서 추출한 것으로 특이한 향이 있으며, 수렴작용이 우수하여 지성피부용 화장수의 수렴 및 소독제로 사용된다.

⑧ 포도잎추출물(Vitis vinifera (grape) leaf extrac)

포도(Vitis vinifera)의 잎에서 추출한 것으로 피부결을 정돈하며 피부 거칠어짐과 수렴, 소염, 보습, 육모 효과로 화장수, 크림, 로션, 육모제 등에 사용된다.

⑨ 캐모마일꽃추출물(Anthemis nobilis flower extract)

캐모마일 Anthemis nobilis의 꽃에서 추출한 것으로 학명인 Matricaria는 여자의 '자궁'을 뜻하며, 입욕제는 물론 차로도 사용되고 플라보노이드를 이용하여 염모제로도 사용된다.

⑩ 키위추출물(Actinidia chinensis (kiwi) fruit extract)

키위(Actinidia chinensis)의 열매에서 추출한 것으로 단백질 분해효소의 함량이 높고, 미백, 수렴, 피부 유연작용이 있어 화장수, 크림, 로션, 미백화장품에 효과적이며 민감성 피부에는 약간의 자극이 있다.

2) 펩타이드

펩타이드(Peptide)는 2개 이상의 아미노산이 결합(Peptid bond)된 성분으로 아미노산이 2~50개 정도 결합된 물질이다. 아미노산 개수가 50개 이상 결합된 중합체의 경우는 주로 단백질이라 하는데 펩타이드는 결합된 아미노산의 수에 따라, 아미노산 2개가 결합한 것을 다이펩타이드(Dipeptide), 3개인 것을 트라이펩타이드(Tripeptide)라고 명명하고, 통상 10개 이하의 결합을 올리고펩타이드(Oilgopeptide), 그리고 약 10~50개의 결합된 형태를 폴리펩타이드(Polypeptide)라 한다.

화장품 성분으로서의 펩타이드 종류는 피부가 필요로 하는 영양성분을 작은 크기로 조합하여, 피부에 좀 더 빠르고 효율적으로 전달하게 한다.

여러 논문에서 펩타이드의 효능은 발표되고 연구되어 가고 있지만, 식약처에 등록된 효능은 대부분 피부컨디셔닝제 또는 보습제로 표기 되어 있으며 그 종류는 알에이치-올리고펩타이드-1(rh-Oligopeptide-1), 알에이치-폴리펩타이드-1(rh-Polypeptide), 아세틸헥사펩타이드-8(acetyl Hexapeptide-8), 카퍼트라이펩타이드-1(Copper Tripeptide-1) 등이 있다.

2. 비타민(Vitamin)

비타민(Vitamin)이란 생체의 정상적인 발육과 영양을 유지하는 데 미량으로 필수적인 유기화합물을 총칭하며, 비타민은 영양학적으로 기능이나 효과에 대해서 많은 연구가 되어왔다.

신체 기능을 조절한다는 점은 호르몬과 비슷한 기능을 하지만 우리 몸 안에서 합성되지 않거나 합성되더라도 충분하지 않기 때문에 외부로부터 섭취해야하는 영양분으로 피부노화를 막아주는 항산화 효과를 기대하며 기능성화장품개발의 비타민 사용은 갈수록 늘어나고 있으며, 비타민을 응용한 제조공법과 피부에 침투시키는 미용기기까지 지속적으로 발전되고 있다.

비타민의 종류는 지용성 비타민과 수용성 비타민으로 분류되며 수용성 비타민의 경우 많은 양을 섭취하더라도 체내에 축적되지 않고 소변으로 배출되고 지용성 비타민의 경우 지방에 의해 녹기 때문에 체내에 축적될 수 있음으로 과다섭취를 하지 않도록 해야 한다.

피부흡수의 경우 수용성 비타민이 피부친화력이 우수해 경피 흡수가 용이하다.

비타민의 분류

구분	종류	특징
수용성 비타민	비타민 C	• 엘-아스코빅애씨드(L-ascorbic acid)라고도 불리며, 인체의 생리대사에 관여한다. • 강력한 항산화 기능이 있지만, 상대적으로 일반적인 저장 및 가공 과정 중에서 불안정한 상태를 가지고 있다. • 비타민 C의 안정성을 향상시키는 비타민 C 유도체(에칠아스코빌에텔, 아스코빌글루코사이드, 마그네슘아스코빌포스페이트)들이 개발되고 있다.
지용성 비타민	비타민 E	• 식물성 기름에서 분리되는 천연 산화방지제로 비타민 E(토코페롤)는 강력한 항산화 작용을 하여, 화장품 내 주로 산화방지제로 사용된다. • 화장품 제조 과정 중 토코페롤 자체보다도 토코페롤의 에스터(토코페롤아세테이트)가 널리 사용되고 있다.
	비타민 A	• 시각 기능에 관여하며 성장 인자인 레티노이드(retinoid)로 알려진 지용성 물질로 레티놀(retinol), 레틴알데하이드(retinaldehyde) 및 레티노익애씨드(retinoic acid)의 3가지 형태가 있다. • 레티놀은 항산화 효능 및 주름개선 기능성화장품 고시원료로 사용되나, 열과 공기에 매우 불안정한 특징을 가져서, 레티놀의 안정화된 유도체인 레티닐팔미테이트, 폴리에톡실레이티드레틴아마이드 등이 개발되면서 기능성원료로 사용되고 있다. • 레티닐팔미테이트(retinyl palmitate)는 레티놀에 지방산이 붙은 에스터 형태로, 레티놀 대비 안정성이 높으며 인체 흡수 뒤 레티놀로 가수분해된다. • 폴리에톡실레이티드레틴아마이드(polyethoxylated retinamide)는 레티놀에 PEG를 결합한 형태이며, 레티놀 대비 안정성이 높은 것이 특징이다.

3. 그 밖의 활성성분

① A.H.A(Alpha-hydroxy acid)

과일에서 추출한 천연산으로 수용성 성분이기 때문에 각질제거 기능과 함께 풍부한 수분공급 및 유연성을 부여한다. 함량이 높은 제품을 사용할 경우 산이기 때문에 피부에 자극적일 수 있으므로 농도는 pH 3.5 이상에서 10% 이하로 적용하는 것이 바람직하다.

A.H.A(Alpha-hydroxy acid)의 종류로는 사탕수수에서 추출하여 주름개선 및 섬유아세포증식

작용이 있는 글리콜릭산(Glycolic acid), 발효된 우유에서 추출한 젖산(Sactic acid), 사과에서 추출한 사과산(Malic acid), 포도에서 추출한 주석산(Tartaric acid), 레몬이나 오렌지 등에서 추출한 구연산(Ciric acid) 등으로 피부 보습, 각질층의 세라마이드 형성, pH 조절, 산화 방지 등의 기능이 있다.

② BHA(Beta-hydroxy acid)
살리실산(Salicylic acid)이 주성분으로 피부안전성이 뛰어나 여드름, 민감성피부의 각질제거 및 피부유연성에 효과적이다.

③ 클레이(Clay)
광물질의 혼합체로 음이온의 성질을 가지고 있으며 피부정화작용이 있다.

④ 알긴산(Alginic acid)
알긴산은 미역, 다시마 등 갈조류의 세포벽에 함유되어 있는 성분으로 점증제와 안정제 그리고 겔 형태의 화장품에 사용되며 일반적으로 모델링 마스크의 주요성분으로 보습력이 뛰어나다.

CHAPTER 06 | 향료(착향제, Perfume)

향료란 화장품에 향기를 더하기 위해 첨가하는 유기물질로서, 상온에서 휘발성이 뛰어나서 화장품을 바를 때 가장 먼저 그 화장품의 첫 느낌을 결정할 수 있는 중요한 성분이면서, 화장품을 제조하거나 소비자가 고를 때 가장 중요시하게 여기는 선택기준이기도 하다.

또한, 향료는 화장품의 원료로 좋은 이미지를 더하기 위해 적용하기도 하지만 근본적인 체취와 화장품원료의 특유의 향을 조절하기 위한 목적으로 사용하기도 한다. 이러한 원료가 가지고 있는 천연의 향을 감추고 사용하고자 하는 목적에 맞는 효과를 얻음으로 사용감을 향상시키기 위한 용도로 적용하고 있다.

코로나19 이후에 상대방의 채취까지도 꺼려하는 사회적인 분위기가 화장품에도 반영되어, 좋은 향기가 누군가에게는 불쾌감을 줄 수도 있기 때문에, 강하게 발산하는 향보다는, 원료 자체의 베이스향을 마스킹(Masking)하는 수준의 착향제 첨가를 하는 분위기가 형성되어, 최근에는 강하고 자극적인 향보다는 미향이나 무향을 선호하는 추세이다.

1. 천연향료

자연 친화적으로 존재하는 동·식물에서 증류, 추출, 압착 등의 추출법을 이용하여 얻어낸 것으로 식물성 천연향료가 대부분이며 천연향료는 추출하여 얻을 수 있는 양이 한정적이며 불안정하여 질 좋은 천연향료를 얻기가 어렵기 때문에 가격이 비싼 것이 단점이다.

동물성 향료는 사향(麝香)·시벳(Civet)·앰버그리스(Ambergris, 용연향)·카스토르(Castor)의 4종으로 사향은 사향노루의 사향낭을 건조시킨 것으로 무스콘(Muscon)이라는 주성분이 향을 좌우하고 사향고양이의 분비물을 모은 것은 시벳이라 하고 주성분은 시베톤으로 사향과 비슷한 향이 난다.

용연향은 향유고래의 배설물로 앰브레인(Ambrein)이라는 주성분이 향을 좌우하고 비버(Beaver)의 분비물인 카스토르 역시 동물성 향료에 해당하지만 향기가 나는 물질의 주성분은 알려지지 않고 있다.

식물성 향료는 허브 식물 또는 방향성 식물의 꽃·과일·잎·줄기·뿌리 그리고 천연수지 등에서 추출한 것으로 식물에 존재하는 향기 물질은 식물의 호르몬과 같은 물질로 식물의 존재에 필수적인 물질로 인체에 적용 시 약리적인 효과를 나타내기도 한다.

식물성 향료는 추출부위에 따라 특징이 다르게 나타나며 꽃잎, 과일, 잎사귀, 줄기, 뿌리, 씨앗의 순서로 식물의 아랫부분으로 내려갈수록 향료의 농도도 짙어지고 독성의 위험도가 높기 때문에 인체에 적용시 이상반응(알레르기)에 대한 패치테스트를 적용하는 것이 바람직하다.

천연향료의 종류

구분	종류	특징
식물성향료	꽃	장미, 자스민, 라일락, 금잔화, 라벤더, 오렌지꽃, 은방울꽃, 수선화, 개망초 등에서 대량으로 채집이 가능하며 신경계의 안정효과에 도움이 될 수 있다.
	잎	시트로넬라, 유칼립투스, 오렌지 잎, 제라늄, 민트, 시나몬, 페퍼민트, 파인 등에서 추출하는 것으로 방부, 살균, 진정효과가 뛰어난다.
	열매(씨앗)	블랙페퍼, 펜넬, 아몬드, 캐롯씨드 등에서 추출하며 독소배출 및 활력을 주는 기능이 있다. 하지만 열매의 성분에 따라 신경독성을 일으킬 수도 있으므로 임산부 및 어린이에게 사용을 금해야 한다.
	뿌리	진저, 베티버, 안젤리카루트 등에서 추출하며 따뜻한 성질을 가지고 있어 혈액순환 및 소화기계통에 효과적이다.
	이끼	오크모스는 호흡기와 상처 치료에 효과적이며 주로 프랑스, 불가리아 등에서 생산되는 향료이다.
동물성향료	머스크향	사향노루의 사향낭 안에서 채취한 향으로 알코올에 오래 담궈 두는 과정을 통해 만들어진다.
	영묘향	사향고양이의 작은 향낭에 모이는 분비물인 시벳에서 채취, 향은 불쾌하지만 알코올과 희석하면 매력적인 향기를 발산한다.
	해리향	비버의 내분비낭을 절단하여 채취하고 건조하여 사용, 알코올이나 휘발성 용제를 가해 방향 성분을 추출하여 고급스러운 향료이다.
	용연향	향유고래의 토사물에서 채취하는 송진 같은 향료로 사향과 비슷한 향기가 나며 채취가 어렵기 때문에 고가의 향료이다.

2. 합성향료

합성향료의 발달은 자연에서 얻을 수 있는 향기를 알데히드, 알코올, 에스테르, 케톤, 락톤 등의 지방족 성분으로 수천, 수만 여종의 화합물로 합성하여 만들어진 인공 향료이다.

합성향료는 천연향료에 비해 대량생산이 가능하기 때문에 가격이 저렴하면서 인체에 안전하게 적용할 수 있어 현재 많은 향수제조에 적용되기도 한다.

3. 알레르기 유발 향료

착향제의 구성 성분 중 알레르기 유발성분(식약처고시, 화장품 사용 시의 주의사항 및 알레르기

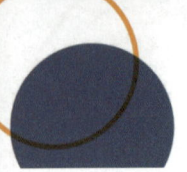

유발성분 표시에 관한 규정 별표 2)임을 고시하고, 해당 원료를 사용 시에는 화장품 포장에 꼭 표시(사용 후 씻어내는 제품에는 0.01% 초과, 사용 후 씻어내지 않는 제품에는 0.001% 초과 함유하는 경우에 한한다)해야 한다고 화장품법으로 규정하고 있으며 알레르기 유발성분은 총 25가지이다.

알레르기 유발 향료

연번	성분명	연번	성분명
1	아밀신남알	14	벤질신나메이트
2	벤질알코올	15	파네솔
3	신나밀알코올	16	부틸페닐메틸프로피오날
4	시트랄	17	리날룰
5	유제놀	18	벤질벤조에이트
6	하이드록시시트로넬알	19	시트로넬올
7	아이소유제놀	20	헥실신남알
8	아밀신나밀알코올	21	리모넨
9	벤질살리실레이트	22	메틸 2-옥티노에이트
10	신남알	23	알파-아이소메틸아이오논
11	쿠마린	24	참나무이끼추출물
12	제라니올	25	나무이끼추출물
13	아니스알코올		

CHAPTER 07 | 보존제(Preservatives)

    화장품에서 미생물의 성장을 억제 또는 감소시켜 주는 역할을 하는 원료를 총칭하며, 화장품이 보존되는 기간뿐만 아니라 소비자가 제품을 사용하는 동안 세균, 진균과 같은 미생물의 오염으로부터 제품을 보호하여 제품이 사용되는 동안 미생물에 의해 오염되어 부패·변질 등 물리적·화학적으로 변화하는 것을 막기 위해 사용된다.

    화장품의 제조과정 중에 적용되는 영양성분과 수분함유로 인해 공기 중의 미생물에 의해 오염 또는 변질이 될 수 있는데 보존제를 사용하지 않는 화장품의 경우 변색, 변취, 변질, 미생물 증식 등으로 인해 인체에 안전성을 보장하지 못할 수 있다.

현재 우리나라에서 사용되는 보존제는 약 59종, 성분은 150여 개로 알려져 있는데 이러한 보존제가 함유된 화장품은 성분, 포장상태, 사용범위, 소비자의 사용패턴에 알맞은 보존제를 선택함으로서 인체에 해가 되지 않도록 주의해야 한다.

화장품 제조에 가장 많이 사용되는 보존제 성분은 파라벤으로 미생물과 곰팡이의 번식을 막는데 매우 효과적인 작용을 한다. 적용되는 화장품의 분류는 사용 후 씻어내는 제품, 씻어내지 않는 제품 모두에 적용할 수 있어 일반적인 화장품과 세정용제품등 다양하게 적용되고 있다.

하지만 수분에 대한 용해도가 낮기 때문에 단백질, 비이온성 계면활성제등의 성분과 혼합할 경우 항균력이 저하된다.

1. 주요 보존제의 분류

보존제는 자외선차단제, 염모제 등과 함께 식품의약품안전처 고시(화장품 안전기준 등에 관한 규정 별표2)에서, 약 59종의 원료를 사용상의 제한이 필요한 원료로 지정하고 있다.

주요 보존제의 분류

분류	특징	최대허용함량

파라벤
(p-하이드록시벤조익애씨드)
	화장품용 보존제로 가장 많이 사용됨	• 단일성분일 경우 0.4%
		  (산으로서)
		• 혼합사용의 경우 0.8%
		  (산으로서)

페녹시에탄올	방향족 에틸알코올로서, 파라벤을 대체하여 최근에 가장 많이 사용됨	1.0%
벤질알코올	방향족 알코올로서, 알레르기 유발 물질로 분류됨	1.0%
소르빅애씨드	식품에도 사용되는 유기산	0.6%
징크피리치온	방향족 징크화합물로서, 보존 및 모발컨디셔닝 효과로 비듬, 가려움을 예방	사용 후 씻어내는 제품에 0.5%(기타 제품에는 사용 금지)
세틸피리디늄클로라이드	4급 암모늄염으로서 정전기방지제, 탈취제에 사용	0.08%

① 메틸파라벤(MethylParaben)

메틸알코올과 파라-하이드록시벤조익애씨드의 에스터로 화장품용 보존제로 가장 많이 사용되어 왔으며, 에틸파라벤(Ethyl Paraben), 부틸파라벤(Butyl Paraben)과 함께 사용하면 적은 양으로도 방부 효과를 올릴 수 있고 저독성, 저자극성이지만 간혹 알레르기 반응을 일으킬 수 있다.

② 페녹시에탄올(Phenoxyethanol)

마취작용이 있고, 활성산소를 발생시켜 기미, 주근깨의 원인이 된다. 피부자극과 알레르기를 유발할 수 있는 방향족 에틸알코올이다.

③ 벤질알코올(Benzyl alcohol)

부식성이 있고 피부의 점막에 자극을 주며 향료, 염료의 용제로도 사용되는 방향족 알코올이다.

④ 소르빅애씨드(Sorbic acid)

글리세린 대용으로도 쓰이는 유기산으로, 식품의 보존제로도 사용된다. 민감성피부에 자극이 있다.

⑤ 징크피리치온(Zinc pyrithione)

항균, 살균작용이 있어 미생물에 의한 비듬, 가려움을 방지하는 특징이 있지만 광독성을 나타낼 수 있는 방향족 징크화합물이다.

⑥ 세틸피리디늄클로라이드(Cetylpyridinium chloride)

마우스워시, 소독제, 탈취제로 사용되며, 살균 및 방취 효과가 있는 4급 암모늄염이다.

1) 보존제의 조건

- 사용하기에 안전할 것
- 낮은 농도에서 다양한 균에 대한 광범위한 효과를 나타낼 것
- 넓은 온도 및 pH 범위에서 안정하고, 장기적으로 효과가 지속될 것
- 제품의 물리적 성질에 영향을 미치지 않을 것
- 제품 내 다른 원료 및 포장 재료와 반응하지 않을 것
- 제품의 안정성, 색상, 향, 질감, 점도 등 외관적 특성에 영향을 미치지 않을 것

- 미생물이 존재하는 물 파트에서 충분한 농도를 유지할 수 있는 적절한 오일/물분배계수를 가질 것
- 자연계에서 쉽게 분해되고, 분해산물에 독성이 없을 것
- 원료 수급이 용이하고, 가격이 저렴할 것

CHAPTER 08 | 기타 첨가제

1. pH조절제(pH Adjusters)

유통되는 화장품의 품질을 유지하기 위해 안전관리 기준에 고시된 pH 3.0~9.0를 유지하는 것이 필요하다. 단, 물을 포함하지 않는 제품, 사용한 후 곧바로 씻어내는 제품은 제외된다.

화장품에 적용되는 pH는 수용액 중의 수소 이온 농도를 나타내는 지표로서, 중성의 수용액은 pH 7이며, pH가 7보다 낮으면 산성, 높으면 염기성 이라고 하며 이러한 pH조절제는 화장품의 기능에 알맞은 pH상태를 유지하고 화장품 원료를 중화시킬 목적으로 사용된다.

① 트라이에탄올아민(TEA, triethanolamine)
삼차아민이면서 삼차알코올인 유기 화합물. 다른 아민과 마찬가지로 강한 염기이다. 1퍼센트 용액의 피에이치(pH)는 약 10으로 나타나며 pH조절제, 착향제, 계면활성제(유화제)로 사용된다.

② 시트릭애씨드(Citric acid)
이 원료는 정량일 경우 시트릭애씨드 99.5% 이상을 함유하며 금속이온봉쇄제, 착향제, pH 조절제로 사용된다.

③ 알지닌(Arginine)
염기성 아미노산의 일종으로 산성고분자를 중화하여 겔의 제형으로 제조하는 데 쓰인다.

④ 포타슘하이드록사이드(Potassium hydroxide)

이 원료는 정량일 때 총알칼리(KOH로서) 85.0% 이상을 함유하며 이중 탄산칼슘은 3.5% 이하이다.

⑤ 소듐하이드록사이드(Sodium hydroxide)

이 원료는 정량일 때 총알칼리(NaOH로서) 95.0% 이상을 함유하며 이중 탄산나트륨은 3.0% 이하이며 변성제, pH조절제로 사용된다.

2. 금속이온봉쇄제(Chelating agents)

제품 내 금속이온의 존재는 화장품의 안정성 및 성상에 영향을 유발할 수 있어, 화장품의 안정성을 유지하기 위해 금속이온봉쇄제를 첨가하여 금속성이온과 결합함으로 불활성화시키는 성분이다. 다이소듐이디티에이(Disodium EDTA), 테트라소듐이디티에이(Tetrasodium EDTA) 등이 있으며, 소듐이 많을수록 pH가 알칼리성이 되며 물에 대해 용해성이 높아진다.

① 다이소듐이디티에이(Disodium EDTA)

백색의 결정성 분말로 금속이온에 의한 침전을 방지하기 위해 사용하며 화장수 및 유화시킨 화장품에 사용되는 성분으로 물에 녹는 성질이 있으나 에탄올에는 녹지 않는다.

② 구연산나트륨(Sodium citate)

무색 또는 백색의 결정성 분말로 금속이온에 의한 침전을 방지하기 위해 사용된다.

3. 산화방지제(Antioxidants)

산화는 대부분의 물질에서 일어날 수 있는데, 화장품성분 역시 산화현상으로 인해 화장품이 가지고 있는 고유의 성질을 잃을 수(변질, 산패) 있기 때문에 산화방지제를 사용함으로서 화장품제조에 필요한 유지류의 산패 및 산화의 방지(항산화)를 위해 대부분의 화장품에 첨가하는 물질이다.

① 비에이치티(BHT)

유성 성분에 대해 강한 산화방지 효과가 있으며, 화학적으로 합성한 산화방지제로, 피부가 민감한 경우 자극을 일으킨다.

② 비에이치에이(BHA)

화학적으로 합성한 산화방지제로, 산화방지 효과는 크지만 민감한 피부에 알러지를 일으킬 수 있다.

③ 토코페롤(Tocopherol)

토코페롤, 또는 비타민 E는 지용성 비타민으로서 식물성 기름에서 분리되는 천연 산화방지제이다. 분리된 토코페롤은 황색에서 갈색 빛으로 변하는 점성 오일이다. 토코페롤 자체보다는 토코페롤의 에스터가 종종 화장품 및 퍼스널케어 제품에 사용된다.

④ 토코페릴아세테이트(Tocophereryl acetate)

토코페롤과 아세틱애씨드의 아세틸화시켜 얻은 지용성물질로, 토코페롤의 대안 물질로 사용되고 있으며 세포막을 구성하는 불포화지방산의 산화를 억제시키는 항산화 성분으로 그 효능이 뛰어나다. 토코페롤의 장기보존에 따른 낮은 안정성을, 토코페릴아세테이트가 높여준다.

4. 감미제(Flavoring agents)

감미제는 화장품의 맛을 좋게 하기 위해 첨가하며 립스틱뿐만 아니라 로션이나 스킨류의 화장품들도 조금씩 입에 닿기 때문에 거부감(쓴 맛)을 줄이기 위해 조금씩 첨가되고 있다.

① 아스파탐(Aspartame)

아스파탐(아스파테임)은 설탕의 200배의 단맛을 가진 인공감미료로 화학 구조에 당을 포함하지 않기 때문에 저칼로리 음식과 음료에 첨가할 수 있는 설탕 대체제이다.

② 수크로오스(Sucrose)

사카로스(Sacharose)라고도 한다. 광합성능력이 있는 식물에서 추출하며 공업적으로는 사탕수

수·사탕무로 생산되며 감미제와 보습제로 사용된다.

③ 라임씨오일(Citrus aurantifolia (lime) seed oil)

라임(Lime) Citrus aurantifolia의 씨를 압착하여 얻은 오일로 감미제, 착향제, 피부컨디셔닝제(기타)로 사용된다.

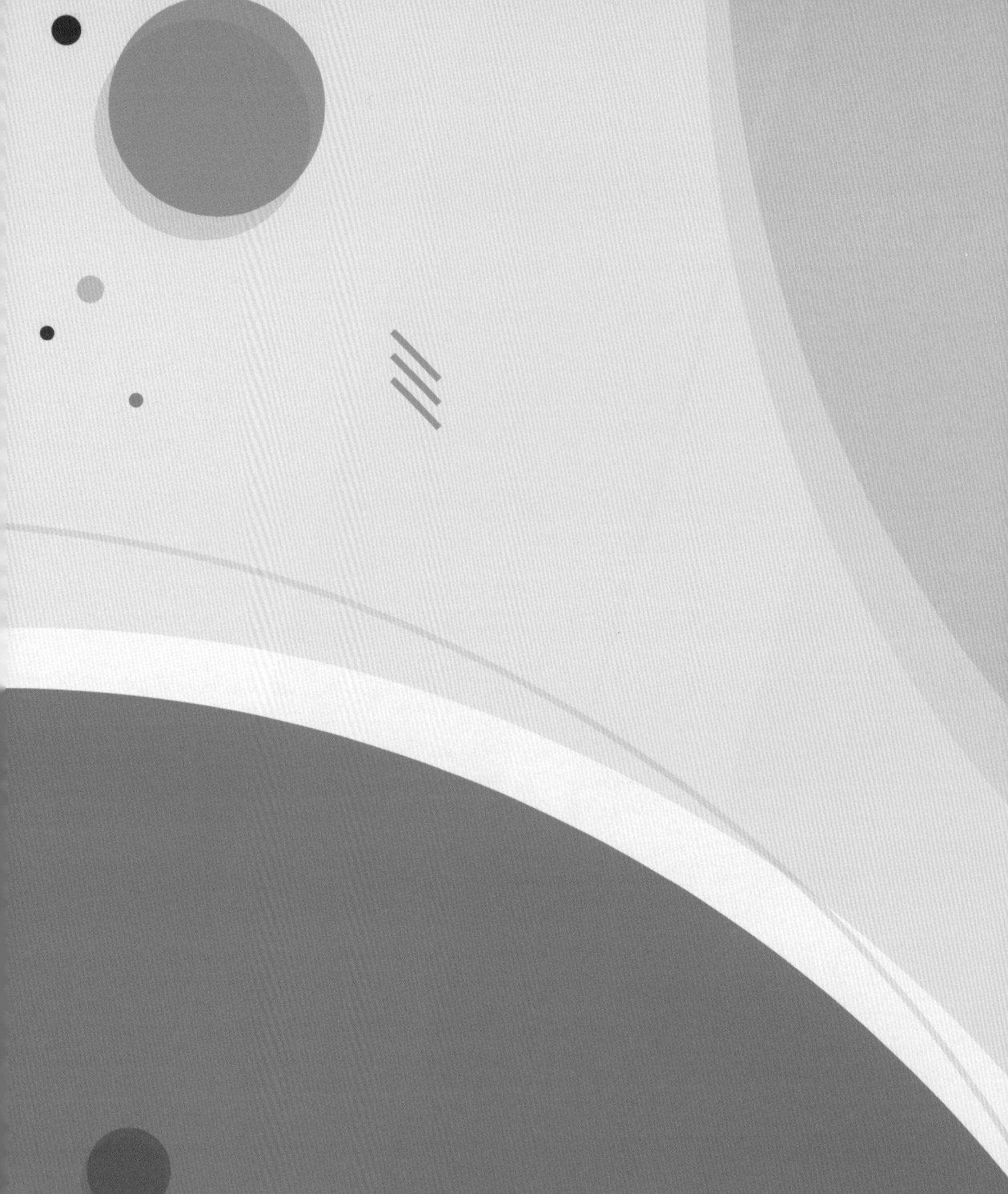

미용인을 위한
화장품학

PART 04
화장품의 종류

CHAPTER 01 • 기초화장품
CHAPTER 02 • 기초화장품의 종류

CHAPTER 01 | 기초화장품

1. 화장품의 필요성 및 목적

1) 기초화장품의 필요성

우리가 가지고 있는 피부는 외부의 자극으로부터 내부를 보호하기 위해서 만들어진 장벽이다. 피부의 구조 중 가장 바깥쪽에 위치하는 각질층(Stratum corneum)은 적절한 유·수분의 밸런스를 통해서 피부를 외부의 자극으로부터 보호하는 역할을 한다.

피부는 크게 표피와 진피로 나누어진다. 그 중에서 표피의 각질층의 보습상태를 결정하는 것은 피지와 수분 및 NMF(Natural Moisturizing Factor)인 천연보습인자에 의해 유분과 수분의 밸런스를 유지한다.

피부는 나이가 들어갈수록 그리고 바람, 자외선, 기후변화 등 외부의 자극과 내부의 자극(정신적인 스트레스, 수면부족 등)에 의해 신진대사의 기능이 저하되고 그로 인해 피부의 유·수분의 밸런스가 불균형을 이루게 된다.

특히 표피의 각질층에 존재하는 천연보습인자(NMF)와 진피의 망상층에 존재하는 히알루론산 등의 고분자 점액질의 함량이 감소하여 피부에 수분의 공급 및 유지력이 줄어들고 피지의 분비량도 줄어들게 된다. 이로 인해 피부는 점차적으로 건조해지고 거칠어지는 것을 볼 수 있다. 감소된 천연보습인자, 피지, 수분 등을 보충해 줄 수 있는 화장품을 적절하게 사용함으로써 피부의 유·수분 밸런스를 유지하고 피부의 상태를 개선할 수 있도록 한다. 따라서 화장품은 천연보습인자, 수분과 피지의 역할을 대신하는 것으로 보습제와 유분 등을 적절히 배합함으로써 피부의 모이스처 밸런스 및 피부보호막인 유·수분막을 인공적으로 만들어서 유지 시켜 피부의 상태가 개선되게 하는 것이다.

2) 기초화장품의 사용목적

기초화장품의 사용목적은 크게 3가지로 나눌 수 있는데 첫 번째 피부의 건강과 청결을 위한 세안, 두 번째 세안 후의 피부정돈, 세 번째 피부의 영양공급을 위한 피부보호를 목적으로 한다. 특히 피부건강을 좌우하는 것은 청결이 우선시 되어야 하며 외부자극인 바람, 건조한 환경, 공해, 스트레스 등으로부터 피부를 보호하는 것이 중요하다. 기초화장품은 외부자극 및 메이크업으로부터 피부를 청결히 하고 피부보호를 통해 건강을 유지하기 위해 사용하는 화장품이라고 할 수 있다.

피부와 화장품의 밸런스

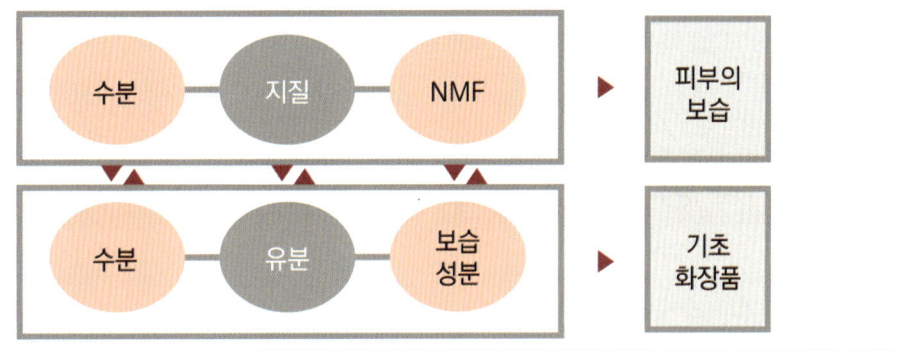

(1) 세안

　스킨케어의 기본 중에 기본이라 할 수 있는 세안은 피부 표면의 더러움이나 노폐물 및 메이크업 잔여물 등을 제거하여 피부를 청결하게 해주는 것으로 스킨케어 과정에서 피부타입을 고려하지 않고 세안제를 사용하게 되면 피부 트러블을 유발하게 됨으로 주의해서 세정방법을 선택하여 피부에 필요한 천연보습막이 제거되지 않도록 해야 한다.

　세정작용을 가지고 있는 화장품으로는 클렌징 로션, 클렌징 크림, 클렌징 폼, 세안 비누, 물 세안 등이 있다.

(2) 피부정돈

　세안 등의 세정 작용으로 잃었던 피부보호막(수분 + 천연보습인자 + 피지 등)을 보충하고 비누 등의 세안으로 약알칼리성으로 변한 피부의 pH를 정상적인 상태인 약산성으로 빨리 돌아오게 하고 유분과 수분을 적절하게 공급하여 피부 결을 정돈해 준다. 피부정돈을 위해 사용하는 화장품은 유연화장수, 수렴화장수 등으로 다음 단계에 사용하고자 하는 화장품의 흡수가 잘 되도록 보습제와 유연재를 함유하고 있는데 피부의 pH에 따라 흡수율의 차이가 있을 수 있다.

(3) 피부보호

　피부 표면의 피지와 수분을 보호하여 건조를 방지하고 피부를 유연하게 만들어 주며, 외부의 자극

요인인 건조와 추위 등으로부터 피부를 보호하고, 공기 중에 있는 먼지, 세균 등의 침입을 막아 피부를 보호한다. 보호용 화장품으로 에멀젼, 크림 등이 있으며 에멀젼의 경우 수분이 60~80% 정도로 점성이 낮으며 피부흡수가 빨라 피부에 부담이 적어야 하며 크림의 경우는 세안 후 손실된 천연보습인자를 보충하여 피부를 촉촉하게 유지해주며 유효성분을 통해 피부 문제점들을 보안하고 개선할 수 있다.

CHAPTER 02 | 기초 화장품의 종류

1. 세안화장품

    피부를 청결하게 하기 위한 목적으로 사용되는 세안 화장품은 피부에서 분비되는 피지, 땀 그리고 시간이 지나면서 먼지와 각질 등으로 인한 노폐물, 메이크업 잔여물 등을 제거하기 위해 사용된다. 노폐물과 메이크업 잔여물이 피부에 오래 머물게 되면 모공이 막히게 되어 피부의 신진대사를 저해하고, 노폐물과 피지로 인해 산패하거나 부패하여 미생물 등의 번식을 초래하기도 하며, 수축된 모세혈관으로 인해 혈액순환이 원활하지 않아 피부에 필요한 산소와 영양공급이 제대로 이루어지지 못한다. 그로 인해 피부를 계속 자극하여 피부상태를 나쁘게 한다.

    피부의 더러움은 피지, 땀, 먼지 등 생리적 분비물질과 일상생활에서 생기는 수성의 더러움과 유분이 많은 화장품이나 메이크업 등에 의해 생기는 유성의 더러움으로 구분한다. 수성의 더러움은 일반적으로 물 세안을 하면 지워지지만, 유성의 더러움은 물 세안만으로는 잘 제거되지 않는다. 유분이 많은 메이크업제품을 지우려면 세정력이 우수한 제품을 사용하는데, 세정력이 강할수록 피부의 손상이 늘어날 수 있다. 따라서 메이크업의 상태에 따라 적절한 세안 화장품을 선택하고 올바르게 사용해야 깨끗하고 자극 없는 세안이 이루어진다. 만약 과도하게 자극적으로 세안 할 경우 피부의 보호막인 피지, 천연보습인자 그리고 각질층 등이 지나치게 탈락되므로 피부를 더욱 건조하게 하고 예민하게 만든다.

    따라서 세안의 사용목적에 맞는 적당한 세정용 화장품을 선택, 피지와 땀에 의해 오염된 피부와 메이크업 잔여물을 제거해야 하며 세정을 위한 세안 화장품은 클렌징 로션, 클렌징 크림, 클렌징 폼, 세안 비누 등이 있다.

1) 세안화장품의 종류

　피부는 일상생활을 통해 외부오염물, 메이크업 및 내적인 피부 분비물인 땀과 피지가 발생하게 되는데 이러한 것들은 일정시간이 지나면 모공을 막거나 피부표면의 더러움으로 인해 피부에 손상을 가져오게 된다. 특히 수성물질오염의 경우 물 세안 또는 가벼운 클렌징 제품을 통해 제거되지만 유성물질오염인 경우는 세정력이 강한 클렌징 제품을 사용하여 제거하게 되는데 세정력이 강한 제품들은 대부분 피부에 대한 손상이 일어날 수 있다.

　세안화장품은 크게 두 가지 타입으로 첫 번째는 물을 사용하지 않고 제품을 도포한 후 닦아내는 것으로 녹여내는 타입(용제형)의 세안제로 클렌징 젤, 클렌징 로션 등이 있으며, 두 번째는 물과 함께 거품을 내서 사용하는 것으로 씻어내는 타입(계면활성제형)의 세안제로 클렌징 폼, 페이셜 스크럽 등이 있다.

　세안화장품을 선택할 때는 피부의 상태와 사용한 화장품의 종류에 따라 다르게 사용해야 하는데 두꺼운 화장(하드 메이크업)을 지울 때는 클렌징 크림이나 클렌징 오일이 적합하고, 가벼운 화장(라이트 메이크업)을 지울 때는 클렌징 워터나 클렌징 로션 등이 적합하다.

　최근 메이크업제품들은 화장의 효과를 지속시키기 위해 땀이나 물에도 잘 지워지지 않는 워터프루프 화장품이 대부분이기 때문에 물로만 세안해서는 잘 제거되지 않기 때문에 메이크업제품의 유성성분은 용제형 세안제를 이용하여 닦아내고 난 후 계면활성제형 세안제를 이용하여 씻어내는 것으로 이중 세안이 필요하다.

　반면 씻어내는 타입(계면활성제형)은 물과 함께 사용하기 때문에 물의 온도에 따라 세정효과가 달라지는데 각질제거 및 세정효과에 가장 큰 효과를 나타낼 수 있는 물의 온도는 21~35℃ 정도의 따뜻한 물이 적합하며 이는 혈관을 확장하여 혈액순환을 돕고 각질제거가 용이하다.

　15~20℃의 미지근한 물은 피부표면의 안정감을 부여하지만 각질제거 및 세정효과는 떨어진다. 또한, 10~14℃ 정도의 차가운 물의 경우 혈관을 수축하여 탄력을 주는 반면 세정효과는 거의 미비하다. 그렇지만 피부를 진정시켜 상쾌하게끔 도와주며 수렴작용을 한다.

세안화장품의 제형별 종류 및 특징

제 형	종 류	특 징
용제형 (녹여내는 타입)	클렌징 워터	• 화장수 타입으로 세정력이 낮으며, 가벼운 메이크업을 제거할 때 주로 사용한다.
	클렌징 젤	• 젤은 수성과 유성의 두 가지 타입으로 유성의 경우에는 다량의 유분과 계면활성제를 함유하여 세정력이 우수하다.
	클렌징 로션	• 수분이 많이 함유되어 있어서 피부에 부담이 적으며 크림타입에 비해 사용감이 산뜻하다.
	클렌징 크림	• 피지, 메이크업 잔여물을 제거하며, 두꺼운 메이크업을 제거할 때 효과적이다.
계면활성제형 (씻어내는 타입)	클렌징 폼	• 피부에 자극이 거의 없어 민감하고 예민한 피부에 효과적이다.
	페이셜 스크럽	• 미세한 알갱이를 함유한 스크럽제로 알갱이가 연마제 역할을 한다.

① 클렌징 워터(Cleansing water)

오일이 거의 함유하지 않은 세안제인 클렌징 워터는 일명 세정용 화장수라고도 한다. 산뜻하고 가벼운 사용감을 가지고 있으며 가벼운 메이크업을 지우거나 지성피부에 적합하며 화장수와 계면활성제, 에탄올을 배합한 세정제로 계면활성제의 배합율은 보통 3~5%가 적당하다. 워터형태의 제품으로 유성성분을 제거하는 세정력은 약하기 때문에 다른 클렌징 제품과 함께 사용하는 것이 좋다.

② 클렌징 젤(Cleansing gel)

클렌징 젤은 세정력이 뛰어나고 이중세안이 필요없는 타입으로 수성타입과 유성타입으로 각각 배합된 성분의 차이가 있어 사용감에도 차이가 있다.

수성타입은 수성성분의 함량이 많으며 유성타입에 비해서 세정력은 부족하지만 사용감이 산뜻하고 피부가 촉촉하고 매끄럽게 느껴지기 때문에 가벼운 메이크업을 지울 때 적합하다. 유성타입은 유성성분의 함유량이 많으며 두꺼운 메이크업을 지우기에 용이하다.

③ 클렌징 로션(Cleansing lotion)

친수성의 밀크타입으로 자극이 적기 때문에 건성피부, 노화피부, 민감성 피부에 적합하며 크림타입의 클렌징 보다 유분의 함량이 낮고 수분의 함량이 높은 클렌징 로션은 피부에 부담이 적고, 발랐을 때 퍼짐성이 좋으며 산뜻하고 끈적임이 적다. 클렌징 크림에 비해 세정력은 떨어지기 때문에 가벼운 메이크업을 지울 때 적합하다.

④ 클렌징 크림(Cleansing cream)

　클렌징 크림은 두꺼운 메이크업을 했을 때나 피지분비로 인해 노폐물이 많을 때 사용하기 적합하다. 클렌징 크림에는 광물성 오일인 유동파라핀이 40~50% 정도 함유하고 있어서 피부 표면에 있는 기름때를 닦아내는 데 효과적인 제품이며 광물성 오일에 의한 끈적임이 있어서 클렌징 크림으로 메이크업을 닦아낸 후 다시 클렌징 폼을 이용하여 물세안하는 이중 세안이 필요하며 지성 피부나 예민성 피부는 적용하지 않는 것이 바람직하다.

⑤ 클렌징 오일(Cleansing oil)

　클렌징 오일은 물과 친화력이 있는 오일 성분을 배합시킨 클렌징제로 물에 쉽게 용해되는 특징으로 진한 화장을 한 후 사용해도 효과적이며 주로 호호바 오일, 유동파라핀 등의 유성성분에 비이온성 계면활성제가 다량 함유된 것으로 두꺼운 메이크업을 지울 때 적합하다. 피부 침투성이 우수하고 땀이나 피지에 강한 메이크업도 깨끗하게 제거하는 장점을 가지고 있다. 메이크업을 클렌징 오일을 이용해 닦아내고 물세안이 가능하며 일반적으로 세안 후 당김이 심한 건성피부, 예민성, 노화피부에도 적합하다.

⑥ 클렌징 폼(Cleansing foam)

　클렌징 폼은 비누가 가지고 있는 장점인 우수한 세정력과 클렌징 크림의 장점인 피부보호 기능을 동시에 가지고 있는 제품이다. 적당량을 손바닥에 덜어 거품을 낸 후 마사지하듯이 러빙 후 씻어내는 것으로 '폼 클렌징'이라고도 하며 세안시 만들어진 거품은 피부와 손 사이에서 쿠션역할을 하여 물리적인 자극을 줄여준다. 또한 과도한 탈지를 막아주고 수분을 공급하기 위해 배합된 유성성분과 보습제 때문에 일반 비누를 사용할 때보다 피부 당김이 거의 없으며 촉촉한 감촉을 유지시켜 준다.

　예민해진 피부의 자극을 최소화하기 위해 아미노산계 계면활성제를 사용한 약산성 클렌징 폼과 거품 생성이 우수하고, 헹굼성이 좋으며 사용 후에 뽀드득한 감촉을 주는 알칼리타입의 클렌징 폼이 있다. 약산성 클렌징 폼은 일반적인 클렌징 폼에 비해 거품 생성과 세정력이 낮은 것이 단점이다. 알칼리 타입의 클렌징 폼은 중성세제의 일종인 비이온 계면활성제와 유분 양을 증가시키면 세안 후 감촉은 촉촉하지만 헹굴 때 미끌거리는 감촉이 남게 된다. 따라서 클렌징 폼은 중성세제와 비누를 적절히 배합한 것이 좋다.

⑦ 페이셜 스크럽(Facial scrub)

　일반적인 클렌징제품보다 세정력이 좋은 페이셜 스크럽은 클렌징 폼에 작은 알갱이인 스크럽(Scrub)을 함유한 제품으로 각종 노폐물, 먼지, 메이크업 잔여물 등을 말끔하게 제거한다.

　페이셜 스크럽의 효과는 세안효과, 각질제거효과, 마사지 효과 등이 있으나 피부 마찰로 인해 스크럽 알갱이가 피부에 자극을 줄 수 있으므로 건성피부나 민감성피부는 사용을 자제하거나 스크럽이 미세하고 둥근 것을 선택하여 가볍게 러빙해 주는 것이 좋다.

　중성피부는 다양한 타입을 선택해도 무방하나 T존 부위와 같은 각질과 피지가 쌓이기 쉬운 부위에 위주로 사용하는 것이 좋으며 지나친 사용은 피부를 자극할 수 있으므로 중성(정상)피부는 주 1~2회, 지성피부는 주 2~3회, 건성피부와 민감성 피부는 2주에 1~2회가 적당하다.

　스크럽에 함유된 알갱이는 크게 천연계와 합성계로 구분하며 천연계는 가장 많이 사용하는 살구씨와 복숭아씨, 아몬드씨 등을 가루로 만든 식물성 스크럽과 달걀껍데기, 게껍데기 등을 가루로 만든 동물성 스크럽이 있다. 합성계는 나일론, 폴리에틸렌, 폴리프로필렌 등의 유기계와 실리카, 알루미나 등의 무기계로 구분된다.

　스크럽의 입자가 둥글고 모가 나지 않아야 좋으며 표면이 거칠고 모난 것은 피부에 자극을 줄 수 있으며 세안 중 눈에 들어간 스크럽은 각막을 손상시킬 수 있기 때문에 세안 시 눈에 들어가지 않도록 조심해서 사용하여야 한다.

스크럽의 효과

종 류	효 과
세안효과	피부 노폐물, 메이크업 잔여물 등을 제거
각질제거효과	노화된 각질을 제거해 피부톤이 맑아지고 피부 세포의 재생을 촉진
마사지효과	진피, 피하조직에 분포된 혈관, 신경을 자극하여 혈액순환을 촉진

2) 화장수(Skin lotion, Toner)

　일반적으로 스킨로션(Skin lotion) 또는 토너(Toner)라고 하는 화장수는 세안 후에 일시적으로 피부의 pH가 알칼리성을 띠게 되는데, 세안 후 바로 화장수를 얼굴에 사용했을 때 피부의 pH를 본래의 약산성으로 회복시키는 즉, pH 밸런스 조절을 한다. 그리고 피부를 보다 유연하게 해주고 각질층에 수분을 공급 하는 등 다양한 효과를 가지고 있으며 세안 후 남아 있는 메이크업 잔여물을 한 번 더 제거하여 피부를 보다 깨끗하고 청결하게 유지할 목적으로 사용하는 액상 제품이다.

　화장수는 기본적으로 정제수와 에탄올, 보습제 등으로 구성되어 있다. 여기에 사용 목적에 따라 다양한 성분들이 추가적으로 배합된다. 화장수의 사용 목적은 피부에 충분한 수분공급, pH 밸런스 조절, 메이크업 잔여물 제거 등이라 할 수 있다.

(1) 토너의 종류

화장수는 70~80%의 정제수를 기본으로 하여 글리세린 등의 보습제, 에탄올 등을 첨가하는 것으로 가용화 현상을 이용하여 만든 대표적인 액상형태의 제품이다. 가용화는 물에 잘 녹지 않는 물질을 투명하게 녹이는 것으로 주로 화장수, 에센스, 헤어토닉, 향수 등에 많이 이용된다. 화장수는 크게 유연화장수와 수렴화장수로 구분할 수 있다.

화장수의 종류

분류	특징
유연화장수	수분 공급 + 피부 유연
수렴화장수	수분 공급 + 모공 수축

① 유연화장수(Skin softner)

유연화장수는 정제수를 기본으로 하여 보습제, 유연제가 함유되어 각질층을 부드럽고 촉촉하게 유지하면서 다음 단계에 적용할 화장품의 흡수가 잘되도록 해주는 역할을 한다. 화장수의 pH는 피부의 pH와 비슷한 pH 5.5~6.5 정도에 맞추어 세안 후에 일시적으로 알칼리화 된 피부를 약산성으로 회복시켜준다. 그리고 약산성의 피부는 세균의 번식을 막아주어 피부를 보호하는 역할을 하고 피부정돈 시 액체로 피부를 매끄럽고 산뜻한 느낌을 주는 것이 피부 타입과 연령에 따라서 수용성 고분자, 보습제, 에탄올 등의 양을 다르게 배합하여 피부타입별 및 노화 정도에 알맞은 다양한 형태의 화장수로 기초화장 단계에 쓰이는 스킨로션의 대표 화장수라고 할 수 있다.

② 수렴화장수(Astringent lotion)

수렴화장수는 아스트린젠트(Astringent)라고도 불리며 피부의 각질층에 수분을 공급하고 모공을 수축시켜 주며 피부에 침투하기 쉬운 다양한 세균으로부터 피부를 보호하고 소독 작용이 우수하다. 일시적으로 단백질을 수축시키고, 과잉으로 분비되는 피지나 땀의 분비를 억제하여 지성피부나 여름철 화장수로 산뜻한 촉감을 주고 피부를 긴장시켜 탄력감을 부여해 준다.

최근에는 피지분비를 억제하는 것과 화장이 지워지는 것을 방지하는 등의 목적이 명확한 화장수도 개발되고 있다. 수렴을 의미하는 아스트린젠트에서 명칭이 토닝 로션, 오일컨트롤 로션 등으로 다양화 되고 있으며 알코올 배합량이 유연화장수보다 많아 피부에 시원한 청량감과 모공을 수축시키는 수렴효과를 부여한다.

수렴작용 - 화학적 수렴작용, 물리적 수렴작용으로 구분

① 화학적 수렴작용 : 탄닌(Tannin)과 같은 단백질 응고작용을 하는 물질에 의해 단백질을 응고시킴. 그것으로 인해 피부가 응축되어 모공이 수축 됨.
② 물리적 수렴작용 : 차가운 물을 피부에 사용 또는 에탄올의 휘발로 인해 피부 온도를 저하시켜 일시적으로 땀샘과 모공이 일시적으로 수축 됨.

일반적으로 수렴화장수(아스트린젠트)는 탄닌 계통의 물질과 에탄올이 배합되어 있다. 수렴성이 높고 알코올을 많이 함유한 수렴화장수를 과도하게 사용할 경우 리바운드 효과가 일어날 수 있다. 리바운드 효과란 피부를 알코올로 닦으면 당장은 피지가 제거되지만 이것이 피지선을 자극하여 피지분비가 오히려 증가 될 수 있는 것을 의미한다.

3) 로션(유액, Lotion)

건강한 피부라고 하는 것은 수분과 유분이 일정하게 균형을 가지고 있을 때를 의미한다. 그러나 건강한 피부도 기온이나 습도, 신체의 변화, 자외선, 스트레스 등에 의해 밸런스가 무너지게 되고 피부는 수분이 부족하게 된다. 이때 피부에 필요한 수분을 충분히 공급하여 피부를 부드럽고 촉촉한 상태로 유지할 수 있다. 그래서 세안 후 건조해진 피부에 화장수를 이용하여 수분을 충분히 공급한 다음, 로션을 이용하여 다시 한 번 수분과 영양분을 공급해서 유분과 수분의 밸런스를 조절하여 피부의 항상성을 유지할 수 있도록 한다.

로션은 에멀션이라고도 하며 이것은 화장수에 가까운 유동성을 가진 것으로 수분, 유분, 보습제, 계면활성제를 주성분으로 하여 피부 타입별 건성피부, 정상피부, 복합성피부, 지성피부, 민감성피부용으로 구분할 수 있다.

(1) 로션의 종류

로션은 피부 타입에 따라 건성피부용, 중성피부용, 복합성피부용, 지성피부용, 민감성 피부용 등으로 구분할 수 있다. 피부타입별로 보습제의 함량과 유분량을 다르게 배합한다. 화장수에 가까운 유동성을 갖고 있는 로션의 경우에는 3~8% 정도의 유분을 함유하며 주로 지성피부용 로션이 여기에 해당된다. 모이스처 로션이나 밀크로션은 10~20%의 유분을 함유하고 있으며 가장 일반적인 로션이라고 할 수 있다. 에몰리엔트 로션과 클렌징 로션은 20~30%의 유분을 함유하고 있고 에몰리엔트 로션은 주로 건성피부용, 민감성피부용 로션이다.

로션의 유분량과 특징

유분량	특 징
3 ~ 8%	화장수에 가까운 유동성의 로션 : 지성피부용
10 ~ 20%	밀크로션, 모이스처 로션 : 중성피부용
20 ~ 30%	클렌징 로션, 에몰리엔트 로션 : 건성피부용, 민감성피부용

최근에는 번들거리는 유지를 대신해서 산뜻하고 가벼운 사용감을 위해 실리콘 오일을 배합하여 제조한 로션이나 크림이 만들어지기도 한다. 또한 로션은 사용목적에 따라 모이스처 로션, 마사지 로션, 선블록 로션, 클렌징 로션, 핸드로션, 바디로션 등으로 분류하고, 제형에 따라서는 W/O형, O/W형, W/O/W형, W/S형, S/W형 등의 여러 타입의 유화기술로 제조되어 진다.

W/O형은 로션은 피부에 도포했을 때 우수한 보습효과를 기대할 수 있다. O/W형은 산뜻하고 가벼운 감촉으로 발림성과 퍼짐성이 좋아서 대부분의 로션이 O/W형의 제형을 가지고 있다. W/O/W형은 보습력과 사용감을 동시에 기대할 수 있다. W/S형은 유효성분의 안정성과 가벼운 사용감을 가지고 있으며 S/W형은 산뜻한 사용감을 가지고 있어 끈적임이 적은 것을 원할 때 적합하다.

로션은 수성성분, 유성성분, 계면활성제와 기타성분인 색소, 방부제, 산화방지제, 향, 활성성분, 킬레이트제 등으로 구성된다. 유성성분은 크림에 비해 사용량이 적어 사용감이 가벼우며 흡수가 용이하다.

로션의 주요 성분

구성 성분	종 류	대표 성분
수성 성분	점증제	잔탄검, 카르복시비닐폴리머, 셀룰로오스유도체 등
	보습제	글리세린, 부틸렌글리콜, 프로필렌그릴콜, 폴리에틸렌그릴콜 등
	정제수	이온교환 및 역삼투압 수
	알코올	에탄올
유성 성분	유지	호호바유, 올리브유, 아몬드유 등
	탄화수소	바세린, 유동파라핀, 스쿠알란 등
	지방산	올레인산, 스테아린산, 미리스틴산 등
	왁스	라놀린, 밀납 등
	에스테르유	세틸옥타노에이트, 옥틸도데실 미리스테이트, 아이소세틸 미리스테이트 등
	고급알코올	세타올, 스테아릴알코올, 콜레스테롤 등
	기타	실리콘 유 등
계면활성제	비이온성	POE 소르비탄지방산에스테르, 모노스테아린산글리세린 등

4) 에센스(Essence)

일반적으로 피부는 25세 이후부터 조금씩 거칠어지고 서서히 탄력이 떨어지는데, 이것은 피부의 탄력을 유지하는 진피의 교원섬유와 탄력섬유가 조금씩 손상이 일어나기 때문이다. 이렇게 피부는 시간이 지날수록 어쩔 수 없이 노화가 진행된다. 그러나 건조한 공기, 자외선, 오염된 공기 등의 여러 가지 내·외적요인에 의해 세포를 생성하는 기능이 저하되면서 노화를 더 빠르게 촉진되는 것을 볼 수 있다.

에센스는 컨센트레이트(Concentrate) 또는 세럼(Serum)이라고도 하는 기초화장품으로 피부에 유익한 다양한 유효성분을 다량 함유하고 있다. 에센스는 피부 보습과 노화를 지연시키는 효과를 갖는 주요 성분이 고농축으로 함유되어 보습효과가 탁월하며 영양물질을 공급하여 피부를 촉촉하고 매끄러운 상태로 유지시켜준다. 에센스의 주요 효능은 보습, 영양공급, 피부보호 등으로 볼 수 있다.

따라서 건조하고 거칠어진 피부를 개선하거나 피부 수분 손실에 대한 보습유지 등 피부가 가진 원래의 기능을 유지하려는 목적으로 점차 사용량이 증가하고 있다.

(1) 에센스의 종류

화장품 시장에서 기능성화장품 시장이 점차적으로 확대되면서 미백, 주름개선 등의 효능을 강조한 기능성 에센스의 소비가 점차적으로 늘어나고 있으며, 또한 하나의 제품에 여러 가지 기능을 복합적으로 만든 멀티기능을 가지 다기능 에센스가 개발되어 유통되고 있다. 에센스는 기능과 콘셉트에 따라 보습, 진정, 미백, 주름개선 등 다양한 종류가 가능하다.

에센스를 제형별로 분류하면 크게 스킨타입, 젤타입, 로션타입, 크림타입 등으로 나뉜다. 에센스의 주요 목적은 수분공급을 통해 노화를 방지하는 것이지만, 유효성분에 따라 여드름, 미백, 주름 등 다양한 효과를 얻을 수 있다.

에센스의 형태별 장·단점

구 분(Type)	장 점	단 점
스킨	• 산뜻한 사용감 • 다양한 보습성분 배합 가능	• 유용성 성분은 배합 할 수 없음 • 유연효과가 떨어짐
젤	• 투명한 외관으로 시각적 효과 • 캡슐형태로 제품화 가능	• 사용성의 변화가 어려움 • 유용성 성분을 많은 양을 배합할 수 없음
로션	• 수용성 성분과 유용성 성분 배합 가능	• 로션과의 차별성 부족
크림	• 다양의 유용성 성분 배합 가능 • 유연효과 우수함	• 영양 크림과의 차별성 부족

앰플(Ampoule)

액체 형태의 용액을 유리용기에 일정량 담아 내용물이 변질되지 않도록 밀봉한 상태로 보관이 되도록 만들어진 것으로 주로 병원에서 의료용으로 사용되던 형태이다. 이것을 화장품에 적용하여 고농축 된 기능성원료를 일회용 밀봉된 유리용기에 담아 피부에 주는 보약의 개념으로 사용하게 되었다. 앰플의 형태는 한번 오픈하면 한 번에 다 사용해야 하는 유리 형태와 캡슐 형태가 있고 다회용의 스포이트 형태 등으로 다양하게 구성되어있다. 고기능성 효과를 보기 위해 피부에 사용하는 제품으로 에센스보다 고농축된 화장품으로 보면 된다.

5) 크림(Cream)

세안 후에는 우리의 피부 표면을 감싸고 있는 천연보호막이 일시적으로 제거되면서 이로 인한 피부 당김의 느낌을 받게 된다. 이때 제거된 천연보호막을 일시적으로 형성해서 피부에 촉촉함을 부여하고 외부의 자극으로부터 피부를 보호하는 목적으로 사용하는 것이 크림이다.

크림은 로션처럼 유용성 성분과 수용성 성분이 혼합된 유화형태의 제형이지만 로션과 비교하면 제형의 점도가 높아 안정성의 폭이 넓으며, 다량의 유분, 보습제 등을 배합 할 수 있어서 피부의 모이스처 밸런스를 일정하게 유지시켜주는 역할을 한다. 또한 수분, 유분, 보습제를 피부에 공급하여 보습 및 유연기능을 갖도록 한다.

크림을 사용하는 목적은 첫 번째, 피부의 생리기능을 도와주며 두 번째, 외부환경으로부터 피부를 보호하고 세 번째, 유효성분을 흡수시켜 피부의 문제점을 개선시키는 것으로 피부타입과 사용 목적에 맞는 크림을 선택하여 사용하는 것이 중요하다.

(1) 크림의 종류

크림은 사용목적에 따라 구분할 수 있다. 보습크림, 에몰리언트크림, 아이크림, 화이트닝크림, 마사지크림, 클렌징크림, 선스크린크림, 선탠크림 등으로 사용부위나 시간, 기능 및 목적에 따라 다양한 종류로 구분된다. 또한 제형에 따라 W/O형, O/W형, W/O/W형, W/S형, S/W형의 여러 타입의 유화기술로 제조되고 있다. 일반적으로 W/O형의 크림은 O/W형의 크림에 비해 유성성분이 많이 함유되어 있어 지속력이 4배 더 유지된다.

또한, 낮은 온도에서 제품이 쉽게 얼지 않아 겨울용 스포츠 화장품에 이용하면 사용상 효과적이다. 다만 유분이 많아 사용할 때 뻑뻑하고 잘 퍼지지 않고 뭉치는 단점이 있다.

O/W형 크림은 W/O형의 크림에 비해 사용할 때 촉촉함, 시원함, 보습성을 더 느낀다. 그러나 수분의 손실이 W/O형의 크림에 비해 빠르기 때문에 촉촉함의 지속력은 낮은 편이다. 퍼짐성이나 수

분 지속력이 낮은 단점을 개선하기위해 사용되는 것이 실리콘 오일이다. 이를 실리콘오일과 수분함유정도에 따라 W/S형, S/W형 크림으로 나뉜다.

크림을 종류로 구분하면 영양 크림(Nourishing cream), 데이 크림(Day cream), 나이트 크림(Night cream) 등이 있으며 데이 크림은 낮에 사용하는 크림으로 햇빛을 차단하는 차단성분이 함유되어 있거나 건조한 공기, 공해 등 외부의 자극으로부터 피부를 보호하기 위해 사용된다. 나이트 크림은 데이 크림에 비해 유분이 많이 함유되어 있어서 대부분 사용하는 영양 크림은 나이트 크림으로 사용된다.

크림의 기능별 분류

기능	종류
피부보습 및 유연	모이스처 크림, 데이크림, 나이트크림, 에몰리언트크림, 핸드크림
잔주름 완화	아이크림, 안티링클크림
피부미백	화이트닝 크림
피부세정	클렌징크림
혈행 촉진 및 유연	마사지크림
자외선 방지	선블럭크림, 선스크린크림
피부 갈변화	셀프태닝크림, 선탠크림
각질연화	각질연화크림

크림의 구성성분은 로션처럼 크게 수성성분, 유성성분, 계면활성제와 기타성분인 색소, 방부제, 산화방지제, 향, 활성성분, 킬레이트제 등으로 구성된다.

크림의 주요 성분

구성 성분	종류	대표 성분
수성 성분	점증제	잔탄검, 카르복시비닐폴리머, 셀룰로오스유도체, 펙틴 등
	보습제	글리세린, 부틸렌글리콜, 프로필렌그릴콜, 폴리에틸렌그릴콜, 솔비톨, 생체고분자 등
	정제수	이온교환 및 역삼투압 수
	알코올	에탄올

구성 성분	종 류	대표 성분
유성 성분	유지	호호바유, 올리브유, 아몬드유, 아보카드유, 피마자유 등
	탄화수소	바세린, 유동파라핀, 스쿠알란, 세리신 등
	지방산	올레인산, 스테아린산, 미리스틴산 등
	왁스	라놀린, 밀납, 칸델릴라왁스, 카르나우바왁스 등
	합성 에스테르유	세틸옥타노에이트, 옥틸도데실 미리스테이트, 아이소세틸 미리스테이트 등
	고급알코올	세타올, 스테아릴알코올, 헥사데실알코올, 콜레스테롤 등
	기타	실리콘 유 등
계면활성제	비이온성	POE 소르비탄지방산에스테르, 모노스테아린산글리세린 등

6) 팩(Pack)

(1) 팩의 역사

팩의 역사는 고대 이집트의 파라오왕이 살았던 시대에 팩이란 용어가 처음으로 사용되었으며 클레오파트라도 진흙을 이용한 팩을 만들어 사용한 기록이 있다. 로마의 시인 오비디우스의 기록을 살펴보면 양의 털에서 얻은 라놀린이라는 기름성분에 벌꿀, 밀가루, 달걀, 바닷새의 배설물 등을 혼합하여 팩으로 사용했다고 되어있으며, 당나귀의 젖을 이용하여 팩을 네로 황제의 부인도 즐겼다고 기록 되어있다. 이후 팩은 로마인들에 의해 보급되기 시작하였으며 여러 가지의 천연재료를 사용하여 이용하는 등 점차 대중화되었으며, 천연 재료의 효능·효과에 따라 사용방법이 다양화되었다.

(2) 팩의 정의

팩(Pack)이란 '포장하다', '둘러싸다'란 의미인 패키지(Package)에서 유래되었으며 거칠어진 피부를 팩을 둘러싸듯 도포하여 촉촉하고 부드럽게 개선할 목적으로 사용하였다. 팩은 도포하고 일정시간을 방치하여 팩제 안의 유효성분이 피부에 흡수시키는 것으로 제거방법은 떼어내는 필 오프(Peel off) 타입과 씻어내는 워시 오프(Wash off) 타입의 제품이 대표적이다.

팩과 함께 마스크(Mask)란 용어도 함께 사용되고 있다. 같은 의미로 많이 사용하지만 엄밀히 보면 외부공기를 차단하는지의 여부에 따라 팩과 마스크를 구분할 수 있다. 팩은 얼굴에 도포 후 공기가 통할 수 있도록 굳어지지 않은 형태이고 마스크는 얼굴에 도포 후 딱딱하게 굳어져 외부공기를 차단하고 피부의 수분 증발을 막아 피부를 유연하게 하고 유효 성분이 피부 깊숙이 침투하도록 도와주는 역할을 한다.

(3) 팩의 효과

① 보습작용

팩을 도포한 후 피부가 외부공기와 차단되고 피부 속에서부터 발생하는 수분과 팩제가 가지고 있는 보습제, 유연제 등에 의해 각질층이 촉촉하고 유연해진다.

② 혈액순환 촉진작용

팩을 적용하는 동안 피막형성제와 분말이 건조해지면서 피부에 적당한 긴장감을 부여한다. 건조 후 일시적으로 피부의 온도가 상승하여 혈액순환을 촉진시킨다. 또한 피부의 노폐물의 배출이 원활해져 안색이 밝아진다.

③ 청정작용

팩을 적용하는 동안 피부의 피지나 노폐물이 흡착되어 팩을 제거할 때 같이 제거되므로 탁월한 청정작용을 기대할 수 있다. 팩의 종류 중에서 특히 필 오프 타입의 팩이 각질을 제거하는 효과가 우수하다. 그러나 지나치게 자주 사용할 경우 과도한 각질제거로 피부가 얇아질 수 있으므로 주 1~2회 사용하는 것이 적당하다. 건성피부나 민감성 피부처럼 피부가 얇은 경우는 필 오프 타입이 자극을 줄 수 있어 피부에 자극 없이 물로 씻어내는 워시 오프 타입의 팩을 이용하는 것이 적합하다.

(4) 팩의 종류

팩은 제거 방법에 따라 피막형성제를 제거하는 필 오프 타입의 팩과 물로 씻어내는 워시 오프 타입, 티슈로 가볍게 닦아내는 티슈 오프 타입 등으로 구분한다. 그리고 제형에 따라서 크림 타입, 젤 타입, 물과 섞어서 도포하는 분말 타입 등으로 팩이 다양한 형태로 사용되고 있다.

① 필 오프 타입(Peel off type)

필 오프 타입의 팩은 얼굴에 팩을 도포 한 후 일정 시간이 경과하여 피부의 필름막이 건조되면 떼어내는 방식이다. 팩이 건조해지는 동안 피부에 긴장감을 부여하여 탄력이 생기고, 제거할 때 피부의 각종 노폐물과 각질, 먼지 등이 함께 제거되어 피부를 깨끗하고 청결하게 하는 장점을 가지고 있다. 그러나 제거할 때 피부에 자극이 될 수 있기 때문에 건성 피부, 민감성 피부, 화농성 여드름 피부는 사용하지 않는 것이 좋다.

피막형성제는 일반적으로 폴리비닐알코올을 많이 사용하며, 보습력을 부여하기 위해 글리세린이나 부틸렌글라이콜 등의 다가알코올을 사용하며, 건조시간을 단축하기 위해 알코올을 사용하여 도포 후 빠르게 건조되도록 한다.

② 워시 오프 타입(Wash off type)

워시 오프 타입은 얼굴에 팩을 도포한 후 약 20분 정도 경과한 후 따뜻한 물을 이용하여 씻어내는 방식이다. 고령토나 진흙의 머드계열인 점토광물질을 주요 성분으로 하며 보습제와 물 등을 배합하여 만들어 진다. 머드나 클레이와 같이 점토가 함유한 팩은 피지흡착 및 각질제거 효과가 있으며, 알란토인을 함유한 팩은 패부재생과 진정 효과가 있다.

③ 티슈 오프 타입(Tissue off type)

티슈 오프 타입은 일반적으로 O/W 타입의 유화형태의 크림으로 되어 있다. 얼굴에 도포한 후 10분에서 15분 정도 경과하면 가볍게 티슈로 제거하는 방식이다. 보습력이 우수하며 사용이 간편한 장점은 있으나, 다른 타입의 팩에 비해 청량감이나 긴장감이 떨어지는 단점이 있다.

④ 시트 타입(Sheet type)

시트 타입은 얼굴전체에 덮거나, 눈 주위나 코 등의 특정 부위에 붙이는 패치(Patch) 형태로 피부에 부착한 후 20~30분 정도 경과한 후 제거하는 팩으로 사용이 간편하여 최근에 많이 사용하는 팩의 한 종류이다. 시트에 에센스처럼 고농축 유효성분이 묻어져서 나오는 제품과 시트에 유효성분이 함유되어 있어 물이나 솔루션 용액을 묻혀서 사용하는 제품 등으로 구분할 수 있다.

⑤ 분말 타입(Powder type)

분말 타입은 분말의 팩제를 물과 혼합하여 얼굴에 도포하는 형태의 팩이다. 분말 타입의 팩제는 석고 마스크, 모델링 마스크, 효소팩 등이 있다. 석고 마스크는 석고를 물과 혼합할 때 발생하는 열로 인해 피부에 혈액순환을 촉진하고 석고 마스크의 사용 전에 도포한 앰플이나 에센스의 흡수를 촉진하는 목적으로 주로 노화피부에 많이 사용하는 팩이다.

모델링 마스크는 일명 고무 마스크라고도 하는데 주요 성분인 해조에서 추출한 알긴산이 칼슘이온과 같은 양이온과 반응하여 겔처럼 변화여 굳어지면서 고무처럼 단단해 지는데 고무 마스크에 함유된 성분인 알긴산은 다시마나 미역 같은 해조류에 많이 들어 있는 끈적이는 점성을 가진 물질로 수

분을 많이 함유하고 있다.

    클렌징만으로 해결되지 않는 피지나 각종 노폐물, 각질 등을 고무 마스크를 적용하는 과정에서 마스크에 흡착되어 제거할 때 같이 제거되어 깨끗하고 촉촉한 피부를 만들어 주는 장점을 가지고 있어 피부관리를 위해 마스크팩으로 가장 많이 사용되며 모든 피부 타입에 적당한 분말 타입의 팩제이다.

⑥ 천연팩

    화장품과 마찬가지로 천연팩 역시 자신의 피부형에 알맞은 것을 선택하여 적용하는 것이 바람직하다. 천연팩은 야채나 과일, 황토, 약용식물 등의 천연 재료를 이용하여 만든 팩으로 일상생활에서 많이 볼 수 있는 먹거리를 가지고 팩제를 제조하여 사용하는데 천연팩은 사람에 따라 알러지 반응이 나타날 수 있음으로 팔 안쪽에 테스트한 후 민감한 반응이 나타나지 않을 경우 사용하는 것이 좋으며 팩의 유지시간은 약 10분에서 15분정도 유지하는 것이 적당하고 일주일에 1~2회 적용한다. 또한 팩을 제조하여 오래 두고 사용하면 변질의 우려가 있음으로 적당량을 만들어 사용하는 것이 바람직하다.

    대표적인 천연팩으로 피지와 블랙헤드 제거에 효과적인 달걀흰자와 밀가루, 꿀을 이용한 달걀팩은 단백질과 수분으로 이루어져 있기 때문에 건조한 피부 보습에도 효과적이고 세정력이 강해 모공 속 노폐물과 블랙헤드를 제거할 수 있다.

    보습과 모공수축에 도움이 되는 천연팩은 녹차를 이용한 팩으로 피부를 맑아지게 하는 효과가 있다. 또한 노화방지에는 초콜릿의 원료인 카카오분말에 꿀을 넣어 사용하면 좋으며 피부미백에는 감자팩을 이용하면 피부 진정기능뿐만 아니라 화이트닝 효과 역시 뛰어나다.

    이외에도 각종 영양소가 함유된 천연재료들을 이용한 팩은 가정에서 쉽게 이용할 수 있기 때문에 피부개선에 도움을 준다.

미용인을 위한
화장품학

PART 05
기능성화장품

CHAPTER 01 • 기능성화장품의 정의와 현황
CHAPTER 02 • 기능성화장품의 종류
CHAPTER 03 • 맞춤형화장품
CHAPTER 04 • 컬러와 메이크업
CHAPTER 05 • 모발화장품
CHAPTER 06 • 바디화장품
CHAPTER 07 • 방향화장품
CHAPTER 08 • 아로마오일

CHAPTER 01 | 기능성화장품의 정의와 현황

1. 기능성화장품의 정의

경제가 발전하고 사회의 다양화로 인해 사람들의 가치관과 생활방식이 끊임없이 변화되고 있다. 특히 의식수준과 소득수준 등이 상승하면서 미에 대한 관심 또한 상승하면서 약이 가지고 있는 효능과 화장품의 기능을 접목한 기능성화장품에 관심이 증가하고 있다.

기능성화장품은 의약품과 화장품의 중간적인 성격을 갖는 제품으로 피부에 생화학적 작용을 하는 성분들을 포함하고 있어 화장품에 비해 효과는 우수하지만 의약품보다는 피부에 대한 작용이 경미하다. 외부환경으로부터 피부를 적극적으로 보호하여 신체의 위화감이나 불쾌감 등을 방지하기 위해 사용되며, 일반화장품이 안전성을 더 우선시하는데 비해서 기능성화장품은 안전성뿐만 아니라 유효성에도 초점을 두고 있으며 구체적인 효과나 효능이 강조된 의약적인 성격에 피부에 대한 안전성이 강조된 화장품적인 의미를 동시에 가지고 있다.

피부에 질환이나 염증이 없는 건강한 피부의 상태를 그대로 유지시켜 피부에 발생하는 이상이나 노화를 지연시키거나 예방, 개선할 목적으로 사용하거나, 신체의 위화감 및 불쾌감 등을 방지하기 위해서 사용하는 것이며, 인체에 대한 작용이 경미한 화장품을 말하며 화장품과 의약품의 사이에 존재하면서 안전성과 유효성이 향상된 제품으로 이해할 수 있다.

기능성화장품이란 일반적으로 인체의 세정과 미용 목적 외에 특수한 기능이 부여된 화장품으로 인체의 특정 부위나 일부분에 적용하는 의약품과 달리 전체를 대상으로 장기간 사용하여도 부작용 없이 안전해야 한다. 과거에는 미백, 주름개선, 피부를 곱게 태우거나 자외선으로부터 피부를 보호하는 제품이 기능성 화장품에 해당되었으나, 2017년 5월 30일부로 「화장품법」 제2조 기능성화장품의 정의를 보면 품목이 확대되어 모발의 색상변화(염모), 모발의 제거(제모), 피부나 모발의 기능 약화로 인해 발생하는 각질화, 건조함, 갈라짐, 빠짐 등을 방지 및 개선하는데 도움을 주는 제품 등이 기능에 포함되었다.

식품의약품안전처의 「화장품법」의 시행규칙 제2조의 기능성화장품의 범위는 다음과 같이 규정하였다.

1. 피부에 멜라닌색소가 침착하는 것을 방지하여 기미·주근깨 등의 생성을 억제함으로써 피부의 미백에 도움을 주는 기능을 가진 화장품
2. 피부에 침착된 멜라닌색소의 색을 엷게 하여 피부의 미백에 도움을 주는 기능을 가진 화장품
3. 피부에 탄력을 주어 피부의 주름을 완화 또는 개선하는 기능을 가진 화장품
4. 강한 햇볕을 방지하여 피부를 곱게 태워주는 기능을 가진 화장품
5. 자외선을 차단 또는 산란시켜 자외선으로부터 피부를 보호하는 기능을 가진 화장품
6. 모발의 색상을 변화[탈염(脫染)·탈색(脫色)을 포함한다]시키는 기능을 가진 화장품. 다만, 일시적으로 모발의 색상을 변화시키는 제품은 제외한다.
7. 체모를 제거하는 기능을 가진 화장품. 다만, 물리적으로 체모를 제거하는 제품은 제외한다.
8. 탈모 증상의 완화에 도움을 주는 화장품. 다만, 코팅 등 물리적으로 모발을 굵게 보이게 하는 제품은 제외한다.
9. 여드름성 피부를 완화하는 데 도움을 주는 화장품. 다만, 인체세정용 제품류로 한정한다.
10. 피부장벽(피부의 가장 바깥 쪽에 존재하는 각질층의 표피를 말한다)의 기능을 회복하여 가려움 등의 개선에 도움을 주는 화장품
11. 튼살로 인한 붉은 선을 엷게 하는 데 도움을 주는 화장품

※ 출처: 식품의약품안전처

「화장품법」 제4조의 기능성화장품의 심사는 기능성 화장품을 제조 또는 수입하여 판매하려는 화장품제조업자, 화장품책임판매업자는 품목별로 안전성 및 유효성에 관한 심사의뢰서를 작성하여 식품의약품안전처장의 심사를 받거나 보고서를 제출하여야 한다.

기원 및 개발 경위에 관한 자료, 안전성에 관한 자료, 유효성 또는 기능에 관한 자료, 자외선 차단 제품은 자외선 차단지수 및 자외선 A 차단 등급 설정의 근거자료, 기준 및 시험방법에 관한 자료를 제출하여 심사를 받아야 한다. 단, 보고서 제출 대상은 기능성 심사를 받지 아니하고 식품의약품안전평가원장에게 보고서를 제출하여야 한다.

또한, 제품의 효능과 효과를 나타내는 성분과 함량, 효능 및 효과, 용법·용량, 기준 및 시험방법이 고시한 품목과 같은 기능성화장품, 그리고 이미 심사를 받은 기능성화장품과 효능·효과를 나타나게 하는 원료의 종류와 규격 및 함량, 효능·효과, 용법·용량, 기준 및 시험방법, 제형이 모두 같은 품목이다.

2. 기능성화장품의 현황

과거에는 화장품을 선택하는 요인은 브랜드에 대한 인지도였다면 서서히 화장품이 가지고 있는 기능성과 목적성으로 변화하고 있는 경향을 보이고 있으며, 환경호르몬과 유전자변형에 따른 화장

품 성문에 대한 문제점들이 지속적으로 대두되면서 소비자가 원하는 욕구에 맞춰 피부개선과 노화 방지 등의 기능성 효과가 우수한 소재들이 꾸준히 개발되고 있다.

하지만, 기능성화장품의 주요원료였던 많은 소재의 안전성 문제에 따라 점차 줄어들면서 효과성과 안전성을 동시에 만족하는 원료가 현재까지는 많지 않은 것으로 파악되며, 식품의약품안전처(식약처)에서 관리하는 소재들도 화장품에 사용가능한 함량이 제한되는 추세이다. 이러한 문제로 인해 화장품 원료에 유효성과 안전성을 확보하고자 「화장품법」 제4조에서는 기능성화장품에 대해서 식약처에 유효성 및 안전성 심사를 받거나 그 원료의 성분에 관한 규격 및 안전성 심사를 받는 것을 규정하고 있다.

식약처에서 발표한 2020년 상반기의 기능성화장품의 심사, 보고 현황 통계인 표를 보면, 올해 상반기 기능성화장품 심사, 보고 건수는 총 8,348건으로 그중 심사 건수는 411건, 보고 건수는 7,937건이다. 올해 상반기 심사 건수 가운데 국내 제조제품의 심사 건수는 311건, 수업제품의 심사 건수는 100건으로 수입 건수에 비해 3배 이상 많다. 보고 건수도 국내 제조제품이 7,551건으로 수입 제품은 386건으로 국내 제조제품 보고 건수가 월등히 많은 것을 볼 수 있다.

2020년 상반기 기능성화장품 심사, 보고 품목 건수 현황

구 분	심 사		보 고		총 계
	제조	수입	제조	수입	
품목수	311	100	7,551	386	8,348
총 계	411		7,937		

※ 출처: 식품의약품안전처

2020년 상반기 기능성화장품의 기능성 효능별 심사 건수 현황은 다음 표와 같다. 기능성 효능별 심사건수 현황을 보면 단일 기능성화장품이 277건으로 가장 많으며, 그 다음으로 삼중 기능성화장품이 104건, 이중 기능성화장품 30건으로 나뉜다. 단일 기능성화장품의 심사 건수 중에서 자외선 차단이 159건으로, 전체의 57.4%로 가장 많은 부분을 차지했다.

2020년 상반기 기능성화장품 기능성 효능별 심사 건수 현황

기능	종류	심사 건수	비율(%)
단일기능성	미백	5	1.8
	주름개선	7	2.5
	자외선차단	159	57.4
	염모(탈염, 탈색 포함)	39	14.1
	제모(체모의 제거)	1	0.4
	탈모증상의 완화에 도움	39	14.1
	여드름성 피부 완화에 도움	27	9.7
	튼살로 인한 붉은 선을 엷게 하는데 도움	0	0.0
	소 계	277	100
이중기능성	미백 + 주름개선	18	60.0
	미백 + 자외선	6	20.0
	주름개선 + 자외선	6	20.0
	소 계	30	100
삼중기능성	미백 + 주름개선 + 자외선	104	100
	총 계	411	100

※ 출처: 식품의약품안전처

2020년 상반기 기능성 효능별 보고 건수는 표에서 보는 것처럼 단일 기능성화장품이 3,817건으로 가장 많으며, 다음으로 이중 기능성화장품이 2,923건, 삼중 기능성화장품이 1,197건이다. 단일 기능성화장품 효능보고 건수는 염모제품이 1,068건으로 가장 많으며 다음으로 주름개선이 1,007건으로 두 번째로 많은 것을 볼 수 있다. 반면 제모에 도움을 주는 제품의 보고건수는 18건으로 0.5%에 불과하고, 튼살로 인해 붉은 선을 엷게 하는데 도움을 주는 제품에 대한 심사와 보고는 2020년 상반기에는 한 건도 없는 것을 볼 수 있다.

2020년 상반기 기능성화장품 기능성 효능별 보고 건수 현황

기능	종 류	고시품목 (1호)	기심사품목 (2호)	고시+기심사 (3호)	총계	비율 (%)
단일기능성	미백	544	10	0	554	14.5
	주름개선	906	101	0	1,007	26.4
	자외선차단	0	634	0	634	16.6
	염모(탈염, 탈색 포함)	1,008	60	0	1,068	28.0
	제모(체모의 제거)	18	0	0	18	0.5
	탈모증상의 완화에 도움	0	464	0	464	12.2
	여드름성 피부 완화에 도움	0	72	0	72	1.9
	튼살로 인한 붉은 선을 엷게 하는데 도움	0	0	0	0	0
	소 계	2,476	1,341	0	3,817	100
이중기능성	미백 + 주름개선	2,708	136	0	2,844	97.3
	미백 + 자외선	0	35	6	41	1.4
	주름개선 + 자외선	0	36	2	38	1.3
	소 계	2,708	207	8	2,923	100
삼중기능성	미백 + 주름개선 + 자외선	0	1,180	17	1,197	100
	총 계	5,184	2,728	25	7,937	100

※ 출처: 식품의약품안전처

CHAPTER 02 | 기능성 화장품의 종류

1. 미백 화장품

1) 피부 색

사람의 피부색을 결정하는 것은 멜라닌과 카로틴, 헤모글로빈의 양과 피부의 수화도, 피부 두께, 반사각도, 혈중 산소량, 혈류량 등에 의해 결정된다. 그리고 성별, 연령, 인종 등에 따라서도 다르며 같은 사람이라도 신체 부위에 따라 다르며 계절, 스트레스, 건강상태에 따라서도 달라지는 것을 볼 수 있다. 그 중 피부색을 결정하는 중요한 요인은 멜라닌의 양이다.

피부에 존재하는 색소형성세포의 수는 거의 일정하지만 멜라닌 양의 분포도가 다르기 때문에 인종간의 피부색이 달라지는 것이다.

멜라닌은 피부의 표피 가장 아래층인 기저층에 위치한 색소형성세포(melanocyte)에서 만들어지며 멜라닌은 피부에서 발생하는 활성산소를 제거하고, 자외선이 투과되는 것을 막아 피부 깊숙한 곳까지 보호하는 역할을 한다.

멜라닌을 아미노산의 일종인 티로신(Tyrosine)에 의해서 시작하고 티로신은 멜라닌세포에서 효소인 티로시나아제(Tyrosinase)에 의해서 산화되어 도파(DOPA)로 변하고, 도파 또한 티로시나아제에 의해 산화되어 도파퀴논(DOPA quinone)으로 변한다.

도파퀴논은 자동 산화반응을 거쳐 갈색에서 검정색까지 어두운 색을 나타내는 유멜라닌(Eumelanin)을 형성하게 되는데 이러한 도파퀴논이 시스테인(cysteine)을 만나면서 시스테이닐도파(SysteinylDOPA)를 형성하고 그 결과 노란색에서 붉은색까지의 밝은 색을 나타내는 페오멜라닌(Pheomelanin)이 만들어진다.

이렇게 생성된 멜라닌은 멜라노좀(melanosome)에 의해 각질형성세포로 이동한다. 수지상돌기 모양을 가지고 있는 멜라닌 세포 내에 존재하는 멜라노좀은 멜라닌 합성이 이루어지는 곳으로 이 멜라노좀은 돌기를 따라 멜라닌세포의 수지의 끝 부분으로 이동하고 마지막으로 각질형성세포에게 멜라닌을 이동시킨다. 각질형성세포는 턴오버(turn over)에 따라 피부 표면으로 이동하게 되면 각질층에 쌓여있다가 최종적으로 분리되어 탈락하게 된다.

멜라닌 합성과정

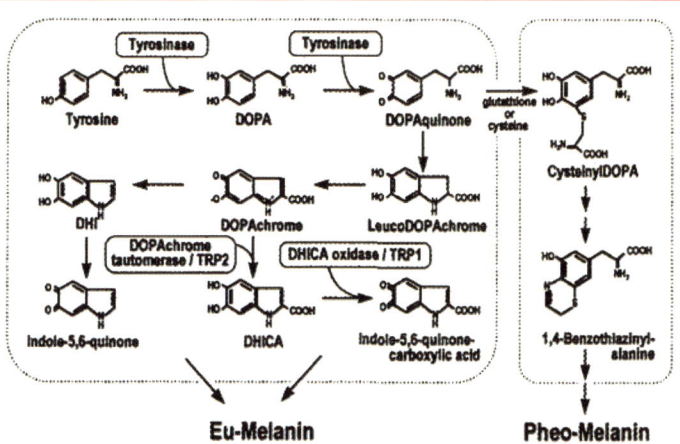

2) 미백 화장품의 기본원리

미백 화장품은 자외선에 의해 생성되는 기미나 주근깨 등을 완화하고 멜라닌 색소의 생성을 감소시키기 위한 목적으로 개발된 화장품으로 피부색에 영향을 주는 멜라닌 색소를 어떻게, 얼마나 조절하느냐에 따라 미백효과가 달라진다.

즉, 미백 화장품은 색소형성세포에서 이루어지는 멜라닌 생성 과정에서 특정부분을 억제하거나 저해해서 멜라닌이 만들어지는 양을 줄이거나 이미 생성된 멜라닌을 다시 환원시키거나 멜라닌을 포함한 쌓여있는 각질을 제거하여 외부로 배출시키는 방법을 이용하고 있다.

(1) 자외선 차단

태양의 빛은 가시광선, 자외선, 적외선 등으로 구성되어 있고 이중 자외선은 태양광선의 스펙트럼 중 가시광선 보다 짧은 파장을 가진 광선을 말한다. 적당한 햇볕은 인체에 비타민D를 형성해 신체적 건강뿐만 아니라 정신적 건강에도 영향을 미칠 수 있지만 과도한 자외선 노출 시 피부노화를 발생시킬 수 있음으로 주의해야 한다.

자외선을 차단하는 것은 피부의 노화 예방뿐만 아니라 잡티, 기미 등의 미백관리에도 중요한 역할을 하게 되는데 인체의 일부가 자외선에 노출 될 경우 자외선 차단제는 UV A와 UV B를 산란시키거나 흡수시킴으로써 멜라닌의 생성을 억제하여 색소 침착 없이 깨끗한 피부를 유지하도록 도와주는 것으로 자외선 차단성분이 함유되어 있는 차단제는 기능성화장품으로 분류되며 이는 미백 화장품의 보조 성분으로 배합되고 있다.

(2) 멜라닌을 생성하는 자극 신호 전달 조절

세포는 외부와 신호교환을 하는데 있어서 세포막에 존재하는 수용체(Receptor)를 이용한다. 멜라닌 세포도 신호교환을 위해서 수용체를 이용하는데, 멜라닌을 생성하는 과정은 정상 세포와는 달리 외부에서 균형된 신호가 전달됨으로 인해서 발생하는 것으로 보고 있다.

일차적으로 자외선은 피부의 최외각 층인 각질층에 존재하는 각질형성세포를 자극하여 색소형성세포 자극 호르몬인 α-MSH(α-melanocyte stimulating hormone)의 합성을 유발하여 세포외부로 분비시킨다. 분비된 호르몬은 색소형성세포를 활성화시켜 멜라닌 합성에 관련하고 있는 신호전달체계를 유발시킨다. 즉, 멜라닌 세포가 멜라닌을 합성하는 것도 외부의 자극에 의한 α-MSH 합성이 멜라닌 세포로의 신호 전달로 인해 일어난다고 볼 수 있다. 멜라닌 세포에게 멜라닌 합성을 명령하는 신호전달물질들을 조절하여 멜라닌의 생성을 억제한다.

(3) 티로시나아제의 저해 및 활성 억제

  티로신의 산화를 촉진시키는 촉매제 역할을 하는 티로시나아제의 활성 부위에는 구리 이온이 함유되어 있다. 이것을 제거하면 티로신이 티로시나아제 효소의 활성부위에 작용할 수 없게 되므로 멜라닌 생성에 방해를 받게 된다. 현재 티로시나이제 활성을 저해하거나 억제하여 멜라닌 생성을 억제하는 효과를 가진 미백 원료는 알부틴, 코직산, 닥나무 추출물, 감초추출물 등이 대표적인 성분이다.

(4) 멜라닌 환원

  티로신의 산화반응을 억제시킴으로써 멜라닌 색소가 생성되는 것을 억제하거나 유멜라닌이 페오멜라닌으로 만들어지도록 유도한다. 도파퀴논과 시스테인(Cysteine)이 만나면 시스테이닐도파(Cysteinyl DOPA)가 형성되고 그로인해 페오멜라닌이 만들어짐으로 유멜라닌보다 밝은 색의 페오멜라닌으로 환원시킬 수 있는 것이다. 멜라닌을 환원시키는 역할을 하는 성분은 글루타치온(Glutathione)이 있으며, 도파퀴논을 도파로 환원시켜서 멜라닌 합성을 저해하는 대표적인 성분은 비타민 C와 그 유도체들이 있다.

(5) 각질박리 촉진

  각질은 일반적으로 28일의 각화주기(Turn over)를 가지고 있는데 각화주기가 비정상적으로 늘어나게 되면 멜라닌 색소 역시 각질과 함께 침착이 된다. 그러므로 각질을 박리하여 피부의 각화주기를 촉진시켜 각질층에 함유된 멜라닌 색소를 각질과 함께 제거한다.

미백 화장품 작용원리에 따른 주요 성분

작용원리	주요 성분
자외선 차단	에칠헥실메톡시신나메이트, 티타늄디옥사이드, 징크옥사이드 등
멜라닌생성 자극신호 전달 조절	카모마일 추출물, 이멜린(immelin)
티로시나아제 활성저해 및 억제	알부틴, 코직산, 상백피추출물, 닥나무추출물, 감초 추출물 등
멜라닌 환원	글루타치온, 비타민 C 및 유도체
각질 박리 촉진	AHA, 살리실산, 아젤라인산, 각질분해효소 등

티로시나아제 활성저해 및 억제

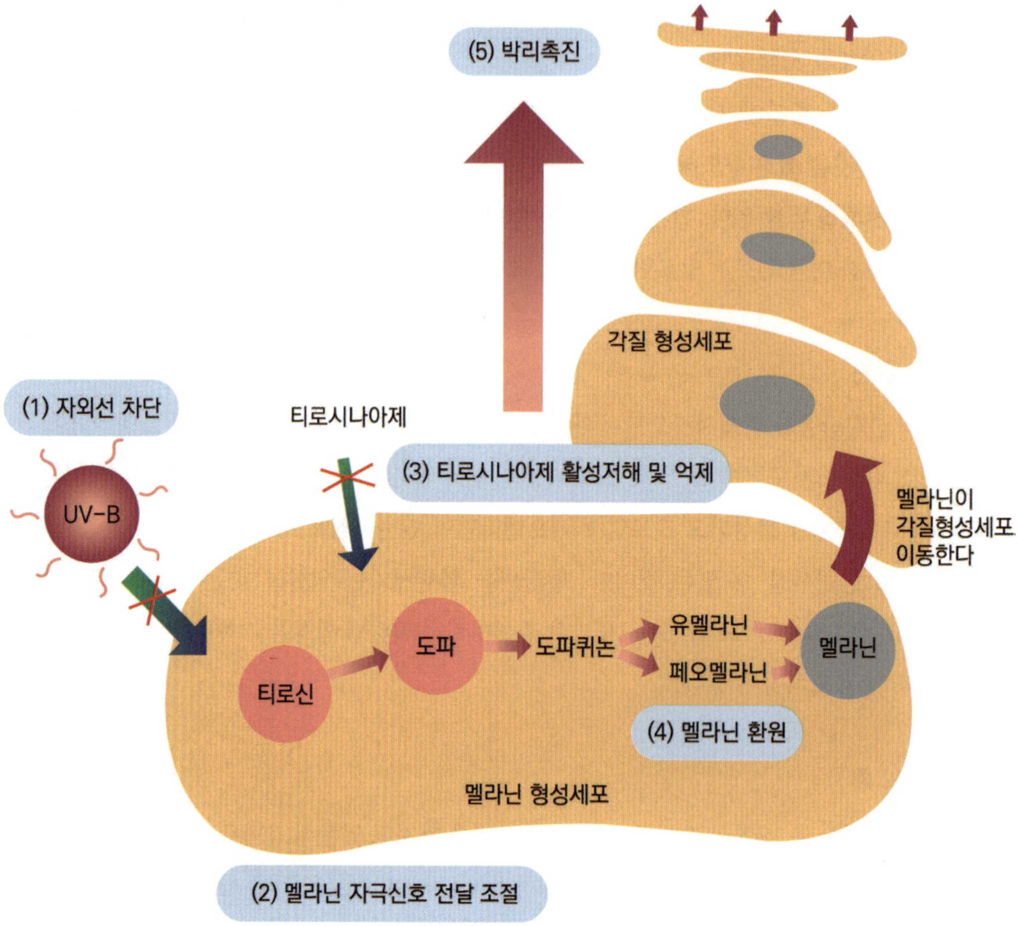

3) 미백 화장품의 주요 성분

(1) 식약처 고시원료

현재 식약처에 고시된 미백 화장품의 기능성 원료는 티로시나아제 활성 억제에 대한 효능을 가지고 있는 알부틴과 닥나무 추출물, 유용성 감초 추출물, 알파 비사보롤과 티로신의 산화에 작용하는 에칠아스코빌에텔, 아스코빌글루코사이드, 마그네슘아스코빌포스페이트, 아스코빌테트라이소팔미테이트와 멜라닌의 이동을 억제하는 나이아신아마이드로 총 9종이 있다.

이 성분들은 고시된 농도를 사용할 경우에는 안전성과 유효성 심사 자료의 제출이 면제되고 보고만으로 기능성화장품 등록이 가능하다.

미백 기능성 고시원료 및 함량

번호	성분명	함량
1	닥나무추출물	2%
2	알부틴	2~5%
3	유용성감초추출물	0.05%
4	알파-비사보롤	0.5%
5	에칠아스코빌에텔	1~2%
6	아스코빌글루코사이드	2%
7	마그네슘아스코빌포스페이트	3%
8	아스코빌테트라이소팔미테이트	2%
9	나이아신아마이드	2~5%

① 닥나무 추출물(Mulberry extracts)

닥나무 추출물 화학구조

닥나무는 쌍떡잎식물 쐐기풀목 뽕나무과의 식물로서 우리나라는 예로부터 전통한지의 원료로 사용되어 왔으며 한지를 만드는 장인의 손이 유난히 하얀 것을 보고 개발하게 된 원료이다. 닥나무 추출물은 티로시나아제의 활성을 저해하여 멜라닌 색소가 침착되는 것을 막아주며 기미, 주근깨 등의 생성을 억제하는 효과가 탁월하다.

② 알부틴(Arbutin)

알부틴 화학구조

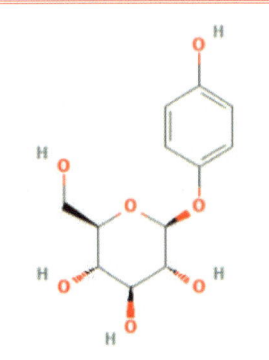

알부틴은 월귤나무, 블루베리, 베어베리 등에서 추출한 하이드로퀴논(Hydroquinone)과 포도당(글루코스)을 합성한 것으로 하이드로퀴논 배당체(Hydroquinone glucose)라고도 한다.

알부틴은 본래 천연 성분으로 구분되지만 요즘은 합성으로 알부틴을 만들 수 있어 화장품에 사용하는 화장품의 거의 대부분 합성으로 만들어져 백색의 분말 형태로 존재하며 멜라닌 생성을 촉진하는 티로시나아제의 활성을 억제하는 효과를 가지고 있고 이러한 알부틴은 포도당의 위치에 따라 알파 알부틴과 베타 알부틴으로 나뉜다.

기본적으로 알부틴이라 함은 베타 알부틴을 말하는데 알파 알부틴은 미백에 대한 효과가 베타 알부틴보다 10배 우수하고 효소 반응이 강하지만 안정성이 떨어지기 때문에 식약청 기능성 원료 고시에는 알부틴 베타만 해당된다. 알부틴의 장점은 비교적 피부에 적용했을 때 안전하며 안정도가 우수한 것이며, 단점은 효과가 상대적으로 봤을 때 미비하고 피부 투과도가 낮은 것이다.

③ 비타민 C(Ascorbic acid)와 유도체

비타민 C 화학구조

비타민 C는 Ascorbic acid라고도 하며, 주로 감귤, 레몬, 메론, 양배추, 감자 등의 신선한 채소와 과일에 많이 함유되어 있는데, 결합형 아스코르비겐(Ascorbigen)은 어패류에도 함유되어 있으며 생체 조직 중에서는 환원형 L-아스코르브산으로 존재하고 있다.

비타민 C는 강한 환원제로써 수산화 반응의 보조인자로 작용하며, 콜라겐을 합성할 때 프롤린(Proline)이 하이드록신프롤린(Hydroxyproline)으로 전환하는 것을 도와줌으로써 콜라겐의 합성을 촉진시킨다. 또한 미백제와 항산화제로 사용되는데 수용성인 비타민 C는 안전성은 우수하지만, 안정성은 좋지 않아 수용액에서 쉽게 산화되어 색상이 변하는 갈변현상뿐만 아니라 피부 투과의 어려움이 있어서 화장품의 원료로 사용할 때에는 안정화와 투과율을 목적으로 각종 유도체와 합성하여 사용되고 있다.

비타민 C와 유도체(Ascorbyl magnesium phosphate, Ascobyl starate, Ascorvyl palmitate)는 멜라닌을 생성하는 효소인 티로시나아제 반응에서 2가지 작용을 하는데 하나는 멜라닌의 중간체인 도파퀴논을 환원하여 멜라닌 생성을 억제하고, 또 하나는 진한색 산화형 멜라닌을 환원하여 엷은색 환원형 멜라닌으로 만드는 작용을 한다.

④ 나이아신아마이드(Niacinamide)

나이아신아마이드 화학구조

나이아신아마이드는 일명 니코틴아마이드라고 하는 수용성 비타민 B3의 일종으로 멜라닌은 색소형성세포에서 합성된 후 멜라닌을 함유한 멜라노좀이 수상돌기를 통해 각질형성세포로 전달하여 피부 표면까지 멜라닌을 이동시키게 되는데, 나이아신아마이드는 색소형성세포에서 각질형성세포로 멜라닌 즉 색소의 이동을 감소시키는 역할을 한다.

⑤ 알파-비사보롤((-)-alpha bisabolol)

알파-바사보롤 화학구조

알파-비사보롤은 칸데이아 나무(Vanillosmopsis erythropoppa schult)의 잎과 가지를 분별 증류하여 추출한 성분으로 비사보롤, 레보네몰 등으로도 불립니다. 알파-비사보롤은 세포 내 티로시나아제의 활성을 억제해 멜라닌의 합성을 저해하는 작용을 한다.

3. 주름개선 화장품

1) 노화의 정의

노화란 시간이 지남에 따라, 나이가 들어감에 따라 자연적으로 나타나는 신체의 구조적·기능적인 퇴행성 변화를 말한다. 이는 생리적 현상과 내적 원인에 의해서 나타나는 자연노화인 내인성 노화(Intrinsic aging)와 자외선과 같은 주변 환경이나 생활 습관 등의 다양한 외적인 원인에 장시간 노출되어 피부의 노화가 진행된 외인성 노화(Extrinsic aging)로 구분하게 되는데 외인성 노화는 자외선에 의한 노화가 거의 대부분이기 때문에 광노화(Photoaging)라고도 한다.

내인성 노화는 각질세포간 지질을 구성하는 세라마이드(Ceramide)의 함유량과 천연보습인자의 구성성분인 아미노산의 함유량이 서서히 감소되어 피부가 건조해진다. 또한 피부의 진피층에 존재하는 콜라겐(Collagen)과 엘라스틴(Elastin)의 합성능력이 감소하여 피부가 얇아지고 탄력성 또한 감소하게 된다.

외인성 노화는 주변환경이나 생활습관 등의 외적 영향을 받아서 나타나는 노화를 말하는데 주로 일광, 더위, 추위, 공해, 미세먼지, 흡연, 바람 등에 의해서 일어나며 특히 오랜 시간에 걸쳐 지속적으로 햇빛에 과다노출이 되면 피부가 자외선에 대한 보호작용을 하기 위해 각질층이 두꺼워지는 과각질화 현상이 나타난다. 일광에 오래 노출된 농부나 어부 등 바깥 활동을 많이 하는 직업군의 피부를 보면 딱딱하고 뻣뻣하면서 깊은 주름을 동반한 것을 볼 수 있다.

주로 이렇게 햇빛에 노출되면서 피부가 조직학적 변화를 일으키는 것을 광노화라고 하며 외인성 노화를 대표하기도 한다. 이러한 외적인 요인에 의한 노화는 나이가 들어감에 따라 나타나는 생리학적 노화, 즉 내인성 노화를 촉진시키는 요인이 된다.

노화의 원인을 살펴보면 여러 가지 학설로 나누어지는데 자유라디칼(Free radical) 이론, 유전자

프로그램(DNA program) 이론, 말단소립자(Telomere) 이론, 자가면역(Autoimmune) 이론, 미토콘드리아(Mitochondria) 이론, 교차결합(Crosslink) 이론 등이 있다.

노화에 관한 여러 가지 학설을 검토해 보면 서로 타당한 부분은 있으나 결정적으로 중요한 증거가 부족하여 아직 정설로 인정받는 학설은 없다. 결국 노화란 하나의 이론 즉, 원인이 아니라 여러 원인이 복합적으로 나타나는 현상이기 때문이다.

내인성 노화와 외인성 노화

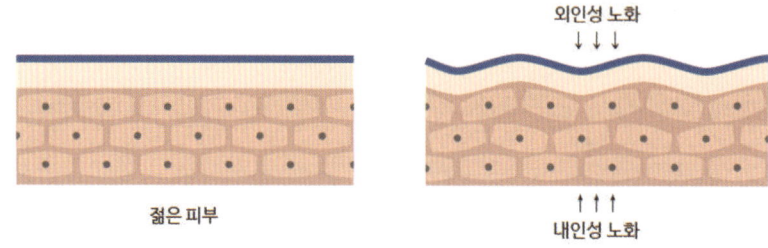

자연노화와 광노화 비교

구분	항 목	자연 노화	광 노화
표피의 변화	표피 두께	얇아짐	두꺼워짐
	각질형성세포(Keratinocyte)	규칙적 세포배열 위축됨	불규칙적 세포배열 비대해짐
	각질층	일반적인 세포층	세포층이 많아짐
	색소형성세포(Melanocyte)	세포수 감소	세포수 증가
진피의 변화	모세혈관	정상적인 혈관	모세혈관 확장증 관찰
	섬유아세포	감소, 불활성화	증가, 활성의 증가
	교원섬유	섬유 속이 굵고 방향성이 없음	섬유 속과 섬유가 급격히 감소
	탄력섬유	섬유의 규칙적 배열	변성된 부정형의 덩어리 형성

2) 주름발생의 원인과 과정

나이가 들어감에 따른 자연적 노화나 자외선이나 산화, 건조로 인해 노화가 진행되면 섬유아세포의 수와 기능이 감소하고 콜라겐의 감소 및 변성, MMP(Matrix metalloproteinase)s 증가, 항산화 시스템의 손상 등이 일어나게 된다.

이러한 여러 노화현상이 진행되면 각질형성세포의 기능이 저하되고 피부의 천연보습인자와 지질이 감소되어 표피가 위축되는 증상이 발생하여 변화가 일어나고 탄력이 감소되어 가는 주름과 굵은 주름이 발생한다. 이는 표피와 진피의 경계부가 약화되면서 피부의 매트릭스 분해 및 변성된 엘라스틴의 축적, 단백질의 당화가 증가하여 발생하게 된다.

3) 주름개선 화장품의 원리

주름과 연관된 피부의 생리적 변화 중 하나가 진피에 존재하는 섬유아세포의 증식이 감소되는 것으로 섬유아세포의 증식이 감소되면 콜라겐 합성이 줄어들게 되고 이것은 외부인자에 대한 방어력이 약화되는 현상으로 이어져서 주름이 생성되는 것을 촉진하게 된다.

따라서 주름개선 화장품에 주로 사용하는 성분은 섬유아세포의 성장을 촉진시키는 물질, 섬유아세포의 콜라겐 합성을 촉진시키는 물질, 활성산소인 프리라디칼을 제거하는 물질 등이 있으며 대표적인 물질은 레티노이드(Retinoid)이다.

레티노이드는 비타민A와 그 유도체를 총칭하는 것으로 레티놀, 레티놀산, 레틴알데히드 등이 포함되는데 이러한 레티노이드는 피부세포 분화, 촉진을 비롯하여 교원섬유와 탄력섬유 같은 단백질 생합성에도 중요한 역할을 한다. 즉, 피부세포 내에 존재하는 세포핵의 유전자(DNA)로 하여금 mRNA(Messenger RNA, 전령리보핵산)를 발현시켜 콜라겐의 생성과 합성을 촉진시킴으로 주름이 감소하고 피부의 탄력을 증가시킨다.

4) 주름개선 화장품의 주요 성분

(1) 식약처 고시원료

현재 식약처에 고시된 피부의 주름개선에 도움을 주는 기능성 원료는 레티놀과 레티닐팔미테이트, 아데노신 그리고 폴리에톡실레이티드레틴아마이드이며 식약처에 고시된 농도로 사용할 경우 안전성과 유효성 또는 기능에 관한 심사 자료의 제출이 면제된다.

주름개선 기능성 고시원료 및 함량

번호	성분명	함량
1	레티놀	2,500 IU/g
2	레티닐팔미테이트	10,000 IU/g
3	아데노신	0.04%
4	폴리에톡실레이티드레틴아마이드	0.05~0.2%

① 레티놀(Retinol)

레티놀 화학구조

레티노산의 전구물진인 비타민 A 유도체로 처음에는 레티노산을 이용하여 여드름 치료제의 성분으로 사용하였으나 여드름을 치료과정 중 이 물질이 주름개선과 미백에도 효과가 있는 것을 발견하고, 추후 많은 연구를 통해 레티노산의 대용으로 레티놀을 개발하여 사용하게 되었다. 레티놀은 레티노산에 비해 약효가 약 10~20배가 약하지만 피부에 안전한 안전성을 인정받아 화장품성분으로 많이 사용하고 있다.

레티놀은 피부에 침투한 후 천천히 레틴산으로 변화하여 작용하는데 콜라겐 생성 촉진, 각질형성 세포의 증식 촉진, 히알루론산 생성을 촉진하고 표피의 두께 증가와 MMP 생성 억제 그리고 진피 내 섬유를 정상화시키는 등의 효과를 나타내며 주름을 개선시키고 탄력을 증대시켜 주름개선 효과를 나타내기도 한다.

피부에 대한 자극이 적은 편이지만 다른 유도체들에 비해 공기, 열, 빛에 의해 쉽게 산화되는 불안정한 성질이 있어 특별한 안정화 기술을 필요로 하는 원료로서 레티놀 성분을 함유한 화장품은 자외선에 노출되었을 때 피부에 광 과민 반응이 일어날 수 있으므로 주로 밤에만 사용하도록 하여야 한다.

처음 사용하는 사람들은 레티놀이 함유한 화장품을 사용 할 때 점차 사용주기를 늘려 사용하는 것이 바람직하며 피부에 특별한 반응이 없을 때 조금씩 주기를 당겨서 바르다가 최대 하루에 한 번씩 사용하도록 한다. 민감성 피부는 레티놀 성분에 피부는 민감하게 반응할 수 있으므로 패치테스트 등을 통해 안전한지 확인 후 사용하도록 권고한다.

② 레티닐 팔미테이트(Retinyl palmitate)

레티닐 팔미테이트 화학구조

레티놀은 효능 및 효과는 우수하지만 불안정하여 열, 공기, 빛에 의해 변질이 잘 되고 보관이 어려워 레티놀 유도체인 레티닐 팔미테이트를 대체해서 사용하는데 안전성과 안정성이 우수한 대신 흡수성이 떨어지는 단점을 가지고 있지만, 레티닐 팔미테이트는 피부 세포의 활성화를 통해 세포재생, 각질형성의 개선 등을 통해 주름개선 및 완화에 도움을 주며 교원섬유인 콜라겐과 탄력섬유인 엘라스틴의 합성을 촉진시켜 매끈하고 탄력 있는 피부로 가꾸어 준다.

이러한 레티닐 팔미테이트는 에스터화된 비타민 A 중 가장 안정성이 높으며 피부에 흡수되면 에스테라아제(Esterase)에 의해 분해되면서 레티놀을 거쳐 레티노산으로 대사되어 피부에 효과, 효능을 발휘하게 된다.

③ 아데노신(Adenosine)

아데노신 화학구조

아데노신은 체내에 APT를 구성하는 성분으로 세포의 성장과 분화 및 항상성에 관여하는 것으로 생명 유지 활동에서 중요한 역할을 수행한다. 이러한 아데노신은 세포 내에 자연적으로 존재하기 때문에 피부 속으로 잘 침투하는 특징을 가지고 있다. 효능을 살펴보면 진피층의 섬유아세포 증식을 강화하고 DNA와 콜라겐 합성을 촉진하고 단백질의 합성을 증가 및 세포의 크기를 증가시켜서 진피 세포를 파괴하는 것과 노화로 생성되는 주름을 개선시켜 준다.

아데노신의 가장 큰 장점은 레티놀의 단점인 안정성을 보안했다는 것으로 밤에만 사용해야 하는 레티놀의 안정성을 개선하여 밤과 낮에 모두 안전하고 안정적으로 사용이 가능하도록 개선하여 피부에 대한 자극이 적으며 안정성이 우수한 성분이다.

④ 폴리에톡실레이티드레틴아마이드
(Polyethoxylated retinamide)

폴리에톡실레이티드레틴아마이드 화학구조

폴리에톡실레이티드는 일명 메디민 A라고 하는 비타민 A 유도체로 국내에서 개발된 성분으로 레티놀보다 안정적이고 피부 흡수율이 우수하여 생체 이용율이 향상되는 안전하고 새로운 노화억제 물질이지만 아직까진 전 세계적으로 광범위하게 인정된 성분은 아니다.

메디민 A는 레티노익산을 폴리에칠렌글라이콜(PEG)과 결합시킨 형태로 레티놀이 가지고 있는 단점인 빛, 공기, 열 등에 대한 안정성이 떨어지고 그로 인해 캡슐화 했을 때 흡수율이 낮아지는 것을 보완하여 개발한 것으로 빛과 공기, 온도에 안정적이며 콜라겐 합성 촉진하는 레티놀의 장점을 가지고 있다.

4. 자외선 차단 화장품

1) 자외선의 정의

태양광선은 감마(γ)선, 엑스(x)선, 자외선, 가시광선, 적외선, 마이크로파, 라디오파 등의 여러 가지 파장의 광선들이 섞여 있다. 그 중에서 자외선을 UV(ultra violet)라고 하며, 파장에 따라 장파장, 중파장, 단파장으로 구분된다. 장파장은 UV-A(320~400nm), 중파장은 UV-B(290~320nm), 단파장은 UV-C(200~290nm)로 나누고 그 중에서 파장이 가장 짧은 UV-C는 감마선, X-선과 함께 오존층에 의해 차단되어 지표면에 거의 대부분이 도달하지 못하는 것으로 알려져 있다.

태양광선의 분류

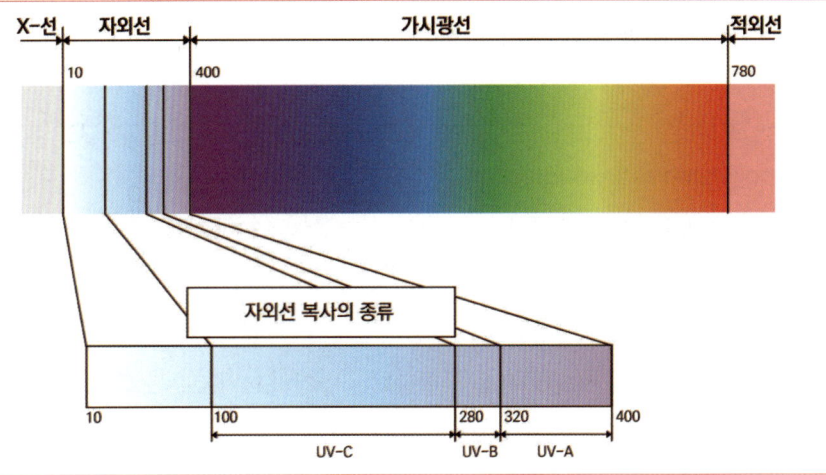

UV-A는 가장 긴 장파장이라 지표면에 도달하는 양이 많으며 자외선의 세기는 상대적으로 약하지만 유리창을 통과해 실내에 도달하기 때문에 생활자외선이라고 하며 인체의 피부 깊숙이 침투하여 피부노화에 영향을 주어 선탠 즉, 색소 침착을 일으키는 주범으로 진피층까지 침투하여 콜라겐과 엘라스틴의 변성을 일으켜 광노화의 원인으로 주목받고 있다.

UV-B는 중파장으로 UV-A에 비해 지표면에 도달하는 양은 적지만 상대적으로 자외선의 세기가 UV-A보다 강하다. UV-B는 피부에 조사되면 표피의 기저층 또는 진피 상층부까지 침투하며 각질층에 의해 일부 반사되거나 산란되기도 한다.

UV-B는 비타민 D의 합성을 촉진시키는 장점을 가지고 있지만 흡수된 자외선에 의해 피부가 붉어지고 심할 경우에는 염증이 발생하는데 이것을 일광화상(Sun burn)이라 한다. 지속적으로 UV-B에 노출되면 기저세포암이나 편평상피세포암을 유발하며, 이 두 가지 암이 피부암 발생의 80%를 차지한다.

　UV-C는 단파장으로 오존층과 대기에 완전히 흡수 되지만 최근 오존층의 파괴 등으로 인해 UV-C가 여과되지 못하고 지표면에 도달하는 경우가 늘어나고 있다. UV-C는 살균과 소독 작용을 가지고 있지만 악성 흑색종 같은 피부암의 원인이 된다.

자외선 분류

구분 \ 파장	UV-A (320~400nm)	UV-B (290~320nm)	UV-C (200~290nm)
홍반 발생력	약	강	강
홍반 발생 시기	4~6시간	2~6시간	30분~1시간30분
일시적 색소 침착	강	약	없음
색소 침착	중간	강	약
일광화상	거의 없음	강	강
피부에 미치는 영향	• 진피하부까지 침투 • 직접적 선탠 • 광노화	• 표피의 기저층 또는 진피의 상층부까지 침투 • 간접적 선탠 • 일광화상	• 오존층에 흡수되어 지표면에 거의 도달하지 않음 • 피부암 유발

피부에 대한 자외선 투과성

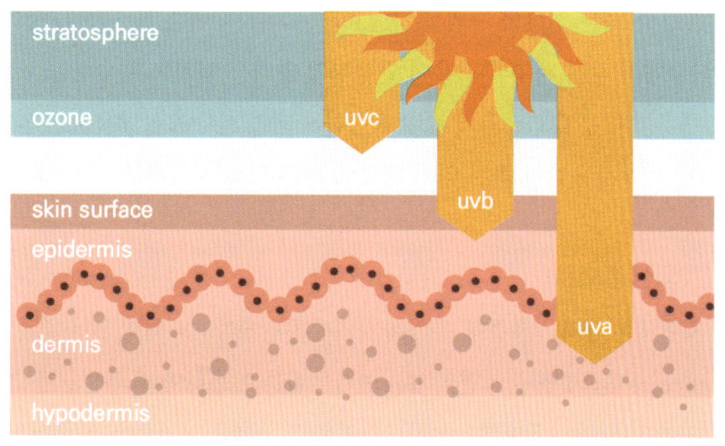

2) 자외선 차단방법

자외선을 차단하는 방법은 물리적 차단과 화학적 차단 2가지가 있으며, 각 차단 방법의 장점을 살려 자외선이 피부에 도달하기 전에 차단제가 산란 및 흡수하여 피부에 영향을 미치지 못하도록 하고 있다.

물리적 차단제와 화학적 차단제

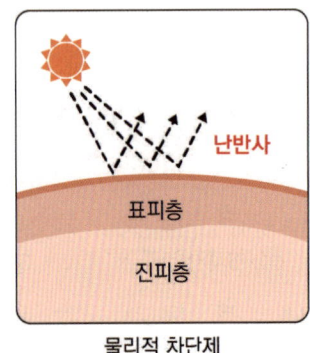
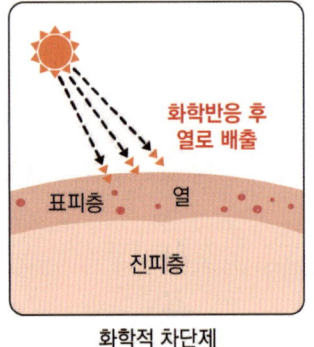

물리적 차단제   화학적 차단제

(1) 물리적 차단(자외선 산란제)

물리적 자외선 차단제는 자외선산란제, 무기계 자외선 차단제라고도 하며, 징크옥사이드(Znic oxide, 산화아연)와 티타늄디옥사이드(Titanium dioxide, 이산화티탄) 등의 무기화학물질을 이용하여 자외선을 반사, 산란시켜 피부 속으로 침투하는 것을 막는 방법이다. 피부에 자극이 적어 안전하게 사용할 수 있다.

자외선 산란제로 사용하는 성분의 자외선 차단효과는 피부에 바른 후 시간이 경과하여도 저하되지 않고 접촉성 피부염과 같은 피부 부작용이 발생하지 않아 안전성이 우수하다. 그러나 산란제 성분의 특성상 불투명하기 때문에 화장품에 많이 배합하게 되면 피부에 발랐을 때 하얗게 되는 백탁 현상으로 미용적인 면이나 사용감이 좋지 않기 때문에 많은 양의 사용하는 것은 좋지 않다.

(2) 화학적 차단(자외선 흡수제)

화학적 자외선 차단제는 자외선 흡수제, 유기계 자외선 차단제라고도 하며, 옥시벤존(Oxybenzone), 아보벤조(Avobenzone) 등의 벤젠 계열의 유기화학물질을 이용하여 자외선을 흡수해 피부에 침투하는 것을 막는 방법이다. 에칠헥실메톡시신나메이트(Ethylhexyl methoxycinnamate)와 같은 유기물질의 성분을 이용하여 화학적인 방법을 통해 자외선을 흡수시켜 자외선의 차단 효율이 높다. 유기계 자외선 차단제는 자외선에 의해 분자내의 전자 에너지 레벨이 상승하여 들뜬상태가 되지만 바로 열을 방출하여 안정된 낮은 상태로 돌아오게 한다. 즉, 자외선을 다른 형태의 에너지로 변환하는 것에 의해서 자외선을 흡수한다. 따라서 자외선 흡수제의 경우 자외선을 흡수하고 열이나 진동, 적외선, 형광 등의 에너지로 변환하여 천천히 방출해서 피부를 보호해 주며 자외선 중 주로 UV-B를 흡수한다.

자외선 흡수제는 피부에 바른 후 자외선 산란제처럼 백탁 현상이 없어서 투명하게 보이며 미용적인 면이나 사용감에서 만족스럽지만 화장품에 많은 양을 배합하게 되면 접촉성 피부염과 같은 트러블이 있을 수 있기 때문에 주의해야 한다.

물리적 자외선차단제와 화학적 자외선흡수제의 비교

	물리 자외선 차단제	화학 자외선 흡수제
차단원리	피부 표면에 도포하여 자외선(햇빛)을 반사시키는 원리	자외선을 피부에 흡수하여 화학적 반응을 일으키며 분해하는 원리
주요성분	티타늄디옥사이드, 징크옥사이드	에칠헥실살리실레이트, 에칠헥실메톡시신나메이트, 비스-에칠헥실옥시페놀메톡시페닐트리아진, 4-메칠벤실리덴캠퍼, 옥틸메톡시신나메이트 등
특징	**비교적 피부 스트레스가 적음** 민감성, 트러블성, 유아피부 사용가능	사용감이 우수함, 백탁이 없음 **피부 스트레스 줄 가능성**, 열감, 민감피부 사용 자재

3) 자외선 차단지수

(1) 자외선 차단지수(Sun protection factor)

자외선 차단지수 즉, SPF는 화장품이 UV-B에 대한 차단 정도를 나타내는 지수를 의미한다. 피부에 제품을 도포하지 않은 피부와 도포한 피부의 최소홍반량(MED, Minimum erythema dose)의 비율을 말한다.

최소홍반량은 사람의 피부에 UV-B를 조사한 후 16~24시간 이후에 홍반을 나타낼 수 있는 최소한의 자외선조사량으로 자외선 차단지수는 2에서부터 50까지 있으며, 50보다 높은 제품은 50+로 표시한다.

$$SPF = \frac{\text{제품을 바른 피부의 최소홍반량(MED)}}{\text{제품을 바르지 않은 피부의 최소홍반량(MED)}}$$

(2) 자외선 A 차단 등급(Protection factor of UV-A)

자외선 A를 차단하는 등급 즉, PA는 화장품이 UV-A에 대한 차단 정도를 나타내는 지수를 의미한다. PA는 피부 깊숙이 침투해 세포를 손상시키고 피부노화를 발생시키며, 색소의 침착을 유발하여 피부를 검게 태워 선탠(Sun tan)을 일으키는 UV-A에 대한 차단지수를 표시하는 것이다.

PFA 즉, 자외선 A 차단 등급은 제품을 피부에 바르지 않은 피부와 제품을 바른 피부의 최소지속형즉시흑화량(MPPD, Minimal persistent pigment darkening)의 비율을 말한다. 최소지속형즉시흑화량은 사람의 피부에 UV-A를 조사한 후 2~4시간에 조사부위의 전 영역에 희미한 흑화가 인식되는 최소한의 자외선 조사량으로 자외선 A 차단 등급을 PA+, PA++, PA+++, PA++++로 표시한다.

$$PFA = \frac{\text{제품을 바른 피부의 최소지속형즉시흑화량(MPPD)}}{\text{제품을 바르지 않은 피부의 최소지속형즉시흑화량(MPPD)}}$$

자외선 A차단 등급 분류

PFA 지수	PA 등급	UV-A 차단효과
2이상 - 4미만	PA+	낮음
4이상 - 8미만	PA++	보통
8이상 - 16미만	PA+++	높음
16이상	PA++++	매우 높음

4) 자외선 차단을 위한 주요 성분

식약처에 고시된 피부를 곱게 태우거나 또는 자외선으로부터 피부를 보호하는데 도움을 주는 성분과 함량은 다음과 같다.

피부를 곱게 태우거나 자외선으로부터 피부를 보호하는데 도움을 주는 기능성 고시원료 및 함량

번호	성분명	최대함량	특징
1	드로메트리졸	1%	-
2	디갈로일트리올리에이트	5%	-
3	4-메칠벤질리덴캠퍼	4%	UV-B 흡수
4	멘틸안트라닐레이트	5%	UV A, B 흡수
5	벤조페논-3	5%	UV A 흡수
6	벤조페논-4	5%	UV A, B 흡수
7	벤조페논-8	3%	UV A, B 흡수
8	부틸메톡시디벤조일메탄	5%	UV A, B 흡수
9	시녹세이트	5%	UV A, B 흡수
10	에칠헥실트리아존	5%	UV B 흡수
11	옥토크릴렌	10%	UV A, B 흡수
12	에칠헥실디메칠파바	8%	UV B 흡수
13	에칠헥실메톡시신나메이트	7.5%	UV A, B 흡수
14	에칠헥실살리실레이트	5%	UV B 흡수
15	페닐벤즈이미다졸설포닉애씨드	4%	UV A, B 흡수
16	호모살레이트	10%	UV A, B 흡수
17	징크옥사이드	25%(자외선차단성분으로)	UV A, B 차단
18	티타늄디옥사이드	25%(자외선차단성분으로)	UVA, B 차단
19	이소아밀p-메톡시신나메이트	10%	UV B 흡수
20	비스-에칠헥실옥시페놀메톡시페닐트리아진	10%	UV A, B 흡수
21	디소듐페닐디벤즈이미다졸테트라설포네이트	산으로 10%	UV A 흡수
22	드로메트리졸트리실록산	15%	UV A, B 흡수
23	디에칠헥실부타미도트리아존	10%	UV A, B 흡수
24	폴리실리콘-15(디메치코디에칠벤잘말로네이트)	10%	UV B 흡수
25	메칠렌비스-벤조트리아졸릴테트라메칠부틸페놀	10%	UV A, B 흡수
26	테레프탈릴리덴디캠퍼설포닉애씨드 및 그 염류	산으로 10%	UV A 흡수
27	디에칠아미노하이드록시벤조일헥실벤조에이트	10%	UV A 흡수

자외선 차단제의 특징 중 드로메트리졸은 자외선차단제이면서 변색방지제로 사용되며 디갈로일트리올리에이트는 산화방지제 및 자외선차단제로 사용되는 성분이다. 그 외 성분들은 자외선 차단제로 사용되면서 UV-A와 UV-B의 흡수 및 차단 정도에 따라 구분하였다.

5. 태닝 화장품

태닝(Tanning)이란 자외선에 피부를 노출시켜서 피부의 톤을 구릿빛이나 갈색으로 만드는 행위를 뜻한다. 과거에는 여성의 미의 조건 중 하나가 백옥같이 하얀 피부였으나 최근에는 구릿빛 피부가 날씬해 보이며 젊고 건강한 피부로 인식되면서 자연적인 태닝뿐만 아니라 인공적인 태닝을 하려는 소비자가 점점 늘어나고 있다. 하지만 태닝으로 인해 피부에 발생하는 부작용도 주의해야 한다. 태닝 후에는 적절한 사후 관리가 병행되어야 건강하고 아름다운 피부를 오랫동안 유지할 수 있다.

1) 태닝 화장품

태닝화장품은 피부가 손상되지 않으면서 자외선에 의해 천천히 멜라닌 색소의 생성량이 늘어나서 갈색의 피부를 만들어 주는 것이다. 선탠을 할 때 가장 중요한 것은 피부에 스트레스를 주지 않고, 얼룩지지 않으면서 예쁘게 태우는 것이다. 자외선 중 UV-A는 선탠 즉, 태닝을 유도하고, UV-B는 선번 즉, 피부화상을 일으킨다. 따라서 태닝을 하는 제품은 자외선이 피부에 손상을 주지 않는 범위에서 피부의 멜라닌 색소의 양을 늘려 주는 방법을 사용한다.

태닝용 화장품에는 선번을 일으키는 UV-B를 차단하는 자외선차단제가 적절이 함유되어 있어 UV-A에 의해서만 천천히 태닝 효과가 나타나도록 한다. 또는 UV-A와 UV-B를 적절하게 차단하여 태닝효과를 나타나게 하는 제품도 있다. 가장 대표적인 태닝 제품은 태닝 오일이다.

셀프태닝 화장품의 주요성분은 디하이드록시아세톤(DHA, Dihydroxy acetone)으로 피부를 구성하는 단백질인 아미노산에 화학적인 반응에 의해 갈색으로 만들어 준다. 셀프태닝 화장품은 자외선에 의한 피부의 손상이 전혀 없으며 디하이드록시아세톤이 피부의 각질층 윗부분에서만 작용하여 색상만 갈색으로 변화시키기 때문에 멜라닌 색소를 형성하는 기저층에는 영향을 주지 않아 색소침착에 대한 걱정이 없다. 일반적으로 피부에 도포 한 후 2~3시간이 지나면 피부가 조금씩 갈색으로 변하는 것을 볼 수 있다. 약 6시간 정도 지나면 효과가 완전히 나타난다.

선탠 및 셀프태닝 화장품의 차이

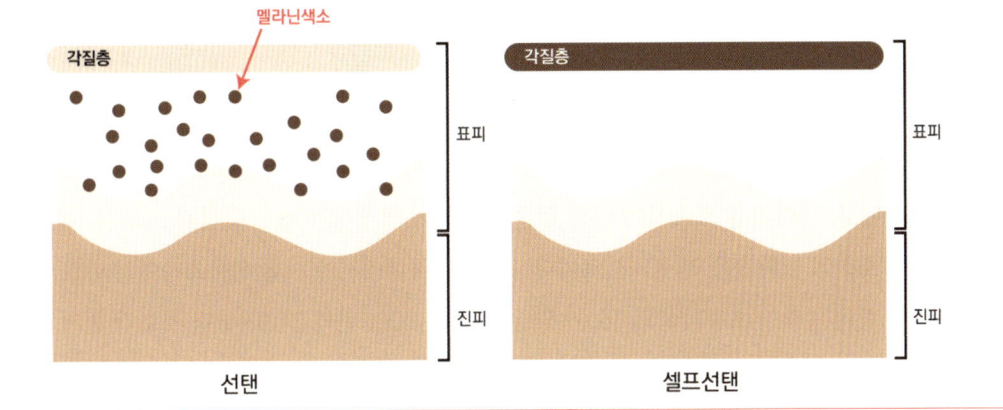

　셀프태닝 화장품의 장점은 원하는 부위에 선택적으로 사용할 수 있으며, 바르는 횟수에 따라 피부 색상 조절이 가능하다. 그러나 지속력이 길지 않는 단점이 있다. 지속력이 3~4일 정도이며, 태닝 색상을 계속적으로 유지하려면 2~3일 간격으로 덧발라 주어야 한다. 단, 제품을 도포할 때는 라텍스 장갑을 착용하고 바르는 것이 좋으며, 손으로 발랐을 때는 바른 즉시 손을 씻어서 손바닥에 색소침착이 되지 않도록 주의해야 한다.

6. 아토피성 피부 개선 화장품

　식약처에서 기능성 화장품으로 고시한 것은 피부장벽(피부의 가장 바깥쪽에 존재하는 각질층의 표피를 말함)의 기능을 회복하여 가려움 등의 개선에 도움을 주는 화장품이다.
　아토피란 용어는 의학적인 오인을 줄 수 있어 화장품에서는 사용할 수 없으며 피부장벽의 기능을 개선시켜주는 것으로 2020년 8월에 변경되었다. 그러나 아토피 피부의 문제점인 피부의 건조함, 가려움 등을 화장품을 이용하여 개선에 도움을 줄 수 있다.

1) 아토피의 정의 및 원인

　아토피성 피부염의 정의는 주로 유아기나 소아기에 시작되며 심한 가려움증과 피부건조증 등을 동반하며 만성적으로 재발하는 피부의 습진 질환이다. 일반적으로 태열이라 부르는 영아기 습진이 아토피 피부염의 시작이라고 할 수 있다. 유아기에는 얼굴과 팔, 다리의 펼쳐진 쪽에서 습진으로 시작된다. 성장하면서 팔이 접히는 부분, 무릎 뒤의 접히는 부분 등에서 습진의 형태로 나타나는 것을 볼 수 있다. 점차 나이가 들면서 자연스럽게 점점 줄어들지만, 일부 소아기 부터 청소년, 성인에 걸쳐 호전과 악화를 반복하여 만성적인 결과를 보이기도 한다.

어른의 경우 피부가 접히는 부위가 건조하고 딱딱해져 가죽처럼 두꺼워지는 태선화(Lichenification) 현상이 나타나고, 유아기나 소아기에 비해 얼굴에 습진이 발생하는 경우가 많다. 아토피 피부염의 전 세계적인 소화의 이환율은 약 10~30%이다. 2010년 국내에서 실시한 설문조사에서 아토피 피부염으로 진단 받은 병력이 초등학생의 35.6%였는데, 이는 2000년의 24.9%였던 것보다 현저히 증가한 것을 볼 수 있다.

아토피 피부염의 발생 원인은 지금까지 정확하게 알려져 있지는 않다. 증상도 피부건조증, 가려움증, 습진 등으로 다양하기 때문에 발병 원인이 어느 한가지만으로 설명 할 수는 없지만, 유전적인 소인과 환경적인 요인, 피부 보호막의 이상 및 면역학적 이상 등의 여러 원인들이 복합적으로 작용하여 나타난 것으로 알려져 있다. 아토피 피부염의 70~80%는 가족력을 가지고 있다. 부모 중 한쪽이 아토피 피부염을 가지고 있으면 자녀의 50%에게 아토피 피부염이 나타나고, 부모 양쪽 모두에게 아토피 피부염이 있으면 자녀의 75%에게 아토피 피부염이 나타난다. 최근 들어 환경적인 요인의 중요성이 강조되고 있다. 특히 농촌의 도시화, 핵가족화 및 산업화되면서 인스턴트식품의 섭취가 증가하고 실내외 오염된 공기, 집 먼지 진드기, 미세먼지 등의 알레르기를 일으키는 원인 물질이 증가하면서 환경적인 요인이 아토피 피부염의 발병과 밀접한 관련이 있는 것으로 나타났다.

아토피 피부염의 증상은 심한 가려움증(소양증)과 피부건조증이 특징인 질환이다. 가려움증은 피부의 건조로 유발되고 악화된다. 또한 가려움증은 저녁에 좀 더 심해지고, 가려움으로 인해 피부를 긁게 되는데, 이것으로 인해 피부 습진성 병변이 생기고, 습진이 심해지면 다시 가려움증이 더욱 심각해지는 악순환이 반복된다.

아토피 피부염의 치료

① 예방을 위한 원인과 유발인자 제거, 적절한 목욕, 보습제 사용 등
② 국소 스테로이드제 도포, 국소 칼시뉴린억제제 도포, 국소 면역조절제 도포, 전신 면역억제제 복용, 항바이러스제 및 항히스타민제 복용 등

2) 아토피 피부 개선 화장품의 기본원리

(1) 피부청결

아토피 피부를 개선하기 위해서는 샤워나 목욕을 통한 피부에 묻어있는 먼지, 땀, 피부 유해균, 집먼지 진드기, 기타 이물질 등을 깨끗이 씻어냄으로 아토피 피부의 알레르기 원인 물질(알레르겐)을 제거하는 것이 중요하다.

아토피 피부염의 알레르기 원인 물질로는 집먼지 진드기가 중요하다. 요즘 들어 실내에서 애완동물을 많이 키우면서 애완동물이 알레르겐이 될 수도 있다. 특히 땀을 나게 하는 더운 환경에서 발한에 의해 가려움을 유발하는데 그로 인해 피부를 긁게 되면 황색포도상구균의 번식이 심해져서 아토피 피부의 상태를 더 악화시킨다.

따라서 피부에 땀을 많이 흘렸을 때는 제대로 씻는 것이 중요하다. 지나친 목욕이나 뜨거운 물, 과도한 비누 사용 등은 오히려 피부의 상태를 더 악화시킬 수 있다.

아토피 피부는 정상 피부보다 pH가 높기 때문에 알칼리성의 비누보다는 약산성의 세제를 사용하는 것이 좋고, 미지근한 물을 이용하여 가볍게 샤워하는 것이 좋으며 목욕 후 3분 이내에 보습제를 바르도록 한다.

(2) 피부 보습강화

아토피 피부는 다른 피부에 비해 매우 건조하고 각질층에 존재하는 각질세포간지질 성분인 세라마이드가 부족한 것이 특징이다. 세라마이드가 부족하게 되면 피부 보호막이 손상되어 피부가 민감해지고 아토피 피부염을 유발하거나 악화시키는 요인이 된다.

따라서 세라마이드 성분이 충분히 함유되어있는 화장품을 사용하거나 아토피 피부에 맞는 보습제를 발라 피부 자체의 보습 능력을 높이는 것이 중요하다. 계절적으로 공기가 차갑고 건조해지기 시작하는 가을부터 봄까지 보습제에 의한 관리가 중요하다. 피부에 맞는 적절한 보습제를 사용하면 피부 각질층의 수분 보유 및 함유량을 증가시킬 뿐만 아니라 피부 장벽기능도 상승시킨다.

3) 아토피 피부를 위한 화장품의 주요 성분

(1) 세라마이드(Ceramide)

피부의 최외각의 각질층에 존재하는 피지의 성분인 세포간지질은 세라마이드, 지방산, 콜레스테롤 등으로 이루어져 있다. 세포간지질의 40%를 차지하는 세라마이드는 피부장벽을 튼튼하게 해주고, 각질층의 수분증발을 막아주는 천연보습인자(NMF)의 주요 구성성분이다. 피부의 세포와 세포 사이에 결합력을 강화시켜주며 피부가 가지고 있는 수분 보유 능력을 향상시켜 탄력성과 유연성을 회복할 수 있도록 도와준다.

세라마이드 화학구조

(2) 히알루론산(Hyaluronic acid)

히알루론산은 아미노산과 우론산으로 이루어진 복잡한 다당류의 일종으로 진피를 구성하고 있는 기질에 존재하며, 수분을 흡수하는 능력과 큰 분자구조를 가지고 있어 표피를 부드럽게 하며, 피부에 적절한 유연성과 긴장감을 유지하게 해 준다. 화장품에서 많이 사용하는 보습원료로 피부에 끈적임이 없고 보습과 수분결합 능력이 우수하여 피부의 수분을 증가시키고 촉촉하고 생기 있는 피부를 유지하며 진피조직의 기능을 강화한다. 또한 자외선이나 담배연기 등 피부에 자극을 주는 요인들로부터 피부를 보호하고, 피부의 면역력이 저하되는 것을 방지하고 손상된 피부를 회복시킨다.

히알루론산 화학구조

히알루론산은 분자량에 따라 저분자와 고분자로 구분한다. 저분자는 물과 비슷한 낮은 점도를 가지고 있으며 피부 내 흡수가 용이하여 진피층까지 침투하며 피부수분 활성화를 도와주며 보습효과가 우수하다. 고분자는 높은 점도를 가지고 있어 피부에 수분막을 형성하여 수분 증발을 막아주고 피부표면을 튼튼하게 하여 외부 자극으로부터 피부를 보호한다.

히알루론산의 성분 표기는 고분자 히알루론산은 히알루로닉애씨드(Hyaluronci acid), 히알루론산(Hyaluronan), 소듐히알루로네이트(Sodium hyaluronate) 등으로 표기되고 중·저분자 히알루론산은 MMW-HA, LMW-HA, 올리고사카리드히알루론산(Oligosaccharide hyaluronic acid), 올리고히알루론산(Oligo hyaluronic acid) 등으로 표기된다.

(3) 젖산(Lactic acid)

젖산은 발효된 우유에서 얻게 되는 천연 유래의 산으로 글리세린 보다 수분 흡수 정도가 좋아 각질을 제거하면서 건조해지기 쉬운 피부에 보습효과를 주며, 피부 세포의 재생에 도움을 주고 각질 연화 및 각질 박리 효과를 가지고 있다. 알파하이드록시산(AHA)의 한 종류이다.

젖산 화학구조

(4) 기타 천연추출물

감초, 카모마일, 갈조, 황백, 황련, 황기, 알란토인 등과 같이 알레르기 및 자극에 대한 진정효과가 있는 천연물을 추출하여 아토피 화장품에 피부진정을 목적으로 사용하고 있다.

아토피 화장품의 올바른 선택방법

① 알레르기를 일으키는 성분이 들어 있는지 확인
   (* 착향제 중 알레르기 유발성분 반드시 표기해야 함)
   - 아밀신남알, 벤질알코올, 신나밀알코올, 유제놀, 시트랄, 하이드록시시트로넬알, 이소유제놀, 아밀신나밀알코올, 신남알, 벤질살리실레이트, 쿠마린, 제라니올, 아니스에탄올, 하이드록시이소헥실3-사이클로헥센카복스알데하이드, 벤질신나메이트, 파네솔, 시트로넬롤, 부틸페닐메칠프로피오날, 리날룰, 벤질벤조에이트, 헥실신남알, 리모넨, 알파-이소메칠이오논, 메칠2-옥타노에이트, 나무이끼 추출물, 참나무이끼 추출물 등

② 사용 전 패치 테스트
   - 새로운 제품을 구입했을 때, 샘플을 이용해서 팔 안쪽이나 귀 뒤쪽에 제품을 발라 24~48시간 동안 테스트 한다. 과민감성 피부는 테스트 기간을 늘려서 확인하는 것이 좋다.

7. 여드름성 피부 완화 화장품

1) 여드름 발생원인

여드름은 피지선에서 발생하는 만성질환으로 주로 피지를 많이 분비하는 얼굴, 목, 등, 가슴 등에 발생하는 비염증성 또는 염증성 질환이다. 여러 가지 원인에 의해서 피지가 많이 분비되고 그로 인해 모공 내 각질의 비후현상으로 피지가 원활하게 배출되지 못해 발생한다.

피지 분비는 주로 성호르몬의 분비가 시작되는 사춘기부터 많이 분비되며 그로 인해 여드름도 사

춘기부터 발생하는 것을 볼 수 있다. 일반적으로 성인이 되면 피지분비가 조금씩 줄어들지만, 성인의 경우도 호르몬의 영향으로 여드름이 발생할 수 있다. 성인 여드름의 경우는 대부분 지속적으로 받는 스트레스, 수면장애, 소화기의 장애, 잘못된 화장품 사용이나 손으로 짜는 잘못된 습관 등이 일반적인 여드름 발생의 원인 및 촉진인자가 된다.

여드름의 근본적인 발생 원인은 유전적 소인으로 여드름 발생의 83% 이상이 유전에 의한 것이다. 유전에 의해 발생하는 여드름은 안드로겐(Androgen)과 테스토스테론(Testosterone)이라는 남성호르몬이 피지선의 피지를 과잉 분비하도록 하여 과잉 분비된 피지가 모공을 막으면서 발생한다. 또한 여성의 경우에는 에스트로겐(Estrogen)이 피부의 수분 보유력을 증가시키고 피지분비를 조절하는데, 월경 전에는 에스트로겐의 양이 줄어들고 프로게스테론(Progesterone)의 분비가 늘어난다. 프로게스테론은 피지 분비를 증가시켜 생리주기 전후에 턱 주변의 여드름을 발생시킨다.

일명 성인여드름이라고 하는 성인에게 볼 수 있는 여드름의 주요 원인은 스트레스이다. 스트레스를 받게 되면 부신겉질에서 스트레스 호르몬인 코티솔(Cortisol)을 분비하는데, 코티솔이 피지선을 자극하는 남성호르몬의 분비를 촉진시켜 여드름이 발생하게 만든다.

코티솔은 항염증 작용을 하는 호르몬으로 우리 몸에 반드시 필요하지만 스트레스 등으로 인하여 과잉 분비되면 여드름을 일으킬 뿐만 아니라 신경이나 뇌세포에도 영향을 끼쳐 뇌세포를 줄어들게 하고, 혈당수치를 증가시켜 체내의 염증을 일으키며 이로 인해 염증을 동반한 화농성 여드름이 발생하게도 만든다.

여드름 발생 단계

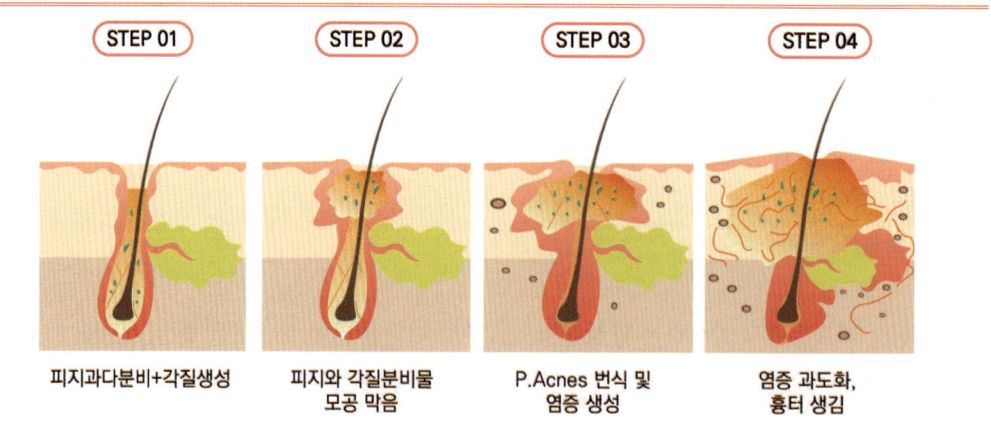

2) 여드름 생성 과정

여드름 생성 과정

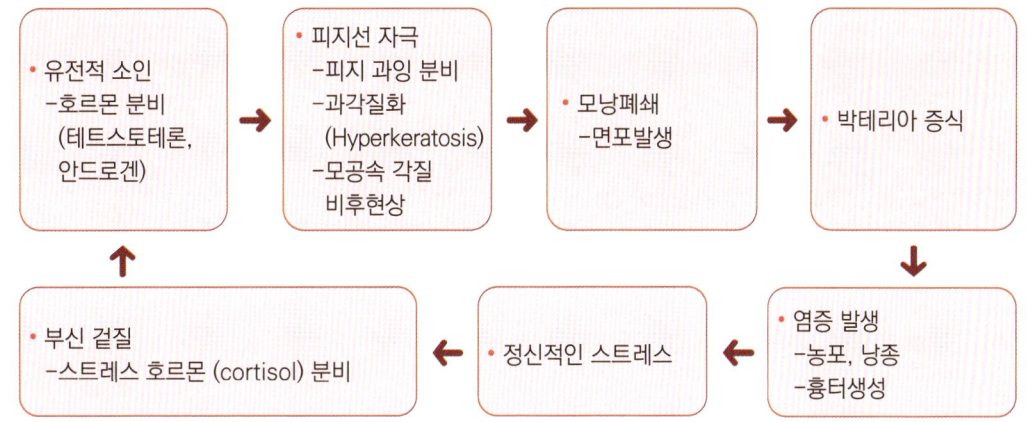

① 남성 호르몬이 피지선 자극하여 피지 분비.
② 모공 내 각질 비후현상으로 피지와 각질세포들이 모공을 막음.
③ 모낭 속에 피지축적으로 인해 면포 발생.
④ 모낭 속에 여드름 균인 P.acne, 황색포도상구균, 표피포도구균 등의 증식.
 (* 여드름을 유발하는 대표적인 균은 P.ace(Propionibacterium acens)이다)
⑤ 피지의 중성지방을 박테리아가 유리지방산으로 분해, 유리지방산이 모낭벽 자극, 염증발생
⑥ 여드름 발생으로 인해 정신적인 스트레스 유발.
⑦ 스트레스가 부신겉질의 스트레스 호르몬(Cortisol) 자극하여 분비.
⑧ 스트레스 호르몬이 남성 호르몬을 자극하여 분비 촉진.
⑨ 남성 호르몬이 피지선 자극하여 피지 분비.

여드름 원인

- 유전
- 먼지, 공해 등의 오염된 환경
- 잘못된 화장품으로 인한 화학적 자극
- 만지거나 짜는 등의 잘못된 습관
- 호르몬
- 수면 장애 및 소화기 장애
- 스트레스

여드름유발 성분

- 건성피부용 보습제로 여드름 유발 성분 : 트리글리세라이드, 이소프로필, 팔미틴산 등
- 모공을 막는 성분 : 스테리아레이트, 스테아린산, 미리스테이트, 코코넛오일, 시어버터, 식물성 왁스, 미네랄 오일, 아크릴리에트 등
- 여드름을 자극하는 성분 : 알코올, 멘톨, 라임 등
- 면포형성 성분 : 동물성오일(라놀린, 밍크, 향유고래, 우지), 미네랄오일, 아보카도오일, 코코아 버터, 이소프로필 미리스테이트류(이소프로필 팔미테이트, 부틸스테아레이트)
- 모낭자극반응 : 로릴황산스트륨, 아이소프로필미리스테이트, 페트롤레이텀 등

※ 화장품을 구입할 때 여드름 유발 물질이 함유되어 있지는 않은지 확인한다.
※ 논-코메도제닉(non-comedogenin) 화장품인지 반드시 확인하고 구입한다.

3) 여드름성 피부를 위한 화장품의 작용원리와 주요 성분

여드름 피부의 문제점인 과잉 생성된 피지분비와 분비된 피지와 각질 등으로 인해 모공이 막힌 상태에서 세균에 의해 여드름을 유발하는데 이러한 여드름을 관리할 수 있는 화장품은 과잉 피지분비를 억제하고, 살균효과, 각질을 제거하는 등의 효과를 가지고 있어야 한다.

여드름은 피부의 상태를 깨끗하게 하여 여드름이 발생하는 것을 예방하는 것이 가장 중요하다. 그 외에도 여드름 악화인자인 스트레스, 수면장애 등을 감소하여 여드름이 발생하고 심해지는 원인 인자를 차단하는 것도 중요하다.

여드름 피부 개선 성분의 작용 원리

작용 원리	주요 성분
피지 분비 억제제	로즈마리 추출물, 인삼 추출물, 우엉 추출물, 비타민 B_6, 에스트론, 에스트라디올, 에치닐에스트라디올 등
박테리아 성장 억제제	살리실산, 유황, AHA, 단백질 분해 효소 벤조일퍼옥사이드, 트리크로로카루반, 염화벤잘코늄 등
각질 제거제	살리실산, 유황, AHA, 단백질 분해 효소 등
기타	비타민 A와 유도체, 감초추출물, 녹두추출물 등

(1) 피지 분비 억제제

과잉 분비되는 피지는 남성 호르몬의 분비에 의해 조절되기 때문에 피지분비를 억제하는 난포호르몬(Estrogen)이 피지 억제의 목적으로 배합되고 있으나 화장품에서 배합되는 양은 극히 제한적

이다. 피지 분비 억제의 목적으로 사용되는 성분은 에스트론, 에스트라디올, 에치닐에스트라디올 등이 있다.

그 외의 피지 억제에 작용하는 성분은 로즈마리 추출물, 인삼 추출물, 우엉 추출물, 비타민B_6 등으로 피부의 피지 분비를 정상화시켜준다.

(2) 박테리아 성장 억제제

염증성 여드름의 생성을 유발하는 균인 프로피오니 박테리움 아크네는 줄여서 P. acne 균이라고 한다. 이 균은 정상적인 피부에도 상재하는 그램 양성의 혐기성 균으로 모낭 내에서 지방분해효소를 분비한다. 피부의 상태가 나빠졌을 때, 즉 과다한 피지로 인해서 모공이 막히거나 세정이 깨끗하게 이루어지지 않았을 때 여드름 균인 P. acne의 지방분해효소가 피지의 구성성분 중에서 중성지방을 분해해 유리 지방산을 형성하고 유리지방산이 모낭을 자극하여 모낭벽을 파괴하는 등의 염증을 일으키게 된다.

이러한 여드름 균의 활성을 억제시켜 주는 성분으로 벤조일퍼옥사이드, 트리크로로카루반, 염화벤잘코늄, 2,4,4-트리클로로-2-하이드록시 페놀 등이 해당된다.

여드름의 살균제라 불리는 벤조일퍼옥사이드(Benzoyl peroxide)는 살균, 항염, 용해 작용을 가지고 있다. 모낭 속의 유리 지방산을 감소시키고 여드름균의 증식을 억제하지만 피부를 건조하게 하는 단점이 있다. 벤조일퍼옥사이드는 여드름 치료제로는 우수한 효과를 가지고 있지만 부작용을 동반하기 때문에 반드시 의사와 상의하고 사용하여야 하며 화장품 성분으로는 배합금지 원료에 해당된다.

(3) 각질 제거제

여드름이 발생하는 것은 모공의 각질의 과각화로 인해 면포가 발생한다. 과각질화로 인해 막힌 모공을 열어서 면포의 배출이 용이하도록 하기 위한 화장품 성분은 살리실산(Salicylic acid), 유황(Sulfur), 레조르신(Resorcin), AHA(Alpha-hydroxy acid), 단백질 분해효소 등의 각제 제거의 효과를 가진 성분들을 배합한다.

각질제거제 성분 중 유황은 여드름의 국소 치료제의 목적으로 농도 1~10%를 사용해왔다. 살리실산은 비교적 가벼운 증상의 여드름에 효과적이며 농도 0.5~3%는 염증 부위의 치료를 빠르게 회복시켜주고, 고농도는 면포의 형성을 방지하는 작용을 한다. 레조르신은 일반적으로 유황과 함께 사용하며, 각질 박리 작용과 살균효과가 있다. 단백질 분해효소는 주로 파파야에서 추출한 파파인, 파인애플에서 추출한 브로멜린, 트립신 등으로 피부에 자극 없이 각질층의 각질인 케라틴 단백질을 분해

하여 제거한다.

　AHA는 천연 과일산으로 사탕수수, 발효우유, 포도, 사과, 감귤류에서 추출한 것으로 표피층의 불필요한 죽은 각질을 제거한다. AHA의 성분이 고농도로 함유되어 있는 화장품을 바를 경우 피부가 따끔거리는 느낌이 있으며 햇빛에 민감해지는 등의 부작용이 나타날 수 있으므로 화장품에 사용할 때의 AHA는 pH 3.5이상에서 농도는 10% 이하로 사용하고 있다.

　식약처에 고시된 여드름성 피부를 완화하는 화장품 성분으로 실리실산이 해당된다. 씻어내는 제품에 최대 함량 0.5%로 제한을 두고 있다.

　살리실산은 버드나무, 노루발풀, 자작나무 등의 껍질에서 얻은 성분으로 아스피린의 해열제의 주성분으로 사용되는 성분이다. 이런 살리실산을 여드름이 난 부위에 적용했을 때, 지용성의 성분으로 모공 깊은 위치까지 침투가 가능하고, 모공을 막는 죽은 세포를 분해 및 제거, 막힌 모공을 열어줌과 동시에 모공의 수축을 촉진하고, 모공이 다시 막히는 것을 방지하는 역할을 한다. 그래서 여드름을 완화시켜 여드름 피부의 각질을 제거하는 목적으로 여드름성 피부를 완화하는 데 도움을 주는 성분으로 사용되고 있다.

여드름성 피부를 완화하는데 도움을 주는 제품의 성분 및 함량

번호	성 분	함 량
1	살리실릭애씨드	0.5% (씻어내는 제품)

8. 튼살로 인한 붉은 선을 엷게 도와주는 화장품

1) 튼살의 정의 및 원인

　튼살(Strech marks, Striae)은 좋지 않은 색조로 피부 위에 흉터가 형성되는 것을 말하며 팽창선조(Striae distensae), 임신선이라고도 한다. 주로 허벅지나 둔부, 복부 등의 피부가 얇게 갈라지는 것으로 튼살이 생기는 조짐이 보이기 시작하면 처음에는 피부색이 약간 붉어지며 가려운 증상을 동반하기도 한다.

　조직학적으로는 표피가 위축되면서 진피의 콜라겐이 가늘어지면서 구조가 파괴되고 엘라스틴이 소실되어 나타나는데 처음에는 자주색 선조(Striae rubra)라는 붉은색의 선이나 띠를 두른 것처럼 나타나는데 시간이 지나면 점차 흰색으로 변해 덜 뚜렷해지면서 주름지고 위축된 피부로 변해가는데 이것이 백색 선조(Striae alba)이다. 튼살은 붉은색을 띠는 초기에 관리해야 효과적이며 백선 선조가 나타난 후에는 개선이 어려워지는 특징이 있다.

튼살 (자주색선조와 백색선조)

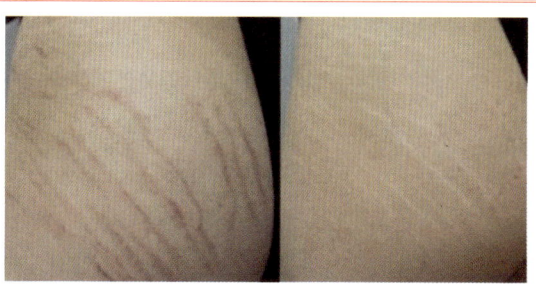

2) 튼살의 원인

(1) 물리적 원인

　① 체중의 급격한 증가

　② 근육량의 급격한 증가

　③ 신체의 급격한 성장

튼살은 비만 성인이나 소아에게서 잘 생긴다. 특히 지방층의 증가로 인한 급격한 체중 증가는 몸무게가 갑자기 증가하면 자연히 지방층의 부피도 급격하게 늘어난다. 그 결과 피부 진피층이 급격하게 늘어나면서 튼살이 나타나는 것을 볼 수 있다.

또한, 근육운동을 단기간에 과도하게 하면 근육량이 급격하게 늘어나면서 튼살이 생기기도 한다. 신체의 급격한 성장은 주로 사춘기 때 2차 성징을 겪으면서 갑작스럽게 성장하는 것을 말한다. 신체의 성장 속도를 피부의 진피층이 제대로 따라가지 못하면서 튼살이 생긴다.

(2) 호르몬의 영향

호르몬의 변화에 의해서도 튼살이 발생하는데 생리적 혹은 병리적 원인으로 체내의 부신피질에서 스테로이드 호르몬의 분비가 증가하면서 진피의 교원섬유의 구조가 파괴되고 피부가 늘어나면서 튼살이 생기게 된다. 부신피질의 스테로이드 호르몬은 사춘기나 임신 중에 분비량이 증가하기 때문에 비만이 아닌 경우에도 나타난다.

부신의 호르몬 문제로 발생하는 쿠싱증후군(Cushing's syndrome)으로 인해 생기는 튼살은 관절부위나 피부가 접히는 곳에 잘 생기다.

(3) 임신 및 출산

임신한 여성의 약 90%에서 튼살이 생긴 것을 볼 수 있다. 임신기간 중 복부를 중심으로 둔부, 허벅지, 가슴 등의 피부가 늘어나면서 진피의 교원섬유의 구조가 파괴되어 튼살이 생기게 된다. 출산 후에도 없어지지 않으므로 튼살이 생기지 않도록 예방하는 것이 중요하다.

3) 튼살의 치료 및 기능성 화장품으로서의 적용

튼살을 치료하는 방법은 도포제를 이용하거나 레이저를 사용하는 방법이 있다. 국소적으로 트레티노인(Tretinoin)이나 비타민 A 유도체가 함유되어있는 연고를 도포하거나 글리콜릭산(GA, Glycolic acid), 트라이클로로아세트산(TCA, Trichloroacetic acid)을 이용한 화학적 필링을 하는 방법이 이용되고 있으며, 다양한 레이저를 이용하여 피부표면을 깎는 방법 등으로 치료하고 있지만 아직까지 효과적인 치료방법은 없는 상태이다.

튼살은 자주색 선조인 붉은 튼살이 생기기 시작할 때나 임신초기에 튼살이 생기기 전부터 튼살을 예방하는 목적으로 튼살 크림이나 오일을 통해 마사지하는 것이 중요하다. 튼살로 인해 발생한 붉은 선을 엷게 하는데 도움을 주는 기능성 화장품에 대한 가이드가 설정되면 안전하게 개발하여 사용할 수 있을 것으로 기대한다.

9. 염모제 및 탈색제

염모제란 두피에 있는 모발의 색상을 변화시키는 제품을 의미하며, 처음에는 흰머리를 감추고 본래의 머리색을 만드는 목적으로 사용하였으나, 최근에는 자신의 머리색에 다양한 색상의 변화를 주어서 아름다워 보이게 하거나 자신의 개성을 표현하는 목적으로 사용하고 있다. 염모제의 종류는 염색의 효과에 따라 일시적 염모제와 반영구적 염모제, 영구적 염모제, 탈색제인 블리치 등으로 구분된다.

1) 일시적 염모제(Temporary hair color)

   일시적 염모제는 기능성 화장품의 범위인 모발의 색상을 변화시키는 기능을 가진 제품에는 포함되지 않으나, 염색 방법 중 하나로 스프레이타입, 젤타입, 마스카라 타입, 스틱 타입 등의 다양한 제형이 있으며, 주로 모발 전체를 염색하는 것 보다는 부분적으로 강조하거나 흰머리를 감추는 데 사용된다. 물이나 오일 등에 녹지 않는 유색 안료를 수지(Resin)와 혼합하여 모발의 표면에 부착하여 일시적으로 색상을 바꿔주는 제품이다.

   색소가 모발 안으로 침투하지 않고 수지가 가진 접착력으로 모표피에 착색되었다가 샴푸를 하는 것만으로 완전히 제거된다.

   일시적 염모제는 시술이 간편하여 모발의 손상이 발생하지 않으며 일시적으로 흰색 모발을 커버하는 장점을 가지고 있다. 단점으로는 일시적인 작용으로 샴푸 후에는 제거되며, 땀을 흘리거나 비가 오면 의류나 다른 부위에 이염될 수 있다.

일시적 염모제의 작용원리

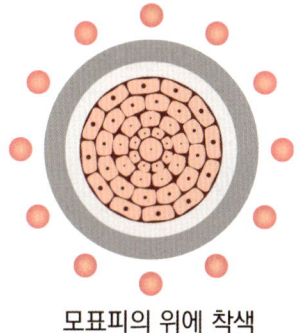

모표피의 위에 착색

2) 반영구적 염모제(Semi-permanent hair color)

   반영구적 염모제는 염료가 모표피와 그 내측의 모피질까지 침투하여 색상을 착색시키는 것으로 머리를 감을 때마다 염모제가 조금씩 제거된다.

   일반적으로 산성컬러, 코팅컬러가 여기에 속하며 pH 3~4의 약산성의 1제로만 구성되어 있어 모발손상은 거의 없다. 산화제나 암모니아가 없어 모발 내에 존재하는 멜라닌 색소를 변형시키는 것이 아니기 때문에 모발의 손상이 적다. 그러나 산성염료의 특징인 모발 및 피부의 단백질과 이온결합이 빨리 이루어지는 것 때문에 피부에 염착이 일어날 수 있으며 염색을 자주하면 모발이 건조하고 뻣뻣해진다.

 일시적 염모제는 모발을 밝고 선명한 색으로 염색을 할 수는 없으나, 같은 색상이나 더욱 어두운 컬러로는 연출이 가능하다. 모발의 색상은 약 4~6주정도 유지하며, 샴푸를 할 때마다 색상이 조금씩 빠지는 것을 볼 수 있다.

 사용방법이 비교적 간편한 착색제로 아조계의 산성염료를 사용하며, 용제로 벤질 알코올이나 N-메칠피롤리돈 등이 배합되어 염료가 모발에 쉽게 침투하게 하며 구연산 등의 유기산과 함께 배합되어 염모성을 향상시키고 색상도 유지시켜주며 형태로는 용액타입, 젤타입, 크림타입 등이 있다.

반영구적 염모제의 작용원리

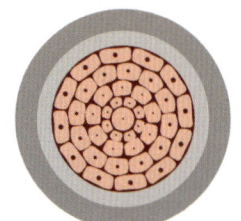

모포피와 모피질 일부 착색

3) 영구적 염모제(Permanent hair color)

 영구적 염모제는 염료가 모피질과 모수질까지 침투하여 화학변화를 일으키며 케라틴과 결합하여 염착을 시키는 것으로 염색의 효과는 영구적으로 흰머리를 100% 커버할 수 있다. 또한 모발의 색상과 밝기를 원하는 대로 조절이 가능하지만 모발이 손상되는 단점이 있다.

 영구적 염모제는 산화염모제, 식물성 염모제, 금속성 염모제로 나뉘며, 현재 영구적 염모제로 가장 많이 사용되고 있는 것은 산화 염모제이다. 유기합성 화합물의 산화염료를 사용한 가장 대표적인 염모제로 여기에 사용된 염료중간체는 무색이면서 분자가 작아 모발 내의 모피질과 모수질까지 침투하며 2제의 산화제(과산화수소)가 모발 속에서 염료중간체를 산화시켜서 발색이 일어난다. 2제인 산화제와 1제인 알칼리제가 중합하여 커지고 모발을 구성하고 있는 케라틴과 결합하여 불용성의 색소가 되므로 샴푸 등에 의해서 색소가 모발을 빠져나올 수 없기 때문에 염색효과가 장기간 지속된다.

영구적 염색제 작용원리

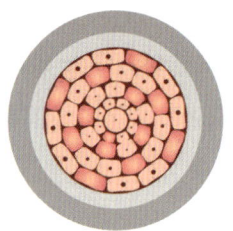

모피질과 모수질 착색

(1) 영구적 염모제의 원료

1제의 주성분은 산화염료(염료 중간체, 염료 수정체), 알칼리제, 산화방지제, 계면활성제 등이 배합된다. 산화염료는 자체의 색소는 아니지만 산화되면서 색소로 변화는 물질인 염료중간체와, 염료 중간체와 반응하여 다양하게 색상을 변화시키는 물질인 염료수정제로 구성되며 모표피를 팽윤시키고 염료의 침투를 용이하게 하여 색소형성반응을 촉진시키는 알칼리제와 산화방지제, 계면활성제 그리고 모발 트리트먼트제 등으로 구성되어 있다.

영구적 염색제의 주요 성분

염료중간체	색 상
올소아미노페놀(Ortho-amino-phenole)	황갈색
파라아미노페놀(Para-amino-phenole)	다갈색
파라페닐렌디아민(Para-phenylene-diamine)	검정색
파라톨루엔디아민(Para-toluene-diamine)	흑갈색

염료수정체	색 상
레조시놀(Resorcinol)	갈색, 녹색
메타아미노페놀(Meta-amino-phenole)	갈색, 마젠타색
나프톨(Naphthol)	자청색
메타페닐렌디아민(Meta-phenylene-diamine)	청색

알칼리제	특 성
암모니아(Ammonia)	강한 휘발성, 자극적인 냄새. 모발 시술시 휘발하여 모발의 손상이 적다.
아민(Amine)	약한 휘발성, 피부자극과 냄새가 적다. 모발에 잔류할 수 있으므로 깨끗하게 씻어내야 한다.
중성염	저알칼리염모제에 주로 사용. 피부자극과 냄새가 적다. 모발에 잔류 할 수 있으므로 깨끗하게 씻어내야 한다.

　산화제인 2제의 주성분은 과산화수소(H_2O_2)가 사용되며, 과붕산나트륨 등도 사용된다. 산화제는 모발 속 멜라닌을 분해하여 모발을 탈색시키면서 1제의 염료중간체를 산화시킨다. 산화제에 의해 산화된 염료중간체는 염료수정체가 색소 반응이 잘 일어날 수 있도록 해준다.

　산화제인 과산화수소는 불안정한 물질이기 때문에 안정화제의 역할을 하는 킬레이트제나 pH조절제를 배합하여 2제를 만든다.

(2) 영구적 염모제의 원리

영구적 염색제의 작용

단계	작용 원리
1단계	1제와 2제가 모발 속 침투
2단계	멜라닌 색소와 염료의 산화
3단계	영구적 착색

　영구적 염색제의 원리는 가장 먼저 1제와 2제를 혼합한 것을 모발에 도포하면 1제에 있는 알칼리제가 모표피를 연화, 팽윤시켜 열리게 한다. 열린 모발 속으로 분자량이 작은 무색의 염료와 2제인 과산화수소가 모피질 안으로 침투한다. 1제의 알칼리제는 2제인 과산화수소의 반응을 활성화시켜서 산소의 발생을 촉진한다.

　산소는 모피질에 있는 멜라닌 색소를 산화시켜서 무색의 옥시멜라닌으로 변화시키고 무색의 염료는 산화되어 색소로 변하게 된다. 이때 과산화수소에서 발생한 산소는 작은 입자를 가진 염료들을 중합하여 유색의 커다란 입자로 만들어 탈색된 멜라닌 색소에 영구적으로 착색된다.

4) 탈색제

　탈색제인 헤어블리치는 색소를 사용하지 않으면서 모발의 색을 제거하는 목적으로 사용한다. 모발이 가지고 있는 천연색소인 멜라닌 색소를 분해하여 제거함으로 모발의 색상이 밝게 되는 것을 말하는데, 탈색을 하는 정도에 따라 색상이 갈색에서 금색에 이르기까지 톤을 자유롭게 조절할 수 있다.

　헤어블리치에 사용하는 탈색제는 1제과 2제로 구성되는데 1제는 알칼리제인 암모니아수와 과산화물을 주요성분으로 하며 2제는 산화제의 주성분인 과산화수소를 함유하고 있다. 이들을 혼합하여 모발에 사용한다.

　백색에 가까운 탈색효과를 얻기 위해서는 과산화암모늄 등의 촉진제를 첨가하기도 한다. 피로아

황산나트륨을 1제에 배합한 제품은 산화·환원 반응에 의해 발열이 발생한다.

현재 식약처에 고시된 탈색 원료는 1제형 탈색제와 2제형 탈색제가 있다. 함량은 고시되어 있지 않으며 1제형 탈색제의 주요성분은 과산화수소이며 표시량의 90~110%에 해당하는 과산화수소를 함유하고 있다. 2제형 탈색제는 1제와 2제로 구성되어있다.

1제는 수산화나트륨, 강암모니아수, 모노에탄올아민 중 1개의 성분 이상을 알칼리제로 사용하는 크림 또는 가루형태이며, 2제는 과산화수소를 주요성분으로 하는 액, 로션, 크림 등의 형태로 되어 있다.

모발의 색상을 변화(탈염·탈색 포함)시키는 기능을 가진 기능성 고시성분 및 함량

구분	성분명	최대함량
I	p-니트로-o-페닐렌디아민	1.5%
	니트로-o-페닐렌디아민	3.0%
	2-메칠-5-히드록시에칠아미노페놀	0.5%
	2-아미노-4-니트로페놀	2.5%
	2-아미노-5-니트로페놀	1.5%
	2-아미노-3-히드록시피리딘	1.0%
	5-아미노-o-크레솔	1.0%
	m-아미노페놀	2.0%
	o-아미노페놀	3.0%
	p-아미노페놀	0.9%
	염산 2,4-디아미노페녹시에탄올	0.5%
	염산 톨루엔-2,5-디아민	3.2%
	염산 m-페닐렌디아민	0.5%
	염산 p-페닐렌디아민	3.3%
	염산 히드록시프로필비스(N-히드록시에칠-p-페닐렌디아민)	0.4%
	톨루엔-2,5-디아민	2.0%
	m-페닐렌디아민	1.0%
	p-페닐렌디아민	2.0%
	N-페닐-p-페닐렌디아민	2.0%
	피크라민산	0.6%
	황산 p-니트로-o-페닐렌디아민	2.0%

구분		성분명	최대함량
Ⅰ		황산 p-메칠아미노페노	0.68%
		황산 5-아미노-o-크레솔	4.5%
		황산 m-아미노페놀	2.0%
		황산 o-아미노페놀	3.0%
		황산 p-아미노페놀	1.3%
		황산 톨루엔-2,5-디아민	3.6%
		황산 m-페닐렌디아민	3.0%
		황산 p-페닐렌디아민	3.8%
		황산 N,N-비스(2-히드록시에칠)-p-페닐렌디아민	2.9%
		2,6-디아미노피리딘	0.15%
		염산 2,4-디아미노페놀	0.5%
		1,5-디히드록시나프탈렌	0.5%
		피크라민산 나트륨	0.6%
		황산 2-아미노-5-니트로페놀	1.5%
		황산 o-클로로-p-페닐렌디아민	1.5%
		황산 1-히드록시에칠-4,5-디아미노피라졸	3.0%
		히드록시벤조모르포린	1.0%
		6-히드록시인돌	0.5%
Ⅱ		a-나프톨	2.0%
		레조시놀	2.0%
		2-메칠레조시놀	0.5%
		몰식자산	4.0%
		카테콜	1.5%
		피로갈롤	2.0%
Ⅲ	A	과붕산나트륨, 과붕산나트륨일수화물, 과산화수소수, 과탄산나트륨	과산화수소는 과산화수소로서 제품 중 농도가 12.0% 이하이어야 함
	B	강암모니아수, 모노에탄올아민, 수산화나트륨	-
Ⅳ		과황산암모늄, 과황산칼륨, 과황산나트륨	-
Ⅴ	A	황산철	-
	B	피로갈롤	

10. 제모제

　제모란 신체의 털이 미관상 그리고 미용적 저해 요소일 때 눈에 거슬리는 털을 제거하는 것으로 일시적 제모와 영구적 제모로 구분한다. 영구적 제모는 의료적 방법이기 때문에 화장품을 이용한 제모는 일시적 제모이다. 적용 부위는 주로 얼굴과 겨드랑이, 다리 등 털이 자라는 부위는 모두 가능하다. 제거 방법에 물리적 제모제와 화학적 제모제로 구분한다. 물리적 제모제는 기능성화장품에 포함되어있지 않고 화학적 제모제만 기능성화장품의 체모를 제거하는 기능을 가진 제품으로 되어있다.

1) 물리적 제모제

　물리적 제모는 면도기를 이용해 털을 깎거나 핀셋을 이용하여 털을 뽑는 방법과 왁스를 이용하여 털이 난 부위에 왁스를 도포하고 부직포 등을 이용하여 빠르게 떼어내는 방법이 있다. 핀셋이나 왁스를 이용하여 제거하면 모낭 안에 있는 모근까지 제거된다. 일정한 시간이 지나면 털이 다시 자라기 때문에 주기적으로 털을 제거해야한다. 털을 깎아서 제거하는 방법에 비해서 효과는 오래 지속되지만 털을 제거할 때 통증이 있다. 그리고 왁스를 이용하여 제거할 때는 피부가 민감해질 수 있기 때문에 반드시 진정토너와 오일, 젤 등을 도포하여 피부를 진정시켜준다.

(1) 콜드 왁스(Cold wax)
　콜드 왁스는 왁스가 녹아 있는 상태이기 때문에 따로 워머기를 사용할 필요가 없는 왁스이다. 왁스는 얼굴용과 바디용으로 구분되며 이 제품은 털이 난 부위에 왁스를 직접 도포하고 부직포 등을 이용하여 제거하는 방법이다.

(2) 웜 왁스(Warm wax), 핫 왁스(Hot wax)
　웜 왁스와 핫왁스는 일명 소프트왁스와 하드왁스로 구분한다. 고형의 왁스를 사용 전에 워머기를 이용하여 녹인 후 사용할 부위에 도포하고 제거하는 방법으로 웜 왁스는 왁스를 약 45℃ 정도까지 녹여서 피부에 도포하고 부직포 등을 이용해서 제거하는 방법으로 주로 넓은 부위의 가는 털과 잔털을 제거한다. 핫 왁스는 단단한 왁스를 약 63℃ 정도까지 녹여서 도포 후 왁스가 단단하게 굳으면 부직포 등을 사용하지 않고 왁스를 직접 제거한다. 넓은 부위보다는 국소부위에 적용하며 굵은 털을 제거하는 데 용이하다.

2) 화학적 제모제

화학적 제모제는 알칼리 상태에서 환원제를 작용시켜 강한 시스틴 결합이 끊어지면서 케라틴의 화학구조가 분해되어 털을 용해하여 제거하는 것으로 모낭에는 직접적인 영향을 주지 않고 모근 가까이에서 모발을 용해시켜 통증 없이 깔끔하게 피부 표면에서만 제모가 가능하다.

무색, 무취의 케라틴 용해 작용이 있는 치오글리콜산칼륨을 강한알칼리 상태에서 털을 용해하여 제거하는 것으로 제품의 제형은 액제, 로션제, 크림제, 에어로졸제 등이 있다. 강알칼리성으로 피부에 자극이나 민감성 반응이 나타날 수 있어 사용 전에 팔 안쪽에 패치테스트를 하고 제모하는 것이 안전하다.

체모를 제거하는 기능을 가진 기능성 고시성분 및 함량

번호	성분명	함량
1	치오글리콜산 80%	치오글리콜산으로서 3.0~4.5%

※ pH 범위는 7.0 이상 12.7 미만이어야 한다.

퍼머넌트의 제1제의 주요성분으로 사용되는 치오글리콜산(Thioglycolic acid)이 제모제에도 사용되는데, 특유의 냄새를 가지고 있는 무색의 액체이다. 치오글리콜산은 모발의 S=S 결합을 끊는 역할을 하는데 약한 농도에서는 모양을 변형시켜서 퍼머넌트제로 사용하고, 강한 농도에서는 털을 구성하는 케라틴 단백질을 용해시켜 제모가 가능하게 한다.

11. 탈모증상 완화 화장품

1) 탈모의 정의

모발은 일정 기간의 주기를 거치면서 생성과 탈락을 반복한다. 모발의 주기는 성장기, 퇴행기, 휴지기로 구분하는데 일부 발생기, 성장기, 퇴행기, 휴지기의 4단계로 보는 경우도 있고 성장기, 퇴행기, 휴지기, 탈락기의 4단계로 보는 경우도 있다. 큰 범위로 봤을 때 휴지기를 거치면서 다시 새로운 모발의 발생과 성장이 시작되기 때문에 휴지기와 성장기의 중간인 발생기는 따로 주기에 포함하지 않는 경우가 많고 또 휴지기에 모발의 탈락이 일어나기 때문에 탈락기를 따로 구분하지 않는 경우가 많다. 이러한 휴지기의 모발은 하루에 평균적으로 50~100개 정도 탈락하고, 탈락한 만큼 다시 생성한다.

    탈모란, 단순히 두피에서 모발의 탈락이 일어나는 것만을 의미하는 것이 아니다. 인체의 비정상적인 작용에 의해 굵었던 모발이 점차 가늘어 지고 모발의 주기가 짧아져서 모발이 두피에 존재하는 기간이 줄어드는 것을 말한다. 즉, 모발이 가늘어지고, 비정상적으로 털이 많이 빠지거나 모공에 있어야 할 모발이 없는 것을 의미한다.

    탈모가 발생하는 것은 어떤 원인에 의해 휴지기 단계로 들어간 털이 많아져서 평상시 보다 많은 털이 빠지는 것으로 하루에 모발이 탈락되는 수가 120~200개가 넘게 나타나는 것이다.

    이러한 탈모의 원인은 유전적 요인과 내분비장애, 약물부작용, 노화, 영양불균형, 혈액순환 장애 등의 건강상태와 관련이 있으며 외부적인 요인으로는 두피가 깨끗하지 않거나, 환경오염, 당김, 잦은 화학적 시술 등을 원인으로 보고 있다.

2) 탈모의 원인

(1) 유전적 요인

    일반적으로 대머리라고 하는 남성형 탈모는 선천적인 탈모 유전자에 의한 것이라고 하지만 현재까지 대머리에 대해 직접적으로 탈모를 일으키는 유전자는 정확하게 밝혀진 것이 없다. 남성의 경우에는 부모 중에서 한쪽만 대머리가 있어도 탈모가 일어날 확률이 더 높으며, 여성의 경우에는 탈모의 유전인자를 두 개 모두 지니고 있더라도 남성의 탈모처럼 증세가 심하게 나타나는 것이 아니라 전체적으로 모발이 가늘어지고 머리숱이 줄어드는 정도로 나타난다. 여성의 경우 탈모로 인한 대머리가 없는 것은 남성에 비해서 남성호르몬의 수치와 활성효소인 5α-리덕타제(5α-reductase)가 남성의 절반 정도로 적게 가지고 있기 때문이다.

    남성형 탈모의 중요한 요인이 되는 남성호르몬은 분비량에 따라서 탈모가 나타나는 것이 아니라, 남성호르몬인 테스토스테론에 작용하는 활성효소의 영향으로 생성되는 대사물질인 디하이드로테스토스테론(DHT, Dihydrotestosterone)이 중요한 역할을 한다. DHT는 모모세포에 작용하여 모발을 위축시키고 세포분열을 둔화시키면서 모발의 주기 중에서 성장기의 기간을 짧게 하고 휴지기의 기간을 길게 하여 모발의 성장을 방해하여 결과적으로 모발이 점차 가늘어지고 쉽게 빠지게 되는 연모화 현상을 발생시킨다.

DHT가 탈모에 작용하는 단계

- 1단계 : 남성호르몬(Testosterone)이 5α-리덕타제 효소에 의해서 DHT로 전환
- 2단계 : DHT가 안드로겐 수용체(Androgen receptors)에 결합
- 3단계 : DHT가 탈모를 증가시키고 점점 모낭을 축소
- 4단계 : 결론적으로 축소된 모낭이 죽게 되고 영구적인 탈모 발생

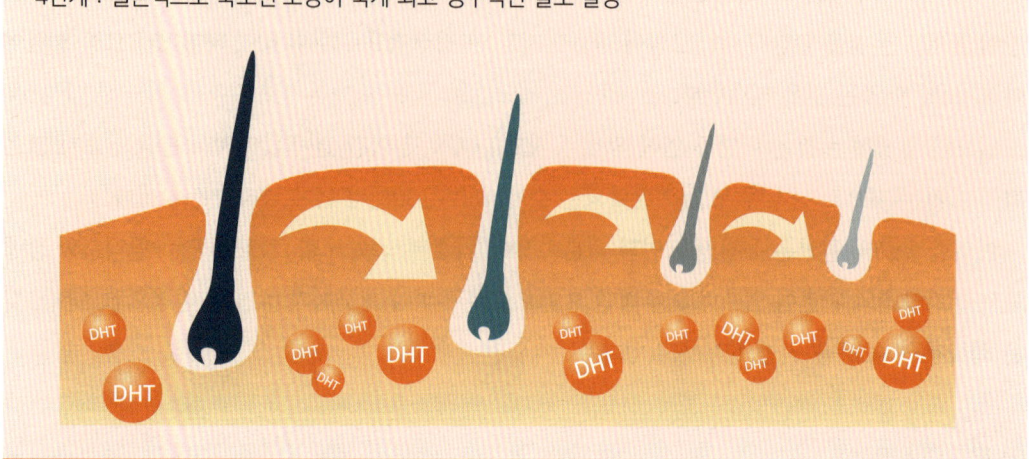

(2) 스트레스

만병의 근원이라고 할 수 있는 스트레스는 탈모에도 영향을 준다. 스트레스와 더불어 유전적인 요인, 노화, 남성호르몬 등과 맞물려 탈모가 더 빨리 촉진된다. 정신적 또는 육체적 스트레스로 인해 자율신경실조증을 초래하여 모발의 성장이 저해되고 탈모를 유발할 수 있다. 스트레스 탈모의 대표적인 형태는 원형탈모이다. 스트레스로 인해 머리카락이 평균 2배 이상 빠지면서 이러한 증상이 4주 이상 지속되면 스트레스로 인한 탈모로 의심할 수 있다.

(3) 영양의 불균형

우리의 몸이 건강한 상태를 유지하기 위해서는 균형 잡힌 영양분의 섭취가 필요하다. 모발을 구성하는 단백질 또한 음식물을 통해서 섭취하여야 한다. 균형 잡힌 영양분을 골고루 섭취하는 것 또한 모발의 생성에 중요한 역할을 한다.

서구화된 식생활로 인해 고단백질과 고칼로리의 음식을 섭취하면서 동물성 지방이나 단백질을 과잉으로 섭취하여 성인병인 고혈압이나 당뇨 등이 증가하고 있다. 이러한 성인병에 의해 혈액순환이 저하되고 영양분이 모유두까지 전달되지 못하여 모발이 가늘어지고 탈모가 일어나가도 한다.

또한 영양소의 부족으로 모모세포의 세포분열이 저하되어 모발의 건성화, 연모화, 단모, 탈모 등을 발생시킨다. 특히 식이를 조절하는 다이어트로 인해 영양의 겹필이 발생하고 정상탈모에 비해 약 2배 이상의 머리카락이 빠지고 모발이 가늘어지는 특징을 보인다.

(4) 혈액순환 장애

혈액순환으로 인해 모발의 모유두에 산소와 영양분이 전달되어 성장한다. 따라서 혈액순환이 잘 되면 두피와 모발의 건강에 중요한 역할을 하지만 탈모의 직접적인 원인은 되지 않는다.

(5) 피지분비 이상

남성호르몬은 피지선을 자극하여 피지의 분비를 촉진시킨다. 과잉 분비된 피지는 모근쪽으로 역류하여 산화되면서 모낭 안에 염증을 일으키고 모낭과 모발의 결속력을 떨어뜨려 탈모를 유발시킨다. 또한 두피에 많은 양의 피지가 오랫동안 남아 있으면 산화가 일어나고 그것이 균의 먹이가 되어 자극을 유발한다. 그것으로 인해 지루성 탈모가 나타날 수 있다.

(6) 화학적 시술

잦은 염색이나 퍼머넌트 등의 화학약품에 지속적으로 노출되었을 때도 탈모가 나타날 수 있다. 두피의 알칼리 중화능력이 화학약품에 의해 무너지면서 두피의 pH 밸런스가 깨지게 되고 모발과 두피가 약해져 손상된다. 그리고 염색제이나 퍼머넌트제의 알칼리 성분을 모근에 까지 영향을 주어 두피의 화상이나 모근부의 화상, 손상모, 모낭염 등을 일으켜 탈모로 진행된다.

(7) 노화

모발도 피부처럼 나이가 들어가면서 세포분열이 줄어들고, 모발의 굵기가 얇아지면서 연모화 현상이 나타난다. 결국 모발은 가늘어져서 쉽게 빠지고 모발성장의 주기가 늘어져 새로운 모발이 빨리 만들어지지 않는 것이다. 60세 이후에 나타나는 탈모는 노인성 탈모라고 한다.

(8) 기타

탈모가 발생하는 원인은 여러 가지가 있는데 질병에 따른 약물을 장기간 복용했을 때 약물에 의해서 혈관이 수축되거나 호르몬의 변화로 인해 일시적으로 나타난다. 이때에는 약물을 중단하면 다시 모발이 자라는 것을 볼 수 있다. 여성의 경우 임신 출산 후 호르몬의 변화로 인해 탈모가 나타날 수 있다. 임신할 때 모발의 성장기가 계속 유지되다가 출산 후에 모발이 퇴화기를 건너뛰고 휴지기로 가면서 나타나는 현상이다. 출산 후 약 6개월 정도면 다시 정상적인 모발이 자라는 것을 볼 수 있다.

3) 탈모의 유형

남성형 탈모는 주로 유전적인 소인과 남성호르몬에 의해서 모근이 약화되고 피지선에 의한 과도한 피지 분비로 인해 유발된 두피의 노화와 지루성 염증이 증가되어 증상을 더욱 악화시킨다. 일반적으로 이마와 머리의 경계선이 뒤쪽으로 후퇴하면서 양측 측두부의 이마가 M자 모양으로 넓어지고 정수리 부위에 탈모가 시작된다.

여성의 경우에는 이마 위 모발선은 유지되면서 머리 중심부의 모발이 점차 가늘어지고 머리숱이 적어진다. 완전한 대머리가 되는 경우는 거의 드물다.

유전적인 탈모의 경우 전두탈모, M자형, U자형의 탈모의 형태이고, 스트레스로 인한 탈모는 주로 원형탈모의 형태로 나타난다.

탈모의 유형

	초기	중기	말기
M자형			
O자형			
U자형			
M+O자형			

4) 탈모 증상완화에 도움을 주는 기능성 화장품의 주요 성분

(1) 덱스판테놀(Dexpanthenol)

덱스판테놀 화학구조

덱스판테놀은 판토텐산(비타민 B_5)의 유도체로 피부와 점막 등을 통해 체내로 흡수되어 즉시 판토텐산으로 전환된다. 덱스판테놀은 진정효과 및 손상된 모발과 두피에 영양을 공급하며 침투성이 있는 무자극 보습제로 연화제, 습윤제, 보습제의 효과를 주기 위해 사용되며, 세포의 성장을 촉진하고 재생에 도움을 주어 주로 탈모샴푸나 토닉 제품에 사용된다.

모표피의 큐티클에 강하게 침착하여 모발과 모근을 강화시키는 작용과 모발의 뿌리에 침투하여 모발을 윤기있게 하고 탄력을 부여한다. 또한 피부의 장벽을 강화하고 상처의 치유 속도를 증가시켜 피부 재생 효과가 있으며, 특히 각질층의 수분 보유능력을 향상시키는 보습제의 역할과 진피의 섬유아세포의 증식을 활성화시켜 각질층을 빠르게 회복하는데 도움을 준다.

화장품에 첨가하여 사용하면 민감하고 건조한 두피를 촉촉하게 유지시켜주고, 손상모의 회복을 빠르게 촉진시키는 역할을 한다.

(2) 비오틴(Biotin)

비오틴 화학구조

비타민 B_7인 비오틴은 모발과 피부의 건강에 영향을 주어 비타민 H라고도 부른다. 황을 함유하고 있는 수용성 비타민으로 손톱과 피부의 구성물질이며, 탄수화물과 지방의 대사, 혈구의 생성 및 남성 호르몬 분비 등에 관여한다. 결핍되면 손톱이 가늘어지거나 피부와 모발의 윤기와 탄력이 사라지고 탈모를 일으킨다.

화장품에 첨가하여 사용하면 힘없이 늘어진 모발을 강화시키고 두피의 밸런스를 조절하여 모발 성장을 촉진하는 데 도움을 주기 때문에 주로 헤어토너, 탈모방지 샴푸, 모발 컨디셔닝제에 배합한다.

(3) 엘-멘톨(L-menthol)

멘톨은 박하의 잎이나 줄기를 수증기 증류법을 통해 얻은 정유를 냉각시켜서 만든 것으로, L-멘톨은 박하유의 주성분이다. 멘톨은 특유의 톡 쏘는 듯한 아로마 성분이 감각을 자극하여 상쾌한 향으로 인한 시원한 사용감을 주고 모근을 자극하여 혈액의 순환을 촉진시킨다. 한의학에서 탈모의 원인 중 하나가 두피에서 발생하는 열인데, 엘-멘톨 성분이 두피의 열을 식혀주는 역할을 한다. 화장품에 첨가하여 사용하면 두피를 자극하여 혈액순환을 촉진하고 청량감을 통해 두피를 시원하게 만들어 준다. 주로 샴푸에 배합된다.

L-멘톨 화학구조

(4) 징크피리치온(Zine pyrithione)

징크피리치온 화학구조

징크피리치온은 수용성 타입으로 약간의 점성을 가진 액체성분이며 아연피리치온이라고도 한다. 살균 보존제, 항균작용과 지루성 피부염 치료, 비듬 예방제로서 비듬 샴푸에 사용되는 성분으로 기능성 화장품에 배합 시에는 비듬방지를 위한 샴푸의 원료로 사용된다.

두피의 피지가 다량 분비되면 말라세지아(Malassezia)와 같은 곰팡이가 이를 먹이로 삼아 과다하게 증식되고 말라세지아로부터 분비된 지질분해효소는 두피의 지질층을 공격하여 감염시켜 지루성피부염을 유발하게 된다. 비듬 또한 두피에 존재하는 말라세지아에 의해 발생한다.

징크피리치온이 함유된 샴푸는 말라세지아균의 활성을 억제시켜 비듬 및 가려움을 완화시켜줄 수 있다. 기능성화장품의 고시 성분으로 사용 시에는 비듬 및 가려움을 덜어주고 씻어내는 제품(샴푸, 린스) 및 탈모증상의 완화에 도움을 주는 화장품에 징크피리치온으로서 1.0% 이하로 사용 한도를 제한하고 있다.

탈모 증상의 완화에 도움을 주는 기능성 고시성분 및 함량

번호	성분명	함량
1	덱스판테놀	고시되어 있지 않음
2	비오틴	고시되어 있지 않음
3	엘-멘톨	고시되어 있지 않음
4	징크피리치온	1.0% (사용 후 씻어내는 제품)

CHAPTER 03 | 맞춤형화장품

1. 맞춤형화장품의 정의

맞춤형화장품은 개인의 개성과 가치가 존중되는 사회·문화적 환경변화에 따라 개인에 맞는 맞춤형 상품과 서비스를 통해 보다 다양한 소비자의 요구를 충족시키기 위해 도입되었다. 특히 화장품은 개인의 가치와 개성을 표현하고 다양성을 추구할 수 있는 상품이다. 이러한 요구를 반영해 2020년 3월 14일부터 맞춤형화장품을 판매할 수 있게 되었다.

맞춤형화장품을 판매하려면 맞춤형화장품판매업을 신고하여야 하며, 맞춤형화장품조제관리사를 두어야 한다. 맞춤형화장품판매업 및 맞춤형화장품조제관리사는 개인별 피부타입에 따라 영양성분을 혼합하고, 색, 향을 첨가하는 등의 개인별 맞춤 화장품을 즉석에서 조제가 가능하도록 하기 위해 등장한 제도이다.

맞춤형화장품이란 새로운 형태의 화장품 판매로, 화장품을 판매할 때 맞춤형화장품조제관리사가 고객의 피부를 분석하여 고객의 피부에 맞는 화장품에 고객 맞춤 원료를 혼합하거나, 고객의 기호나 요구에 따라 즉석에서 화장품을 소분하거나 원하는 색, 향 등을 첨가하여 판매하는 것을 말한다.

맞춤형화장품은 화장품 제조업에 의해서 제조된 화장품이나 수입된 화장품 등의 내용물에 다른 화장품의 내용물이나 원료를 추가하여 혼합한 화장품으로 원료는 식약처장이 정하는 원료를 추가하여야 한다. 또한 제조 및 수입된 화장품의 내용물을 소분한 화장품을 말한다. 맞춤형 화장품에서의 '내용물'이란 혼합과 소분에 사용할 목적으로 화장품 책임판매업자로부터 공급받는 제품을 말한다.

2. 맞춤형화장품 판매업

화장품과 관련된 영업을 할 수 있는 것은 화장품제조업, 화장품책임판매업 및 맞춤형화장품 판매업으로 구분된다. 화장품 제조업은 화장품의 전부 또는 일부를 제조하는 영업을 의미하며, 화장품 책임판매업은 취급하고 있는 화장품의 품질 및 안전 등을 관리하면서 이를 유통 및 판매하거나 수입대행형 거래를 목적으로 하여 알선 및 수여하는 영업이고 맞춤형화장품 판매업은 고객의 피부 및 요구 등에 따른 맞춤형화장품을 판매하는 영업이다.

　화장품제조업과 화장품책임판매업은 화장품을 제조 및 판매를 위해 소재지를 관할하는 지방식품의약품안전청장(지방식약청장)에게 구비서류를 제출하여 등록만으로 영업이 가능하다. 반면 맞춤형화장품 판매업은 맞춤형화장품판매업 신고서와 맞춤형화장품조제관리사 자격증 사본을 지참하여 소재지를 관할하는 지방식약청장에게 신고절차를 거쳐야 맞춤형화장품 판매업이 가능하다.

　맞춤형화장품을 판매하기 전 화장품 책임판매업자와 계약을 체결하여 화장품 내용물 및 원료를 공급받아 혼합 및 소분을 해서 판매해야 한다.

맞춤형화장품 판매업 신고

1. 신고 : 맞품형화장품 판매업을 하려는 자는 소재지 관할 지방식약청장에게 신고
2. 변경 : 변경 사유가 발생한 날로부터 30일 이내(단, 행정구역 개편에 따른 소재지의 변경은 90일 이내)
3. 맞춤형화장품 판매업 구비서류
   - 맞춤형화장품 판매업신고서(원본)
   - 사업자등록증(원본)
   - 맞춤형화장품조제관리사 자격증 (사본)
   - 그 외 기타(건축물 관리대장, 임대차계약서(임대의 경우에 한함), 세부 평면도 및 상세 사진)
4. 맞춤형화장품 판매업 변경신고를 하여야 하는 경우
   - 맞춤형화장품 판매업자 변경
   - 맞춤형화장품 판매업자 상호변경
   - 맞춤형화장품 판매업소 소재지 변경
   - 맞춤형화장품 조제관리사 변경

　맞춤형화장품 판매업의 결격사유에 해당할 경우 맞춤형화장품 판매업의 신고를 할 수 없다. 첫 번째 피성년후견인 또는 파산선고를 받고 복권되지 아니한 자, 두 번째 화장품법 또는 「보건범죄 단속에 관한 특별조치법」을 위반하여 금고 이상의 형을 선고받고 그 집행이 끝나지 아니하거나 그 집행을 받지 아니하기로 확정되지 아니한 자, 세 번째 등록이 취소되거나 영업소가 폐쇄된 날부터 1년이 지나지 아니한 자이다.[화장품법 제3조의3]

3. 맞춤형화장품 조제관리사

　맞춤형화장품 판매업을 하려면 맞춤형화장품의 내용물에 내용물을 혼합하거나 내용물에 원료를 혼합 및 소분하는 업무를 담당하는 맞춤형화장품 조제관리사를 두어야 한다.

　맞춤형화장품 조제관리사 자격증은 식약처장이 실시하는 국가 자격시험에 합격을 해서 자격증을

발급받아야 업무를 진행할 수 있다. 자격시험의 시행기관은 한국생산성본부(www.kpc.or.kr)이며 시험과목은 총 4과목으로 화장품법의 이해와 화장품 제조 및 품질관리, 유통 화장품 안전관리 그리고 맞춤형 화장품의 이해로 구성되며 현재는 필기시험만 진행하고 1년에 1회 이상 실시하고 있으며 시험실시 90일 전까지 식품의약품안전처 홈페이지에 공고해야한다. 맞춤형화장품조제관리사(맞춤형 화장품의 혼합·소분의 업무에 종사하는 자)로 판매업을 하는 경우 식약처장이 지정한 교육기관에서 매년 화장품의 안전성 확보 및 품질관리에 관한 교육을 이수하여야 한다.

4. 맞춤형화장품에 사용 가능한 원료

맞춤형화장품을 판매하는 조제관리사는 화장품의 안전성 확보를 위해 화장품의 성분에 관한 지식을 갖추고 있어야 하며, 고객에게 알러지 반응을 유발하거나 자극을 주는 성분을 확인하여 안전한 화장품을 조제하기 위해 노력해야한다. 맞춤형화장품에 사용이 가능한 원료는 아래의 항목을 제외하고 사용이 가능하다.

① 화장품에 사용할 수 없는 배합금지원료
② 화장품에 사용상의 제한이 필요한 원료
③ 식약처장이 고시한 기능성 화장품의 효능 및 효과를 나타내는 원료
　다만, 맞춤형화장품판매업자에게 원료를 공급해주는 화장품책임판매업자가 「화장품법」 제4조에 따라 해당 원료를 포함하여 기능성화장품에 대한 심사를 받았거나 보고서를 제출한 경우는 사용이 가능하다.

5. 맞춤형화장품의 표시사항

맞춤형화장품을 판매할 때 화장품에 내용물 또는 원료의 혼합과 내용물을 소분한 정보, 주의사항 등에 대해 용기·포장에 표기하지 않더라도 소비자에게 설명할 의무가 있다.
맞춤형화장품의 용기·포장에 표시 및 기재사항은 다음과 같다.

① 화장품의 명칭
② 화장품의 가격

③ 식별번호
④ 사용기한 또는 개봉 후 사용기간
⑤ 화장품책임판매업자 및 맞춤형화장품판매업자의 상호

6. 맞춤형화장품 판매업자의 준수사항

화장품을 판매하면서 맞춤형화장품의 판매업자가 준수해야할 사항은 화장품법 시행규칙 제12조의2 같다.

① 맞춤형화장품 판매장 시설·기구를 정기적으로 점검하여 보건위생상 위해가 없도록 관리할 것
② 다음 각 목의 혼합·소분 안전관리기준을 준수할 것
- 혼합·소분 전에 혼합·소분에 사용되는 원료 또는 내용물에 대한 품질성적서를 확인할 것
- 혼합·소분 전에 손을 소독하거나 세정할 것. (다만, 혼합·소분 시 일회용 장갑을 착용하는 경우는 예외)
- 혼합·소분 전에 혼합·소분된 제품을 담을 포장용기의 오염 여부를 확인할 것
- 혼합·소분에 사용되는 장비 또는 기구 등은 사용하기 전에 장비 및 기구의 위생 상태를 점검하고, 사용 후에는 오염이 없도록 세척할 것
- 그 밖에 위의 사항과 유사한 것으로 혼합·소분의 안전을 위해 식품의약품안전처장이 정하여 고시하는 사항을 준수할 것

③ 다음 각 목의 사항이 포함된 맞춤형화장품 판매내역서(전자문서로 된 판매내역서를 포함한다)를 작성·보관할 것
- 제조번호(맞춤형화장품의 경우 식별번호)
- 사용기한 또는 개봉 후 사용기간
- 판매일자 및 판매량

④ 맞춤형화장품 판매 시 다음 각 목의 사항을 소비자에게 설명할 것
- 혼합·소분에 사용된 내용물·원료의 내용 및 특성
- 맞춤형화장품 사용 시의 주의사항

⑤ 맞춤형화장품 사용과 관련된 부작용 발생사례에 대해서는 지체 없이 식품의약품안전처장에게 보고할 것

7. 맞춤형화장품 판매업자의 맞춤형화장품 판매시 주의사항

① 맞춤형화장품판매업의 소재지 별로 맞춤형화장품조제관리사 고용
② 맞춤형화장품 판매의 시설기준(권장사항)
- 판매장소와 구획, 구분된 제조실
- 원료와 내용물의 보관장소
- 작업자의 손, 제조설비 및 기구의 세척시설
- 적절한 환기시설
- 맞춤형화장품 간의 혼입이나 미생물의 오염을 방지할 수 있는 설비 또는 시설

③ 맞춤형화장품 내용물 및 원료의 입고, 보관관리
- 입고시 품질관리 여부와 사용기간 등을 확인하고 품질성적서 구비
- 내용물 및 원료는 가능한 품질에 영향을 주지 않는 장소에 보관
- 사용기한이 경과한 내용물 및 원료는 조제에 사용하지 않도록 관리

④ 작업원의 위생관리
- 혼합·소분 전에는 반드시 손을 소독 또는 세정, 일회용 장갑 착용
- 혼합·소분 시에는 마스크와 위생복 착용
- 피부 외상이나 질병이 있는 경우에는 회복 전까지 혼합·소분하는 행위를 금지

⑤ 작업장 및 시설·기구의 위생관리
- 작업장과 시설·기구를 정기적으로 점검, 위생적으로 유지 및 관리
- 혼합·소분에 사용하는 시설·기구 등은 사용 전과 후에 세척
- 세척한 시설·기구는 건조시켜 다음 사용 시까지 오염 방지

⑥ 맞춤형화장품 판매관리
- 판매내역 작성하여 보관(식별번호, 판매일자, 사용기한 또는 개봉 후 사용기간, 판매량)
- 혼합·소분에 사용된 내용물 및 원료와 사용시의 주의사항에 대해 소비자에 설명

⑦ 맞춤형화장품 사후관리
- 부작용 발생 사례포함한 안전성 정보를 인지한 경우 신속하게 책임판매업자에게 보고
- 회수 대상 화장품임을 인지한 경우 신속하게 책임판매업자에게 보고하고 회수 대상 맞춤형화장품을 구입한 소비자로부터 적극적으로 회수조치

CHAPTER 04 | 컬러와 메이크업

1. 메이크업 화장품

메이크업화장품은 흔히 색조 화장품이라고 표현하며 인체의 외모를 아름답게 꾸미고 피부결 및 피부톤을 정리정돈하여 아름답게 보이기 위한 목적으로 사용하는 화장품을 말하며 색을 이용한 화장은 고대 역사적 배경에서부터도 찾아 볼 수 있는데 목적과 용도는 차이가 있지만 신체를 보호하고 이성에게 아름답게 보이기 위한 목적뿐만 아니라 종교지도자들의 권위와 위엄을 높이고 신과 관계를 나타내기 위해 화장을 하였던 것으로 문헌에 나타나 있다.

지금도 메이크업이라는 미용술을 토대로 얼굴의 결점을 보완하거나 피부색을 정돈함으로 피부색을 아름답고 균일하게 표현하고 결점을 커버하거나 색채를 사용하여 음영을 주고 입체감을 표현하면서 외모의 아름다움을 자연스럽게 변화시키고 연출할 목적으로 한다.

또한 외부의 자극으로부터 피부를 보호하기 위한 도구뿐만 아니라 색조화장을 통해 자신의 아름다움을 부각시켜 심리적 만족도를 높이는 목적이 있다.

메이크업 화장품의 분류는 피부색을 균일하게 정돈해 주고 피부 결점 등을 커버하여 아름답게 보이도록 해주는 베이스 메이크업(Base make-up) 화장품, 눈썹, 볼, 입술, 손톱 등에 포인트를 주어 아름답고 매력적으로 보이게 하는 포인트 메이크업(Point make-up) 화장품으로 구분하여 사용하고 색조화장품의 구성성분은 착색안료(Coloring), 체질안료(Extender pigment), 백색안료(White pigment), 펄 안료(Pearlescent pigment) 등의 안료 성분들과 이러한 성분들을 분산시키는 기제로 이루어져 있다.

1) 컬러

색은 아름다움을 표현하는 수단으로 불가결한 요소로서 화장품과 색채의 관계는 밀접할 수밖에 없으며 아름다움을 추구하는 인간의 내면의 모습으로 자신을 표현하고자 하는 방법으로 이용되고 있다. 색을 표현할 수 있는 속성으로 색상(Hue), 명도(Value, Lightness), 채도(Chroma, Saturation)를 말하고 이것은 기초화장품 뿐만 아니라 메이크업 화장품의 다양한 색상을 표현하는 데 매우 중요한 역할을 한다.

색상은 스펙트럼에서 나타나는 빨강, 주황, 노랑, 초록, 파랑, 남색, 보라색 등과 같은 감각으로 느낄 수 있는 색의 속성을 가지고 있고 명도는 색의 밝고 어두움을 나타내는 정도로서 반사율이 높고 적음을 판정하는 척도라고 할 수 있으며 검정과 흰색 사이에 균등하게 다른 단계의 회색이 배치된 것이 명도 단계인데 명도 0에서 10까지 11단계로 구분하고 색이 어두우면 수축, 후퇴를 색이 밝으면 팽창, 진출로 넓어 보이는 효과를 준다. 특히 명도의 밝음과 어두움은 사람의 감정적인 요소를 좌우한다.

채도는 색상의 연하고 진함을 나타내는 선명도를 말하며 채도가 가장 높은 순수한 색을 순색이라고 하고 다른 색상과 섞일수록 채도가 낮아져 탁색이 되기도 한다. 이러한 채도는 사람의 외적인 화려함뿐만 아니라 내면의 묵직함과 안정감을 부여하는 특징을 가지고 있다.

결국 메이크업 화장품은 인간의 아름다움과 감정적인 표현을 위해 색채를 부여할 수 있고 개개인의 피부색을 잘 정돈하고 용모를 미화함으로서 심리적 안정감과 만족감을 준다.

2) 컬러 이미지

색채에 의해 전달되는 느낌과 감성은 이미지 전달에 있어 매우 중요한 매체로서 색은 감정이나 심리를 표현하기도 하며 상징적인 이미지를 가지고 있어 표현의 폭이 매우 넓다고 할 수 있다. 컬러가 주는 감성은 개인적 취향과 경험, 그리고 소속되어진 집단 즉, 국가, 지역에 따라 조금씩 차이를 보이는데 이것은 컬러가 주는 이미지가 다양하기 때문이라고 할 수 있다.

컬러로 추구하고자 하는 의미를 이해하고 활용한다면 긍정적인 메시지와 부정적인 메시지를 조화롭게 활용할 수 있음으로 화장품 제형뿐만 아니라 색상으로 고객의 마음을 사로잡을 수 있을 것이다. 일상생활에서 기본이 되는 색 중 빨강, 노랑, 주황, 녹색, 파랑, 검정의 여섯 가지 색상이 주는 이미지는 다음과 같다.

① 빨강(Red)

빨강색은 인간의 욕구, 본능을 자극하며 우리에게 원초적인 에너지를 주는 컬러로 따뜻하고 진취적이며 생동감을 부여하거나 상냥함과 관대함, 번영과 감사의 뜻을 가지고 있다.

② 노랑(Yellow)

노란색은 따뜻한 태양, 행복의 표상, 더 나은 삶을 위해 스스로 발전하고자하는 심리적 욕구를 일으키는 컬러로 대체적으로 긍정적인 이미지를 가지고 있다.

③ 파랑(Blue)

빨강색과 반대적인 색으로 조용하고 침착한 이미지를 주기 때문에 흥분을 절제할 수 있도록 조율해주는 작용을 하며 소통과 창의성을 나타내고 하늘과 물을 상징하며 청량함과 차가운 느낌을 준다.

④ 주황(Orange)

주황은 빨강색과 노란색을 혼합하였을 때 나오는 컬러로 정의, 온기, 활력 등을 상징하며 신선하며 밝고 부드러운 우아한 색감을 가지고 있다.

⑤ 녹색(Green)

심신의 균형과 조화를 주며, 불안증세, 현실성과 지구력이 약한 사람을 안정시켜주는 컬러로 다양한 긍정적인 이미지와 창의성 향상에 효과적이다.

⑥ 보라(Purple)

파랑과 빨강이 겹친 색으로 우아함, 화려함, 풍부함, 고독 등의 이미지를 표현하며 신비한 분위기를 연출하거나 예술적인 느낌이 표현된다.

⑦ 갈색(Brown)

공간을 따뜻하게 해주며 편안함을 위한 공간을 꾸밀 때 적용하면 아늑하고 포근함을 느끼고 갈색의 컬러는 흙, 대지를 연상시키고 강한 의욕과 성실의 상징으로 표현된다.

⑧ 핑크(Pink)

격렬함을 지닌 빨강과 순백의 흰색이 섞이면서 부드럽고 온화하며 여성스러운 이미지로 낭만적이고 로맨틱한 컬러로 표현된다.

⑨ 블랙(Black)

모든 빛을 흡수하는 색으로 무거움, 두려움, 공포, 죽음, 권위등을 상징하는 컬러로 심리적으로 편안함과 보호감, 신비스러운 효과를 나타낸다.

⑩ 흰색(White)

흰색은 모든 빛을 반사하며 무채색 중 가장 밝은 색으로 숭고, 순결, 단순함, 깨끗함을 표현한다.

2. 색조 화장품의 종류

1) 베이스 메이크업(Base make-up)

베이스 메이크업은 기초화장품류를 사용한 후 색조화장의 첫 단계 화장을 말하며 파운데이션을 도포하기 전에 얼굴색의 색조를 조정해 주는 것으로 파운데이션이 직접 피부 깊숙이 침투하여 파운데이션의 색조가 피부에 침착되는 것을 방지해주고 모공의 트러블 등을 커버해 피부결을 정돈하는 기능이 있다. 또한, 파운데이션의 밀착력과 퍼짐성, 지속력을 유지하며 자외선으로부터 피부를 보호하는 기능을 한다.

① 베이스 메이크업 화장품

베이스 메이크업(Base make-up) 화장품은 개인차에 의한 피부톤을 조정해 주고 피부톤을 균일하게 보정해주며 기미나 잡티와 같은 피부 결점 등을 보완해 주는 역할을 한다.

땀이나 피지 분비를 억제하여 화장이 들뜨지 않고 밀착이 잘 되도록 도와주기도하며 최근에 출시되는 메이크업 베이스 화장품은 대부분 자외선 차단 효과를 겸하고 있는 것이 특징으로 색상은 초록색, 보라색, 분홍색. 푸른색, 브론즈색 등이 있다.

초록색은 가장 일반적으로 사용되며 색상 조절 효과가 뛰어나 흉터 및 잡티나 붉은 피부에 사용하면 깨끗한 피부를 표현할 수 있다.

보라색은 동양인 피부의 황색조를 중화시켜 주어 밝게 명랑하게 보이도록 조정해 준다.

분홍색은 모든 피부톤에 사용할 수 있으며 피부가 창백하거나 혈색이 없는 피부에 생기를 표현해 화사하고 생기있고 건강한 피부톤을 표현할 수 있다.

푸른색은 붉은 피부 또는 트러블로 인한 피부의 붉은기를 커버해주고 하얀 피부 표현을 원할 때 사용한다.

브론즈색은 선탠한 듯 섹시함을 더하고자 할 때 그리고 어두운 피부를 표현을 원할 때 효과적으로 표현할 수 있다.

② 파우더(Powder)

파우더(Powder)는 땀이나 피지에 의해 메이크업의 번짐, 지워짐 등을 막아 주고 피부톤이 밝고 화사해 보이게 하면서 얼굴의 유분기를 제거하여 파운데이션의 지속성을 유지하게 하는 목적으로 사용된다.

성분으로는 매끄럽게 퍼지게 해주는 탈크, 번들거림을 억제하고 커버력을 조절하는 카올린과 이산화티탄, 부착력을 좋게 하기 위해 스테아린산아연과 미리스틴산아연, 땀과 피지의 흡수를 원활히 하기 위한 탄산칼슘, 피부톤 조정을 위한 착색안료와 펄안료를 사용한다. 콤팩트 파우더는 페이스파우더를 고형 상태로 압축하기 위해 유동 파라핀과 합성에스테르유가 5%정도 사용되며 페이스 파우더의 성분과 거의 같다.

③ 파운데이션

파운데이션은 '기초를 만든다'는 의미로 결점 커버와 피부 색상을 조절해주는 것으로 장점을 부각하고 단점을 보완하는 것으로 얼굴 윤곽의 수정이 가능하여 개성을 강조한 이미지 연출을 목적으로 한다.

특히, 파운데이션은 부착, 광택, 커버 등의 장점을 강화하고 기미 등의 잡티와 같은 피부결점을 커버하여 깨끗하고 아름다운 피부로 보일 수 있도록 한다.

구성 성분에 따라 리퀴드 파운데이션, 크림 파운데이션, 파우더 파운데이션, 투웨이케이크, 스킨 커버로 분류되는데 피부 타입, 피부 상태, 사용목적에 따라 선택하여 사용할 수 있다.

파운데이션의 분류에는 유화형태, 분산형태, 파우더형태로 유화형태의 경우 O/W 와 W/O의 형태가 있고 보통은 O/W형태는 리퀴드형, 크림파운데이션 등이 해당되며 오일의 함량은 약 10~20%로 산뜻한 느낌의 사용감으로 여름철에 주로 사용한다.

W/O의 형태는 유성성분이 많이 함유된 것으로 역시 크림의 형태와 스킨커버형, 컨실러 등이 있으며 피부에 부착성이 뛰어나고 땀이나 물에 잘 지워지지 않는 특징이 있다.

또한 분산형태는 유성성분인 오일에 안료를 분산시킨 형태를 말하며 파우더형태는 안료에 오일을 압축하여 고형화 한 제품으로 파우더와 트윈케익의 중간 형태로 피부표현은 번들거림이 적고 매트한 느낌을 주는 형태이다.

2) 포인트 메이크업

윤곽수정이나 피부보호를 하는 베이스 메이크업이 끝난 후 특정 부위에 하는 메이크업을 포인트 메이크업이라 한다.

① 립스틱

립스틱은 주성분이 왁스와 오일 형태의 유분이며 색상은 유용성 염료와 유기 안료에 의해 결정되며 입술 점막에 사용되는 제품이기 때문에 안정성이 강조되어 입술 점막에 자극이 없어야 한다.

또한, 사용성과 친화력이 좋은 성분을 이용하여 색소가 번지는 발한(Sweating)현상이 없어야 하고 부드럽고 매끄럽게 도포될 수 있어야 한다.

② 치크

블러셔 또는 볼터치라고도 하며 볼 부위 주변에 도포하여 건강하고 밝게 보이는 음영을 주어서 입체적으로 표현한다. 주로 적색계 안료가 사용되며 색상의 변화가 없고 부착성과 친화성이 좋아 바르기 쉬운 것이 좋으며 메이크업 클렌징 시 쉽게 제거되고 피부에 착색이 되지 않는 것이 좋다

③ 아이메이크업

얼굴에서 가장 큰 비중을 차지하고 공을 들이는 부분으로 결점 커버와 동시에 입체적이고 생동감 있게 표현할 수 있으며 안전성이 우수하고 자극이 없으며 사용감이 부드러워 자연스러운 연출이 가능해야 하며 내수성 및 안점막과 피지에 대한 저항성이 있는 요건을 갖추어야 한다. 특히 피지선과 한선의 분포가 적기 때문에 아이메이크업에 적용되는 성분들은 화장품 법에 의해 정해진 성분, 배합율, 인체유해물질 등에 대한 규제가 따

르기도 하며 눈 점막 및 주위가 건조해지지 않으며 안정성과 안전성이 우수한 것을 선택해야한다.

아이메이크업의 종류는 매우 다양하며 눈썹을 그릴 때 사용하는 아이브러우 펜슬(Eyebrow pencil)의 경우 자신의 피부톤, 헤어컬러 등을 고려하여 선택하여야 하여야 하는데 주로 갈색, 흑갈색, 회색 등이 적용되며 근래에는 자신의 표현 방법으로 다양한 색상을 통해 표현하며 구성성분으로 안료, 왁스, 오일등이 함유되어 발한현상이나 발분현상이 일어날 수 있다.

아이새도우(Eye shadow)는 눈두덩이에 사용하는 제품으로 눈 주변에 색감을 더하여 음영을 주며 입체감을 통해 미적 감각을 나타내고 아름다움을 강조하는 포인트가 되기도 한다. 역시 눈 주변에 사용하는 다른 제품과 마찬가지로 눈의 형태를 고려하여 본인에게 알맞은 표현 방법을 적용함으로 단점을 보완할 수 있다.

제품의 형태는 백색안료와 체질안료, 착색안료에 주성분인 오일을 혼합하여 유분감이 균일하게 나타나게 하는 제형이 가장 많이 사용되며 오일 성분 결합체에 따라 크림형태의 제형, 펜슬 타입, 케이크타입의 형태로 휴대하기 편리한 특징을 가지고 있다.

아이라이너(Eye liner)는 눈의 윤곽과 모양을 잡아주는 제품으로 안정성과 안전성, 발림성 등이 중요한 제품으로 용제에 따라 형태가 정해지며 필요시 선택적으로 사용하게 된다.

리퀴트 타입의 경우 유성 용제형, 유화형, 수성 현탁형으로 분류하며 펜슬타입, 케이크 타입, 크림 타입이 있다. 유성 용제형은 휘발성 용제가 함유되어 있어 도포 후 내수성의 피막만이 남겨지고, 유화형과 수성 현탁형은 수분의 함유량이 높아 촉촉한 느낌으로 가볍게 사용할 수 있다.

마스카라(Mascara)는 속눈썹에 적용하는 아이메이크업 제품으로 속눈썹이 풍성하고 길게, 그리고 볼륨감을 더하기 위한 제품으로 땀과 수분 등에 퍼지지 않아야 한다.

착색 안료를 왁스와 오일을 첨가하여 굳혀 만든 것으로 액상형, 고형, 섬유형으로 분류되며 눈에 직접 사용하는 것이기 때문에 안전성과 안정성이 요구된다.

④ 네일 메이크업

네일 메이크업은 신체 중 사용빈도가 가장 높은 손과 발의 관리에 있어 색상을 입히는 과정으로 손톱과 발톱의 큐티클을 제거하고 파일링하여 모양을 만들고 원하는 색상의 에나멜을 도포한다.

우리가 일반적으로 '매니큐어'라고 하는 것은 손을 아름답고 건강하게 관리하는 손질하는 것을 말한다.

색상을 표현하는 네일 폴리쉬(Nail polish)는 손톱과 발톱에 도포하는 유색 또는 무색의 컬러로서 '네일컬러', '네일에나멜', '네일락카'라고도 하며 손톱위에 색을 입힐 때 사용하는데 근래에는 일반 폴리쉬보다 젤 폴리쉬를 선호하고 있는데 브러쉬 형태의 젤 시스템으로 점도가 높고 유지력이 오래가는 특징이 있다.

네일 폴리쉬에는 FDA가 승인한 착색제와 색소가 포함되어 있으며 색상 변형을 방지하기 위해 벤조페논-1과 같은 광안정화제가 포함되어 있다. 그리고 네일 경화제에도 손톱과 발톱을 단단하게 강화하기 위해 약간의 포름알데히드가 포함되기 때문에 사용 시 주의해야 하며 도포 후 오랜 시간을 방치하지 않는 것이 바람직하다.

색조화장품의 종류

	종류	사용목적
베이스 메이크업	메이크업베이스	피부톤을 보정해 주면서 땀이나 피지 분비를 억제
	파우더	피부톤이 밝고 화사해 보이게 하면서 유분기를 제거
	파운데이션	결점 커버와 피부색상을 조절
포인트 메이크업	립스틱	입술에 색조와 질감을 표현
	치크	볼 주변에 음영을 주어 입체적으로 표현
	아이메이크업	결점 버커와 입체적이고 생동감 있게 표현
네일 메이크업	네일 에나멜	손·발톱에 광택과 색채를 부여하여 아름다움 표현

CHAPTER 05 | 모발화장품

1. 모발 화장품의 사용목적

모발 화장품은 모발과 두피의 보호 및 개성을 표현하는 수단으로 미화의 목적으로 사용되는데 두피에 존재하는 피지나 땀 그리고 모발의 먼지 및 오염물질을 제거하여 청결하고 깨끗하게 유지하게 한다. 그리고 모발의 보호와 영양공급 등의 트리트먼트를 통해 모발을 건강하게 만드는 기능성 화장품과 사용목적에 따라 헤어스타일링, 퍼머넌트, 컬러링의 형태 또는 색상의 스타일을 변화시키는 데 사용되는 화장품을 말한다.

2. 모발화장품의 종류 및 특징

모발 화장품은 세발용, 정발용, 헤어트리트먼트용, 양모용, 퍼머넌트웨이브용, 염모용, 탈모 및 제모용, 발모용으로 분류된다.

용도	종류
세발용	샴푸, 헤어린스
정발용	헤어 오일, 헤어 크림, 헤어 로션, 헤어 젤, 헤어 무스, 스프레이, 포마드
트리트먼트용	헤어 트리트먼트 크림, 헤어 팩, 헤어 에센스
양모용	헤어 토닉
염모용	영구 염모제, 반영구 염모제, 일시염모제
퍼머넌트용	퍼머넌트 웨이브로션
발모용	모근 활성제, 혈관확장제
탈모 · 제모용	탈모제, 제모제

1) 세발용

두피나 모발에 오염물을 제거하여 청결 상태를 유지하기 위함이 목적이다.

① 샴푸

샴푸는 "머리를 씻다."라는 사전적 뜻이 있으며 모발을 세정하고 두피에 적당한 자극을 주어 모발 촉진을 활성화시켜 모근을 강화함으로 건강한 모발과 두피의 유지를 위한 세정제로서 모발과 두피에 싸인 이물질, 비듬, 먼지, 피지, 세팅 제품이나 화학제품의 잔여물, 신진대사과정의 대사물질인 노폐물 등을 세정하여 비듬과 가려움을 제거해 주는 기능을 한다.

샴푸의 성분은 물에 녹을 경우 계면활성제의 부분이 음이온으로 변환되는 아니온 계면활성제가 약 10~20% 함유되어 있고 계면활성제는 에틸렌옥사이드, 아크릴로니트릴, 프로필렌옥사이드 등으로 합성한 것을 사용하는 샴푸제가 시중에 많이 출시되어 있으나 인체에 유해한 성분으로 인해 점차 천연 계면활성제를 사용하는 샴푸제가 제조되고 있다. 천연 계면활성제의 종류로는 글루코사이드류와 아미노산 계열로 만들어 진다.

샴푸의 조건

- 모발과 두피의 과도한 탈지현상을 억제해야 한다.
- 적절한 세정력과 거품이 풍부하여 샴푸 시 마찰에 의한 손상이 없어야 한다.
- 장기간 보존시 변질의 우려가 없어야 한다.
- 샴푸 후 세척이 용이해야 한다.
- 저자극의 식물성으로 모발에 광택과 유연성을 부여해 주어야 한다.
- 눈과 두피, 모발에 대한 자극이 없어야 한다.
- 샴푸 후 비듬이나 가려움, 염증 등의 현상이 나타나지 않아야 한다.
- 샴푸의 pH가 약산성 혹은 중성이어야 한다.

샴푸제는 그 기능에 따라 일반 샴푸와 기능성 샴푸로 구분되며 일반샴푸는 석유계 계면활성제를 사용하여 세정효과는 우수하나 두피에 자극을 줄 수 있다. 기능성 샴푸는 두피와 모발의 건강정도와 문제성 두피 및 모발에 따라 구분할 수 있다.

샴푸의 종류

종류	기능
항비듬성 샴푸제 (Anti-dandruff shampoos)	두피의 상태에 따라 지성 및 건성용으로 약용 샴푸로서 징크피리티온(Zinc pyrithione)이 함유되어 있어 비듬의 원인을 제거하는데 효과적이다.
컨디셔닝 샴푸제 (Conditioning shampoos)	샴푸와 컨디셔너가 합쳐진 제품으로 세정력과 모발보호의 기능을 가지고 있으나 장기간 사용 시 모발은 생기를 잃고 유분이 쌓여 모발에 무게감을 부여한다.
논스트립핑 샴푸제 (Nonstripping shampoos)	두피와 모발을 자극하지 않으며 pH가 낮은 산성 샴푸제로 영구적 염모제 염색과 탈색모의 퇴화방지에 효과적이다.
산성 샴푸제 (Acid shampoos)	pH가 5.5-6 정도의 약산성으로 컬러링이나 퍼머넌트 시술 후 반드시 세정해야 한다. 또한 모발의 팽윤화를 억제하는 기능이 있어 컬러링 작업 후 사용하는 것이 좋다.
비듬치료제 (타르 성분 함유 샴푸)	비듬치료에 효과적인 제품들로 미국 식품의약품안전청(FDA)이 허가한 타르 등의 성분을 함유한 샴푸 형태의 의약품들이 있다.
베이비 샴푸제 (Baby shampoos)	어린이 전용 샴푸제로 저자극의 성분인 활성제를 사용하여 안전하다.

② 린스

린스(Rinse) 원래 '헹구다'라는 뜻으로 정확한 표현은 헤어 컨디셔너(Hair conditioner)라고 한다. 린스의 역할은 세발 후 모발에 남은 알칼리성 물질을 중화하여 헹궈주는 것으로 산성 물질이 함유되어 있으며 린스에는 카치온 계면활성제가 0.5~5%, 유지류가 0.5%~5%가 함유되어 유연하고

부드러운 모발을 만들어 정전기를 방지하고 일시적 코팅막을 형성해 줌으로 모발 손상을 막고 적당한 유분감을 통해 광택을 주는 역할을 한다.

2) 정발제

모발을 매력적이고 아름다운 스타일을 만들고 유지하기 위해 사용하는 제품으로 마무리 시 사용되는 두발용 끝마무리 화장품으로 세팅을 목적으로 사용되는데 헤어스타일을 고정하고 유지시키며 정발제의 분류는 사용 용도에 따라 스트레이트 헤어용·웨이브 헤어용 등이 있다.

정발제 종류

종류	기능
헤어 오일	유분과 광택을 부여하여 모발을 정돈하고 보호 한다.
헤어크림	물과 유분을 유화시킨 제품으로 단정히 정돈해 주면서 보습과 광택을 주며 유분감이 많이 건조한 모발에 적용하면 효과적이다.
헤어로션	유화 형태에 따라 끈적임이 적고 산뜻한 O/W형과 오일감이 많고 윤기와 정발효과가 좋은 W/O형이 있으며 모발에 수분을 공급하여 보습력을 유지하게 하며 끈적임이 없는 것이 특징이다.
헤어 젤	원하는 헤어스타일 연출에 효과적이며 투명하고 촉촉한 특징이 있다.
헤어 무스	강한 세팅력을 위주로 헤어스타일을 유지하는 것이 목적으로 거품을 내어 모발에 바른 후 스타일 연출을 한다.
스프레이	헤어 무스의 기능과 유사하며 고분자 피막타입으로 세팅한 모발을 일정한 형태로 고정해 주는 역할을 한다.
포마드	남성용 정발제로 식물성유지와 광물성 유지에 지방산을 혼합한 것으로 모발에 광택과 유분을 공급한다.
헤어리퀴드	화장수와 비슷한 정발제로 점착성을 지닌 보습제인 합성 폴리에테르유를 에탄올 용액에 투명하게 용해시킨 것으로 유분기가 적고 끈적거림 없이 광택을 부여하며 물에 쉽게 씻기는 장점이 있다.

3) 트리트먼트제

트리트먼트는 손상된 모발을 복구하거나 외부환경으로부터 보호하여 건강한 상태로 유지시켜 준다. '치료'라는 뜻을 가지고 있지만 양이온성 컨디셔닝 성분으로 약해진 부분을 보강해 보호막을 씌워주고 손상 모발의 진행을 완화 시킨다. 주성분은 실리콘오일과 천연오일로 두피와 모발에 보습을 부여하고 진정 및 영양공급을 위해 판테놀, 세라마이트엔피, 펩타이드와 같은 성분이 사용된다. 이 외에도 유분 제거를 위해 변성알코올 에탄올 티트리추출물 등이 함유되어 있다.

종류는 사용방법에 따라 헹구는 타입(wash off)과 헹구지 않는 타입(leave-in)으로 나뉘며 형태에 따라서는 크림, 팩, 로션, 액상, 스프레이, 오일 타입이 있다.

트리트먼트제

종류	기능
헤어 팩	손상된 모발을 회복시키기 위해 사용하는 유화형태의 제품으로 영양물질을 공급하기 위해 사용한다. 헤어팩의 경우 대부분 씻어내는 타입이다.
헤어 에센스	모발에 영양공급 및 윤기를 부여하는 제품으로 크림타입의 제형이 많으며 투명한 액상타입, 스프레이형 타입도 있다.
헤어 트리트먼트크림	손상된 모발에 영양물질을 공급하여 건강하게 만들어 주는 기능이 있으며 샴푸 후 모발에 바른 후 10~20분 후 씻어내면 된다.

4) 탈색제

탈색제는 알칼리성 과산화수소로 멜라닌 과립을 산화하여 분해하는 것으로 알칼리제를 주 성분으로 한 제1제와 산화제인 과산화수소를 주성분으로 한 제2제를 혼합하여 사용하는 것으로 이때 발생하는 화학반응의 현상으로 산소가 모 피질 속의 색소를 옥시 멜라닌(Oxy-melanin)으로 변화시킨다. 탈색제는 자연모발색상을 착색시키게 되면서 착색과정에서 2차 과정에 의해 원하는 색상을 조절할 수 있는데 보통 어두운 모발 색을 밝게 변환할 수 있다.

탈색의 성공여부는 산소의 양과 부피와 밀접한 관련이 있는데 산소를 방출하는 양에 따라 탈색의 등급이 결정되고 탈색과정의 시간, 농도에 의해 탈색의 성공여부는 다르게 나타날 수 있다. 탈색제의 종류는 액체, 크림, 분말 등의 형태가 대표적이다.

탈색제 종류

종류	기능
액체 탈색제 (Liquid lighteners)	암모니아와 과산화수소가 혼합된 것으로 액체형이기 때문에 모발 도포 시 흘러내릴 수 있음으로 주의해서 사용해야 한다. 지금은 거의 사용하지 않는 제형이다.
크림 탈색제 (Cream lighteners)	일반 염모제와 라일라이트에 해당되는 제품으로 오버랩핑(Over lapping) 즉, 덧바르지 않아도 되고 사용량의 조절이 편리하다. 또한, 컨디셔닝제가 함유되어 있어 모발과 두피를 보호하는 기능이 있다.
분말 탈색제 (Powder lighteners)	4-6단계의 밝기로 빠르게 탈색할 수 있는 특징이 있으나 두피손상을 막기 위해 두피로부터 1~1.5cm 정도 떨어져 탈색하는 것이 바람직하다.

5) 염모제

모발의 색을 변화시키는 제품을 말하며 모발의 염색, 탈색(헤어 블리치)을 목적으로 사용한다. '탈색'은 모피질 내 멜라닌 색소를 인위적으로 밝게 제거하는 시술을 말하며 '염색'은 모표피에 색소를 입혀 착색 또는 모피질의 멜라닌 색소를 탈색 한 후 다시 색을 입히는 과정을 말한다. 염모제는 식물성 염모제와 금속성(광물성) 염모제, 유기합성 염모제로 분류된다.

식물성 염모제는 식물의의 꽃이나 열매 등의 색소로 염모제가 모피질에 축척이 되어 퍼머넌트 웨이브와 산화 염색제의 침투가 어려워지는데 헤나, 인디고, 살비아 등이 해당된다.

금속성(광물성) 염모제는 모발 내 금속 성분이 축척 되고 모발에 피막을 입혀 화학제가 침투되면 열이 발생하여 모발손상을 가속화 시키게 되는데 납, 철, 카드뮴, 동 등이 해당된다.

유기합성 염모제는 알칼리제를 주성분으로 제1제와 과산화수소들의 산화제를 주성분으로 하는 제2제를 혼합하여 사용하며 산성염료, 염기성염료, 산화염료 등이 있으며 모피질 속에 있는 멜라닌 색소를 파괴하며 산화염료를 착색시킨다.

염료의 종류

- 파라-페닐렌디아민 : 흑색
- 파라-트릴렌디아민 : 다갈색이나 흑갈색
- 모노니트로-페닐렌디아민 : 적색
- 파라-아미노페놀 : 적갈색
- 오르토-아미노페놀 : 황갈색
- 니트로-아미노페놀 : 노란색
- 파라-페닐렌 디아민 + 파라-아미노페놀 : 암갈색-적자색

염모제의 종류

종류	기능
일시적 염모제	모발 표면 위에 색을 일시적으로 입힌 일회용성 염모제로 샴푸하면 색상이 제거되며 색소 자체로서의 염착이 아닌 접착력에 부착되는 방식이다. 컬러파우더, 컬러크레용, 컬러스프레이, 컬라마스카라, 컬러 무스 등이 여기에 속한다.
반영구적 염모제	일시적 염모제보다는 지속력이 길지만 보통 4~6주 후 색상이 제거되며 자연스러운 색상은 표현되지만 산화력이 없어 밝은 색상의 표현은 할 수 없다. 컬러린스, 산화샴푸, 컬러크림, 프로그레시브 샴푸 등이 여기에 속한다.
영구적 염모제	모피질 안에 분자구조를 변화시켜 염색과 착색을 시키는 방법이며 제1제인 염모제와 과산화수소를 함유한 제2제산화제로 구성된다.

6) 퍼머제

　웨이브로션은 1제와 2제로 구성되어 있는데 제1제는 환원제로 알칼리가 첨가되어 있고 모발 침투력을 높이기 위한 계면활성제와 안정제가 첨가되며 SH 화합물의 환원제인 치오글리콜산 및 시스틴이 주로 쓰인다.

　제2제는 산화제로 과붕산나트륨, 과산화수소, 브롬산칼륨, 브롬산나트륨 등이 주성분이며 1제에 의해 만들어진 티올(-SH)기를 산화시켜 원래의 시스틴(-S-S) 결합으로 돌아가게 만들어 주는 역할을 한다.

7) 제모제

　일반적인 방법의 탈모제는 가온 용해시킨 왁스를 털에 감싼 다음 냉각시켜 굳은 왁스와 함께 털을 모근에서부터 제거하는 것으로 지속성은 좋으나 피부에 손상을 줄 수 있어 여러 번 하는 것은 권장하지 않는다.

　제모제는 불필요한 털을 화학적 물리적으로 제거할 수 있는 것으로 털의 구성성분인 케라틴 단백질의 시스테인 결합을 환원시켜 절단하여 시술한다. 환원제로는 황화스트론튬, 황화나트륨, 황화칼슘 등과 같은 무기계와 치오글리콜산과 같은 유기계가 있다.

8) 양모용

　두피나 모발을 청결히 하고 양모제를 이용하여 마사지하면 혈액순환을 촉진하고 두피 기능을 원활히 하여 발모를 돕고 탈모를 방지하며 비듬과 질환 등의 예방에 효과적이다.

　양모제의 종류로는 보습제, 영양제, 살균제, 소염제, 용해제, 혈행촉진제, 국소자극제, 난포호르몬제, 항지루제가 있다.

CHAPTER 06 | 바디 화장품

바디화장품은 얼굴과 두발을 제외한 전신의 넓은 부위에 적용하는 제품으로 바디에 적용하는 화장품으로 건강하고 탄력 있는 피부를 유지하기 위해 청결 및 피부의 유·수분의 균형을 조절해주고 신진대사를 원활하게 하는 것을 목적으로 한다.

바디의 피부층은 두껍고 외부자극이 적어 노화진행이 늦어지지만 다이어트, 출산, 질병, 잘못된 습관, 과도한 햇빛 노출, 스트레스 등의 원인으로 피부가 손상되거나 건조함, 탄력저하, 궤양, 비만 등의 문제가 발생할 수 있음으로 얼굴피부 및 두피와 마찬가지로 관리가 필요하다.

바디관리 제품은 피부 표면의 이물질과 노폐물, 땀을 제거하여 청결을 유지하기 위한 세정제, 노화된 각질을 제거하기 위한 각질제거제, 피부를 보호하고 보습을 유지하게 도와주는 바디트리트먼트제, 혈액순환을 도와주고 노폐물 배출을 용이하게 해주는 슬리밍 제품 등의 다양한 분류를 통해 필요에 맞게 적용하는 화장품으로 출시되고 있으며 바디화장품의 시장은 점차 확대되어 그 시장의 규모가 가파르게 성장하고 있으며 점차 기능성을 겸비한 제품들이 개발되고 있는 것이 특징이다.

1. 바디 세정제(Body cleanser)

바디피부의 노폐물을 제거하고 청결을 유지하기 위해 사용하는 화장품으로 그 종류가 다양하여 피부타입과 개인의 취향에 알맞은 것을 선택하여 사용할 수 있다.

바디 세정제는 풍부한 거품력과 거품 유지 및 산뜻한 사용감 그리고 안전성 등을 고려해 사용해야 하며 인체에 유해한 성분이 함유되지 않아야 한다. 바디 세정제에 원료인 계면활성제는 음이온계면활성제가 주로 사용되는데 세정력과 거품이 풍부하여 일반적이 세정제 조성물로 많이 사용되지만 민감성 피부에 사용하는 바디 세정제의 경우 비이온성 계면활성제를 사용하기도 하는데 세정력은 다소 떨어지는 단점이 있다.

바디 세정제는 계면활성제의 농도가 강하게 배합되기 때문에 저온에서 유동성을 유지하고 현탁 방지를 위해 안정화제를 배합하는데 대표적인 성분은 다가 알코올, 지방산 알키롤아미드 등이 이용되고 있다.

바디 세정제 종류

종류	기능
바스솔트 (Bath salt)	목욕 또는 족욕 시 사용되는 소금으로 물을 미네랄 알칼리성으로 변화시켜 피부를 이완시켜주는 효과가 있다. 또한, 휴식과 노폐물 배출을 도와주는 온천욕과 같은 기능이 있으며 각질제거에도 효과적이다.
배스오일 (Bath oil)	라벤더, 페파민트, 로즈메리, 캐모마일 등 식물성 에센셜 오일에 스위트 아몬드, 호호바오일 등의 보습 영양소를 더해 블렌딩한 오일로 유·수분의 균형을 맞추어 건조한 피부에 보습과 유연함을 부여한다.
버블바스 (Bubble bass)	거품 목욕을 위해 만들어진 제품으로 피부의 청결과 유연함을 도와주는 효과가 있으며 클렌징 바스, 크림 바스 등도 있다.
바디크렌져 (Body cleanser)	피부에 수분을 유지하게 도와주며 약산성 성분이 함유되어 있어 피부의 수분과 피부 보호막을 형성하고 노폐물 배출이 용이하게 도와주며 바디샴푸, 바디워시, 크림샤워, 바디샤워, 샤워젤 등이 있다.

2. 바디 트리트먼트(Body treatment)

바디 세정 후 건조한 피부를 방지하기 위해 사용하는 화장품으로 수분공급 및 영양공급으로 바디 피부의 탄력과 매끄러움을 부여해 주는 기능이 있다. 또한 바디 파우더의 경우는 피부의 유·수분을 흡수하여 피부가 산뜻하며 청량감을 주기 위해 사용하며 바디오일은 피부가 건조해지지 않도록 피막을 형성하여 수분이 빠져나가지 못하도록 방어해주는 역할을 하므로 사계절 모두 사용하는 것을 권장하지만 특히 겨울에 건조해지기 쉬운 피부에 사용하면 효과적이다.

3. 자외선 차단 화장품

햇빛의 피부 흡수는 비타민 D를 만들어 뼈를 튼튼하게 하고 면역력을 증강시키는 데 큰 도움이 되지만 과도한 노출은 검버섯, 주근깨, 기미, 일광화상 등과 함께 광노화의 원인이 되며 심할 경우 피부암의 위험이 있다.

자외선 차단(Sunscreen) 화장품은 태양의 자외선(UV)으로부터 피부를 보호하는 기능을 하는 제품을 말하며 썬크림(Sun cream) 또는 화장품의 분류에서는 선블록(Sunblock)이라고 하며 외부 활동 30분 전에 미리 도포해야 자외선 차단의 효과를 나타낼 수 있으며 차단력이 좋은 제품을 사용

할 지라도 3~4시간에 한 번씩 덧발라주는 것이 바람직하며 자외선 차단제품은 성분에 따라 화학적 자외선차단제와 물리적 자외선차단제로 분류한다.

화학적 자외선 차단제에는 벤젠 계열의 유기 화학물질인 옥시벤존(Oxybenzone), 아보벤존(Avobenzone) 등이 함유되어 있어 피부에 자외선이 흡수되는 것을 막아 준다.

물리적 자외선차단제는 무기화학물질이 주성분으로 징크옥사이드(Zinc oxide)와 티타늄디옥사이드(Titanium dioxide) 등이 자외선을 반사하거나 산란시켜 피부에 침투되지 못하도록 막아 준다.

자외선 차단제품의 종류

종류	기능
썬크림 (Sun cream)	햇볕에 그을리는 것을 방지하고 자외선으로부터 피부를 보호하기 위해 사용하는 제품으로 땀과 물에 방수 효과 및 자외선 차단 효과가 높은 것이 특징이다.
썬 오일 (Sun oil)	오일 타입의 자외선 차단성분이 함유되어 있는 천연 에센셜오일과 브렌딩한 자외선 차단제이다.
썬젤 (Sun gel)	젤 타입으로 수분이 많이 함유되어 끈적임이 없고 지성, 여드름 피부 사용에 적당하지만 크림 타입에 비해서 자외선 차단 효과는 약하다.

- 자외선 차단지수(Sun protection factor. S.P.F)
  UVB에 대한 차단 능력을 의미하며 숫자가 높을수록 자외선 차단시간이 오래 유지된다.

- 자외선 차단지수(Protection grade of uvA. P.A)
  색소 침착이 일어나는 이유는 자외선A 때문인데 피부 속 멜라닌색소로 인해 피부를 검게 변하는데 자외선이 피부 침투를 막기 위함으로 자외선에 대한 차단 능력을 의미한다.

- UV-A: 파장 320~400nm, 멜라닌의 산화로 피부 그을림 현상, 기미, 주근깨, 색소침착
  UV-B: 파장 280~320nm, 염증을 유발하고 물집, 화상, 반점 등이 발생
  UV-C: 파장 100~280nm, 오존층에서 흡수되며 노출 시 눈의 백내장, 피부암을 유발

4. 핸드·풋 케어(Hand, Foot) 화장품

손은 계절과 관계없이 신체 중 가장 많이 사용되며 모든 세균이나 이물질에 노출되기 쉽기 때문에 감염병 예방 및 건조함을 방지하기 위해 신경 써야 하는데 마찰이 많은 손을 보호하기 위해 기본적으로 올바른 '손씻기'가 이루어져야 한다.

손은 얼굴을 관리하듯 매일 케어 하는 것이 건강하고 부드러운 피부를 유지할 수 있는데 그러한

이유로 손의 유·수분의 밸런스와 영양공급을 위해 전용 화장품을 사용하는 것이 바람직하다. 핸드케어 전문제품으로 청결을 위한 핸드 워시, 비누 등이 있으며 영양공급 및 수분공급을 위한 핸드크림, 핸드로션 등이 있는데 최근에는 주름개선과 피부장벽강화, 미백, 탄력강화를 위한 기능성 화장품들이 출시되고 있음으로 건강한 손관리를 통해 쉽게 노화되지 않도록 하는 것이 중요하다.

발은 제2의 심장이라고 할 정도로 중요한 신체의 일부로 청결과 순환을 위해 관리가 반드시 필요하다. 풋(Foot) 케어 제품은 발을 관리하기 위한 전용 화장품으로 과도한 땀 분비로 인한 질병의 발생과 잦은 마찰로 인해 과도한 각질이 형성되는 것을 관리해 준다.

발관리는 기본적으로 청결을 유지하기 위한 제품을 사용하고 각질관리전용제품을 통해 각질관리 후 발전용크림을 사용하는 것이 바람직하다. 각질관리를 위한 제품으로 스크럽제, 마스크형제품 등이 있으며 영양공급을 위해 발 전용 에센스, 영양크림, 발마스크 등의 화장품을 사용하는 것이 좋다.

핸드·풋 케어제품

종류	기능
핸드 워쉬 (Hand wash)	손의 이물질, 노폐물 등을 제거하는 데 사용감, 향, 세정력, 인체에 무해한 성분 등이 적절해야 한다.
핸드크림 (Hand cream)	일반적인 로션에 비해 식물성 유성 성분인 글리세린 함유량이 많아 피부의 수분이 증발하는 것을 막아줄 수 있으며, 건조해지지 않도록 보습유지 및 부드러움을 부여한다.
풋 스크럽제 (Foot scrub)	발의 각질관리를 위한 제형으로 묵은 각질을 제거 및 보습기능과 함께 부드러움을 부여한다.
풋 크림 (Foot cream)	고보습 크림으로 너무 묽거나 점성이 강한 것이 특징이다.

5. 방취용 화장품

방취용 화장품은 땀분비 및 발한, 채취의 원인인 피부상재균의 증식을 억제하는 항균기능이 있어야 하며 대표적인 원료로는 정유나추출물, 염화벤잘코늄, 트리클로산, 염화벤잘코늄 등이 인체의 세균활동을 억제시키는 역할을 한다.

인체에서 발생하는 냄새의 원인으로 보통 아포크린선에서 분비되는 땀의 경우 크게 냄새를 발생시키지 않으나 인체에 존재하는 미생물이나 세균이 땀을 분해하는 과정의 냄새가 체취의 원인이 되기도 한다.

방취용 화장품은 데오드란트라고도 불리며 땀의 분비를 막아주며 수렴제를 배합한 것과 피지 분비를 조절하는 살균제가 배합된 것으로 분류되며 스틱, 액상, 분말, 에어졸 타입의 제형이 있다.

CHAPTER 07 | 방향화장품

1. 방향화장품(Aromatic goods)의 정의

채취에 대한 후각적인 아름다움에 대한 관심이 높아지면서 방향화장품은 개개인의 이미지와 매력을 발산하게 도와주며 개성을 표현할 수 있는 수단으로 사용되고 있다.

향과 후각은 매우 밀접한 관계성을 가지고 있으며 모든 감각기관 중에 가장 직접적으로 나를 표현하거나 상대방의 이미지를 오래도록 간직할 수 있는 성질이 있어 후에 남는 여운을 인상 깊게 심어주는 수단으로 사용할 수 있다.

평균적으로 사람은 뇌의 약 만 가지 정도의 향기를 저장할 수 있다고 알려져 있으며 우리 코의 점막은 약 천만 개의 냄새 분자에 반응하기 때문에 어떤 물질의 향이 발향할 때 인체의 후각신경을 자극하여 기분을 좋게 하거나 반대로 불쾌한 감정이 생기게 할 수 있다.

방향 목적을 가진 대표적인 화장품은 향수(Perfume)로서 향이 나는 나무, 꽃, 잎, 열매, 수지 등에서 추출한 것으로 고대 역사를 살펴보면 중국, 인도, 그리스, 아라비아 등의 나라에서 오래전부터 사용해 왔고 향의 전성기라고 할 수 있는 고대 이집트 네페르티티(Nephertiti)와 네페르타르(Ne-phertar) 여왕은 향수에 대한 집착이 강해 궁전 내부 및 목욕탕은 향수와 발향 분말로 치장하였다고 한다.

현재에도 화장품의 분류 기준에 방향 화장품이 차별화되어 있으며 이에 해당하는 화장품으로 퍼퓸, 오데퍼퓸, 오데 토일렛 오데 코롱, 샤워 코롱 등이 있다.

1) 향수의 개요

향수(香水)의 어원은 라틴어 'Per Fumum'으로 '연기를 통해'라는 의미를 담고 있는 향수는 종교 행사에서 악령을 물리치는 기능과 동물 등의 제물이 부패하는 과정에서 발생하는 악취를 제거하기 위해 고대부터 향이 나는 물질을 태워 향기를 내는 것에서 유래된 것으로 추정할 수 있으며, 이후 향수는 인류가 최초로 사용한 화장품으로 신과 인간과의 교감 및 종교적 의식 의 매개체로 사용하게 되었다.

현대의 향수는 알코올의 발견으로 활성화되었고 대량생산이 이루어졌는데 최초의 향수는 '오데코롱'으로 휘발성이 좋으며 잔잔한 향이 퍼지는 것으로 향에 대한 자극을 통해 기분을 좋게 만들어 주었다. 향수는 가용화제를 사용하지 않고 동물이나 식물에서 추출한 천연향료를 에틸 알코올에 녹인 것으로 어떠한 방식으로든 향료를 배합하여 만들게 되는데 이것을 '조향'이라고 하며 이 일을 하는 사람을 '조향사'라고 하며 전문직종으로 분류되어 있다.

2. 향수의 역사

향이 나는 식물, 수지, 꽃 등에서 추출한 에센셜을 이용하여 목적에 맞게 사용했다는 것은 고대 유물, 벽화, 파피루스 등에 의해 전해지고 있다. 최초의 향수는 헝가리 워터로 14세기 헝가리 여왕이 젊음을 되찾기 위해 사용했다고 한다.

고대 이집트인들의 향수 문화는 생활의 한 부분으로 모임이나 종교적 활동 등 크고 작은 모든 행사가 있는 경우 허브를 이용하여 몸과 마음을 가다듬었다고 한다. 이처럼 이집트인들은 아로마 식물을 이용한 향수를 신이 주신 가장 귀한 선물이라고 여겼다.

또한 왕이 죽었을 때 향유를 사용해 미라를 만들었는데 이것은 향료의 방부력 및 살균력의 효과를 이용하여 시신이 부패하는 것을 방지하기 위함이었으며 일반인들의 묘에서도 망자를 위한 연고를 담은 용기와 향수를 함께 묻어 주었다는 기록이 있다.

그리스에서는 질병을 없애기 위해 아테네 광장에서 향내 나는 식물을 태워 질병을 예방하였고 식물학자인 테오프라스투스(Theophrastus)는 '냄새에 관하여'라는 최초의 향수와 관련된 책을 저술 중세시대까지 중요한 문헌으로 역할을 하였고 이와 더불어 식물에 대한 깊은 연구가 이루어졌다. 또한 메갈루스(Megallus)에 의해 발명된 향수로 메갈리옴(megallium)은 카시아, 신나몬, 몰약 등이 혼합되어 제조된 것으로 그 특징이 향이 지속적이어서 많은 사람들에게 사랑 받았던 향수이다.

로마시대는 목욕문화 발달과 목욕용품이 다양하게 쓰일 정도로 신체를 깨끗하고 향기가 나는 것을 선호하여 향수에 대한 관심이 매우 컸으며 향수과 화장품으로 신분 등이 분류되었다.

아름다움의 상징인 클레오파트라 역시 목욕 후 꽃잎의 향내가 담긴 향유를 몸에 바르거나 흡향을 즐겼다.

　중세시대에는 향료를 향수로 바꾸어 주는 알코올을 만들어 내면서 향수발전의 초석을 마련하였다. 오늘날 향수의 시초격인 '헝가리워터'가 알코올 개발로 탄생될 수 있었다.

　1920년대는 향의 조향기술이 발달하여 여성의 아름다움을 강조하는 플로럴향에서 개성을 표현하는 합성향료를 사용한 알데히드 타입의 향수가 탄생 되어 개개인의 개성을 적극적으로 표현하였다. 1921년 이 시기의 대표적인 향수인 샤넬 No. 5는 플로럴 향에 알데히드향이 복합된 플로럴알데히드(Floral aldehyde) 계열로 마릴린 먼로가 항상 애용하는 제품으로 유명해졌으며 1925년 겔랑에서 개발한 샬리마(Shalomar)는 인도의 왕이 자신의 왕비를 위해 만든 정원의 이름에서 딴 향수로 환상적인 오리엔탈 향취가 특징이다. 이 시기에는 여성의 우아함을 최고 아름다움의 가치로 여기는 엘레강스한 이미지가 주목받는 시기였으므로 유행한 향수 타입 또한 여성의 중후한 멋을 강조한 오리엔탈 계열이 주류를 이루었다.

　1930년경에는 알코올에 로즈마리를 이용하여 향료를 녹인 현대향수의 시초인 헝가리 워터가 출현하였으며 엘리자베스 여왕은 이것으로 영원한 아름다움을 간직할 수 있다고 믿었고 1834년 최초의 합성향료인 니트로벤졸의 출현을 시작으로 합성향료가 발명되면서 향수산업 발전에 분수령이 되었다. 합성향료를 이용한 가장 오래된 향수는 1889년 겔랑에서 나온 '지키(Jicky)'이며 샤넬, 레뒤탕 등이 그 뒤를 이었다.

　1945년 제2차 세계대전 이후에도 전쟁에서 탈피하고 새로운 시대로의 기대에 부응하며 크리스챤 디올의 미스디올(Miss dior)과 같은 시프레 계열의 향수와 '녹색바람'이라는 의미를 가지고 있는 상큼한 초록의 향내와 시원함이 특징인 세계최초의 그린 계열 향수인 방베르(Vent vert)가 발망(Balmain)에서 1948년 니나리치에서 우아하고 품위 있는 이미지의 레뒤탕(L'air du Temps)이 개발되었다.

　1950년 '오드리햅번'을 이미지로 한 렝터르디트(L'interdit)가 등장하였는데 달콤하면서 신비롭고 매혹적인 향이 특징이며 이 시대의 향수는 로맨틱한 여운을 느낄 수 있는 플로럴 노트가 중심이 된 시기였다.

　1960년대 경제부흥기로 개성적이면서도 가벼운 플로럴 계열의 향수가 유행했으며 1970년대는 여성의 사회적인 지위 향상이 높아지면서 화려함보다는 심플한 것이 유행이었으나 후반기로 갈수록 섹시한 향을 원하는 경향이 짙어졌다.

　1980년대는 합성 향수의 전성기로 패션디자이너 브랜드의 이미지 향수가 폭발적으로 늘어나면서 다양한 향수가 등장하였는데 1984년 코코샤넬은 신비한 동양과 서양의 이미지가 어우러진 스파이시 플로럴향으로, 크리스챤 디올의 뿌아종은 관능적이고 섹시한 이미지로 탄생하였다.

1990년대 이후부터는 편안하고 순수한 천연향수로의 자연 회귀운동과 남녀 공용의 유니섹스 향수가 유행하였다.

3. 향수의 조건

좋은 향수는 개인의 특성과 기호 그리고 사용 용도에 따라 개인차가 있고 동양인과 서양인의 기호 차이도 상당하다. 동양인들의 경우 달콤하고 부드러운 향기를 선호하고 서양인들의 경우는 신선하고 자극적이면서 강렬한 향기를 선호한다. 이처럼 향수에 대한 개인의 기호, 식생활, 생활습관, 체취, 기억의 연관성, 감정, 환경, 문화, 지역, 기후, 향을 접하는 방식 등 다양한 요소들과 향수를 접하는 방식 등을 고려하여 자신에게 알맞은 향수를 선택하는 것이 바람직하며 이러한 것들이 충족되었을 때 좋은 향수라고 할 수 있다.

향수의 조건
- 향이 가지고 있는 특징이 명확해야한다.
- 향의 확산성이 좋아야 한다.
- 향이 적당하게 강하며 지속성이 좋아야 한다.
- 향은 시대가 원하는 시대성에 부합되어 한다.
- 향의 조화성이 우수해야 한다.

4. 향수의 분류

1) 발향 속도에 따른 단계별 분류

향수는 시간이 지나면서 단계적으로 발향 되면서 향기가 변한다. 향수에 따라 각각의 휘발성이 다르기 때문에 생기는 현상인데 이때 향수에서 나오는 후각적인 느낌을 '노트(Note)'라고 하는데 발산되는 단계에 따라 크게 첫 향취를 탑노트, 중간느낌을 미들노트, 마지막 잔향을 베이스노트로 구분한다.

발향 속도에 따른 단계별 분류

단계	특징	향료의 종류	향의 계열
탑노트 (Top note)	• 향수를 뿌린 후 10분 전후의 향의 첫 느낌으로 가볍고 휘발성이 강한 향 • 향의 첫 인상을 결정하는 요인	레몬, 버가못, 그린, 에스테르, 안젤리카 등	• 시트러스 • 그린 • 프루티 등
미들노트 (Middle note)	• 향의 구성이 조화롭게 배합된 중간 단계 • 하트노트, 소울노트라고도 하며 부드럽고 은은하여 본연의 향을 느끼게 한다.	라벤더, 제라늄, 마조람, 스파이시, 로즈, 시나몬 등	• 플로럴 • 프루티 • 그린 등
베이스노트 (Base note)	• 향의 마지막 느낌으로 향의 여운이 길고 개인 체취와 어울려 독특한 분위기 연출 • 그윽한 향기를 느끼게 한다. • 라스트 노트라고도 한다.	프랑킨센스, 타임, 히노끼, 벤조인 등	• 머스크 • 우디 • 오리엔탈 등

2) 부향률에 따른 분류

향수의 종류는 부향률에 따라 분류되는데 이것은 향료를 용제(알코올, 프로필렌글리콜, 물)을 희석시켜 발산력을 조절하는데 부향율에 따라 다섯 종류로 나뉘며 부향률이 높을수록 좋은 향수라고 할 수 있다.

부향률에 따른 분류

향수의 유형	부향율	향의 지속시간	특징
퍼퓸/향수 (Parfume)	15~30%	10시간~	• 확산성이 좋아 풍부한 향을 유지하게 한다. • 알코올의 함유량은 70~85% 정도
오데퍼퓸 (Eau de parfum)	9~12%	5~7시간	• 퍼퓸에 가까운 지속력과 깊은 향 • 알코올의 함유량은 72~91%로 퍼퓸보다 가격이 저렴해 실용적인 제품이다.
오데 토일렛 (Eau de Toilette)	6~10%	3~4시간	• 오데 코롱과 퍼퓸의 중간유형으로 상쾌하고 풍부한 향을 가지고 있다. • 알코올의 함유량은 80%로 일반적으로 가장 많이 볼 수 있는 향수이다.
오데코롱 (Eau de Colegne)	5~7%	1~2시간	• 독일 쾰른 지방의 레몬, 베르가못 등과 같은 신선하고 상큼한 향을 가진 허브에서 추출 • 알코올의 함유량은 93~95%로 부향률이 가장 낮아 지속성과 확산성은 떨어지지만 목욕이나 운동 후 신선함 부여
샤워 코롱 (Shower cologne)	3~5%	1시간 이내	• 전신에 가볍게 사용하기 좋으며 은은한 향으로 상쾌함을 주지만 지속시간이 짧은 것이 단점이다.

3) 계열에 따른 분류

① 플로럴(Floral) 계열

플로럴계 향수는 향이 강한 꽃에서 추출한 향료를 이용한 것으로 한 가지 꽃을 이용한 싱글 플로럴 또는 여러 꽃의 향료를 모아 놓은 플로럴 부케계열의 향으로 분류하고 있다.

플로럴 계열의 향수는 사람들에게 친화적이어서 모든 사람들이 선호하고 사랑받는 향료로서 수국, 재스민, 장미, 라일락, 수선화 등 다양한 꽃에서 추출하여 만들어진 향기가 나는 화장품의 기본적인 향이라고 할 수 있다.

② 스파이시(매운향, Spicy) 계열

스파이시 계열은 자극적이며 매운 향을 표현할 수 있는 향료로 후추, 생강, 시나몬, 정향나무, 카타몬 등에서 추출하며 향의 느낌과 인상이 오래도록 남는 향수의 계열이다. 스파이시 계열의 향료는 플로럴, 우디 등 다른 계열의 향기를 깊이 있게 표현하고자 할 때 조력자 역할을 하며 남성에게 잘 어울리는 향수와 오리엔탈 향수 등 폭 넓게 사용된다.

③ 시프레(Chypre) 계열

시프레 계열의 향료는 떡갈나무에 서식하는 이끼에서 추출한 오크모스(Oakmoss)를 기초하여 베르가못과 파출라 등의 향기와 조향을 한 것으로 '시프레(Chypre)'라는 이름은 지중해에 있는 키프로스 섬에서 유래하였고 대표적인 시프레 향수는 1919년 발매된 겔랑의 '미츠코(Mitsouko)'이다. 시프레 향은 조용하고 안정적이며 성숙한 여성의 아름다움을 표현하는데 효과적이어서 20대 후반에서 30대 여성들에게 잘 어울리는 향수이다.

④ 시트러스(Citrus) 계열

시트러스(Citrus) 향은 '헤스페리딘'이라는 성분이 포함된 감귤류에서 조향한 것을 말하며 휘발성이 강하고 발향의 시간이 짧아 '코롱'에 해당되는 계열로 모든 사람들에게 친근한 향기로 알려져 있다. 레몬, 만다린, 베르가못, 자몽, 라임, 블러드 오렌지, 네롤리, 페티그레인 등 다양한 시트러스 계열의 감귤류에서 추출한 향기이다.

⑤ 오리엔탈(Oriental) 계열

동양에서 온 신비하고 고급스러운 향을 말하며 몽환적이며 관능적인 화려한 느낌을 부여하는 향수로 잔향이 강하게 남는 개성이 강한 향이기 때문에 다량을 사용할 경우 불쾌감을 줄 수 있어 주의해서 사용하는 것이 바람직하다.

오리엔탈의 특징은 향이 부드럽고 스파이시한 느낌이 강하고 우디계열과 비슷한 점이 많은 것으로 알려져 있으며 주된 원료로 바닐라(Vanilla), 넛맥(Nutmeg), 사향 노루의 분비샘인 머스크(Musk) 등이 사용되는데 머스크의 향이 강하기 때문에 꽃향을 첨가하여 순화해서 사용한다.

⑥ 푸제르(Fougere) 계열

푸제르는 양치식물을 총칭하며 '고사리'를 의미하는데 1882년 발매된 싱싱하고 촉촉한 느낌의 향수 '푸제르 로얄(Fougere royale)'에서 유래되었다.

푸제르 계열은 따뜻하고 부드러우며 감각적인 향을 풍기는 것이 특징이며 편안하고 심플한 남성의 향기를 표현하는데 효과적인 향으로 미들 노트 단계에 많이 사용되며 대표적인 향료는 라벤더(Lavender), 오크모스(Oakmoss), 장미(Ross) 쿠마린(Courmarin) 등이 해당된다.

⑦ 파우더리(Powdery) 계열

파우더리 계열은 파우더 향이라고 알려진 것으로 순수함, 포근함과 더불어 달콤한 느낌과 관능적인 느낌을 동시에 연상시키는 특징을 가진 향의 계열로 주원료로 아이리스, 바닐린, 인공향 원료인 쿠마린, 헬리오트로핀 등이 사용되고 있으며 무겁고 깊이 있는 향기는 지속성이 좋아 미들노트, 베이스 노트로 사용되며 추운 겨울에 더욱 잘 어울리는 향의 계열로 대표적인 제품은 오드 달리, 카페 카페, 샤넬 NO.22, 옴브르 로즈 등이 있다.

⑧ 그린(Green) 계열

푸른 잎의 새싹, 나뭇가지를 떠올리게 하는 향료로 싱그러운 자연의 향기로 친근감, 신선함, 상쾌함을 부여하며 모든 계절에 어울리는 최고의 향수라고 할 수 있다. 대표적인 제품으로 아자로 오벨, 겐조 데떼, 샤넬 No.19, 남성들의 향수로 알려진 플래티넘 에고이스트, 엘라자베스 아덴의 그린티 등이 알려져 있는데 강한 향에 거부감이 있는 사람들이 사용하기 좋은 향수이다.

⑨ 우디(Woody) 계열

우디 계열의 향료는 숲속에서 느낄 수 있는 신선한 나무들의 향을 말하는 것으로 신선함, 편안함, 안정감, 여유로움 등을 표현하고자 할 때 주로 사용하는 계열이라고 해도 과언이 아니다.

우디계열의 향수는 미소년의 매력을 풍기는 여성 또는 깔끔하고 세련된 이미지를 연출하고자 하는 남성들에 잘 어울리는 향으로 알려져 있다. 우디계열에 적용되는 나무로 베티버, 샌들우드, 패츄리, 시더우드, 삼나무, 파인 등이 있으며 따뜻하고 부드러운 느낌을 부여한다.

⑩ 프루티(Fruity) 계열

사과, 자두, 딸기, 그린애플, 살구, 복숭아 등의 천연 과일의 달콤하고 상큼한 고유의 향을 표현할 수 있는 계열로 플로랄 계열과 더불어 모든 사람에게 부담 없이 사용할 수 있는 향으로 알려져 있다. 귀여운 이미지를 표현하고자 할 때 주로 이용되며 달콤한 향 때문에 '미식가용 향수'라고도 한다. 프루티 계열의 시초는 20세기 초 겔랑의 '미츠코'로 복숭아 향을 기본베이스로 만들었고 사람들의 감정과 후각을 자극하여 많은 사랑을 받았던 향수로 플로랄 계열과 그린 계열의 향료와 조화롭게 어우러지는 특징을 가지고 있으며 향의 지속력이 우수하다.

⑪ 알데히드(Aldehyde) 계열

알코올의 불충분한 산화로 인해 발생된 액체가 알데히드(Aldehyde)인데 향이 자극적이고 휘발성이 강한 성분으로 알려져 있다. 알데히드계열의 대표적인 향수는 샤넬 NO.5로 조향사인 어네스트 보가 많은 양의 알데히드를 적용하여 만들어진 것으로 우아하고 세련된 여성을 표현하고자 할 때 사용하면 효과적이다.

이러한 알데히드 향은 여성스러움을 표현한 플로럴계열과 조화롭게 어우러져 '모던 플로럴'이라는 이름을 갖고 있기도 하지만 플로럴계열보다는 더 감각적이며 세련된 매력을 연출할 수 있다.

⑫ 아쿠아 & 오셔닉(Aqua & oceanic) 계열

아쿠아와 오셔닉 계열의 향료는 파도치는 시원한 바다와 해조류 또는 짠 공기에서 느낄 수 있는 바다를 연상할 수 있으며 상쾌한 향을 가지고 있어 가볍고 시원한 여름에 어울리는 향수라고 할 수 있다. 대표적인 향수로 조르지오 아르마니의 '아쿠아 디 지오'와 돌체 앤 가바나의 '라이트 블루'가 있으며 남녀 구분 없이 중성적인 느낌을 표현하고자 할 때 사용하기 적당하다.

⑬ 타바코-레더 노트(Tabacco-leather note) 계열

남성에게 어울리는 향수로 마초스러운 느낌을 선사하며 자작나무 타르와 잎 담배 그리고 가죽향으로 개성이 강한 특징을 가지고 있으며 환상적이며 야성적인 매력을 지닌 계열로서 대표적인 제품

으로 샤넬의 안테우스 등이 있다.

⑭ 머스크(Musky) 계열

사향노루, 사향고양이, 사향쥐의 생식선 부근에 있는 분비물에서 채취한 것으로 따뜻하고 포근한 느낌을 부여하고 '이성을 유혹하는 향'이라고 하여 남녀 모두가 좋아하며 어울리는 향기이다. 1888년 과학자 앨버트 바우어가 인공적인 머스크 향을 처음 발견하면서 활성화 되었다.

⑮ 그루망(Gourmand) 계열

그루망(Gourmand)은 '식도락을 즐기는' 또는 '미식가'라는 뜻을 가진 프랑스어에서 유래되었고 과일, 벌꿀, 쿠키, 초콜릿, 바닐라, 계피 등의 달콤한 향을 연상시키게 되어 후각적인 자극을 미각적인 즐거움으로 바꿔준다고 알려져 있다.

CHAPTER 08 | 아로마오일

1. 에센셜오일

에센셜 오일은 단일식물 또는 종류에서 향기가 나는 식물원료로, 물리적인 방법을 이용하여 얻어낸 휘발성 물질을 말한다.

식물의 표면이나 조직 내에서 만들어진 호르몬은 외부 환경으로부터 약한 식물의 자신을 보호하고, 번식과 생존을 위해 분비하는 생화학적 성분의 식물 에센스라고 할 수 있다. 약용식물의 꽃, 줄기, 열매, 뿌리, 수지 등에서 추출하는 오일은 식물의 특성에 따라 냉압착법, 증류법, 용매추출법을 통해 에센셜 오일을 추출하게 되는데 식물이 가지고 있는 천연에센셜오일로 가볍고 끈적임이 없는 무색 또는 연한 노란색을 띤다.

에센셜 오일은 모노테르펜 알코올, 페놀, 알데하이드, 케톤, 옥사이드, 락톤, 쿠마린 등의 화학 구성성분으로 이루어져 있고 구성성분에 따라 고유의 향과 질병을 치료할 수 있는 효능을 가지고 있기 때문에 에센셜 오일을 이용한 인체 적용에 따라 후각을 자극하고 또 피부에 직접 적용을 통해 혈액순환, 노폐물 배출, 정신적 스트레스 해소 등에 영향을 미친다.

1) 에센셜 오일 종류 및 특성

　에센셜 오일은 후각과 피부를 통해 흡수되어 살균, 진정, 근육이완, 신진대사조절, 심리적 안정감을 주기 때문에 고대부터 약용 및 향수, 방부액으로 사용해 왔다.

　에센셜 오일은 많은 질병과 증상을 치유하기도 하지만 올바른 적용방법을 지키지 않거나 과용할 경우 오히려 안전하지 않을 수 있기 때문에 반드시 전문가의 지침에 따라 사용하는 것이 바람직하다.

노트	종류	특성
탑노트	그레이프 프룻(Grapefruit)	• 혈액순환 및 이뇨작용, 소독, 항우울 작용, 편두통, 정화 등에 효과적이며 담즙의 분비를 촉진하여 다이어트에 도움을 준다. • 광과민성 반응이 나타날 수 있음으로 주의
	니아울리(Niaouli)	• 긴장완화, 불안증해소 및 세포 재생 효과가 우수해 건성, 민감성, 노화 피부에 효과적이다.
	라임(Lime)	• 무기력증, 강장, 해열, 항바이러스, 식욕 증진에 효과적이다.
	레몬 그래스(Lemongrass)	• 피로회복을 통해 생기를 부여하고 소화불량 등에 효과적이며 피지분비조절기능이 있어 여드름 피부에 적합하다.
	바질(Basil)	• 집중력을 향상시켜 주며 심리적 안정감을 부여하지만 과다 사용할 경우 근육마비 현상이 나타날수 있음으로 주의해야 한다.
미들노트	베르가못(Bergamot)	• 로즈(rose)에센셜과 비슷한 신경안정제 역할을 하며 피지제거에 효과가 있어 지성피부에 적용하면 효과적이다.
	네롤리(Nenolri)	• 달콤한 꽃향기로 긴장감 해소, 만성 불안증 해소, 세포의 재생 효과가 있다.
	라벤더(Lavender)	• 피로 회복, 편두통, 불면증 등에 효과적이며 피부염증에 좋으며 특히 화상에 탁월한 효과가 나타난다.
	레몬밤(Elissa/Officinalis)	• 혈압을 낮추고 진정효과가 있으며 생리통 완화에 효과가 있다.
	로즈마리(Rosemary)	• 기억력과 집중력을 높이고 머리를 맑게 해주며 피부청결, 수렴기능이 있어 피부관리에 많이 적용된다.
	로즈우드(Rosewood)	• 플로럴 향기가 특징이며 살균, 항우울증, 노화 피부 개선에 뛰어난 효과가 있다.
베이스노트	사이프러스(Cypress)	• 솔향기가 나며 호르몬조절작용 및 발한에 효과적이며 피부노화에 도움을 준다.
	샌달우드(Sandalwood)	• 진정효과를 통해 심리적으로 안정감을 주며 방광염 완화 및 지성피부와 건성, 노화피부, 보습, 습진피부에 효과적이다.
	시더우드(Cedarwood)	• 진정, 완화, 거담 작용과 신체의 균형을 유지하도록 도와주며 탈모, 피부질환에도 효과적이다.
	자스민(Jasmine)	• 로맨틱한 분위기를 조성하며 중증 우울증 효과 및 민감성 피부개선에 좋다.
	캠퍼(Camphor)	• 심장, 호흡, 순환기계 질병에 도움을 주며 변비와 설사병에 효과적이다.

2) 보관 및 주의 사항

- 어린이의 손에 닿지 않도록 보관한다.
- 개봉 후 1년이 지난 오일은 폐기한다.
- 빛, 공기, 온도에 민감하게 반응하기 때문에 어두운 갈색의 차광 유리병에 넣어 서늘한 곳에 보관한다.
- 구입 시 식물학명, 원산지, 추출부위, 추출방법 등을 확인하여 필요 시 적절하게 사용한다.
- 에센셜 오일은 구강흡입을 자제해야 한다.
- 여러개의 에센셜 오일을 혼합하여 사용할 경우 정확한 용량을 적용 한다.
- 인체에 적용전 패치테스트를 통해 알러지 유·무를 확인하고 사용한다.
- 햇빛에 의한 감광성을 고려하고 고객에게 주의할 것을 권고한다.

2. 캐리어 오일(Carrier oil)

원액상태의 에센셜 오일은 인체에 직접 사용할 수 없기 때문에 식물성 오일에 희석하여 사용하는데 이때 사용되는 오일을 베이스 오일(Base oil) 또는 캐리어 오일(Carrier oil)이라고 한다.

캐리어 오일은 에센셜 오일의 주요 성분을 목적에 맞게 필요한 곳에 전달 및 운반하는 기능이 있고 특징을 살펴보면 오일에 따라 독특한 향을 가지고 있으나 대부분의 캐리어 오일은 향이 없으며 휘발성이 없어 끈적한 점성이 있어 사용하고자 하는 목적과 효능을 고려해 선택하여야 한다.

캐리어 오일의 종류 및 특징

종류	특징
그레이프시드 (Grapeseed oil)	피부에 자극이 없고 빠르게 흡수되며 지성피부, 여드름 피부에 효과적이다.
로즈힙 오일 (Rosehip oil)	야생에서 자라는 장미로 열매에서 추출한 노란색의 오일로 필수지방산인 리놀산과 리놀렌산을 많이 함유하고 있기 때문에 피부 세포 재생을 촉진시켜 노화를 억제한다.
스위트아몬드오일 (Sweet almond oil)	단백질, 리놀릭산, 미네랄, 불포화 유지방산 등을 다량 함유하고 있어 피부를 부드럽게 하며 가려움을 억제하여 건성 피부에 효과적이며 얼굴과 전신관리에 사용할 수 있다.
아보카도 오일 (Avocado oil)	각질이나 지방층이 두꺼운 피부를 부드럽게 해주기 때문에 건조한 피부, 노화방지, 탈수 예방 효과가 뛰어나며 체내에서 합성되지 않는 필수지방산과 비타민 등의 영양성분이 풍부하다.

종류	특징
올리브 오일 (Olive oil)	비타민 A·D·E를 함유하고 있으며 건성 피부나 민감 피부 등의 스킨케어용으로 적당하며 염증과 가려움증을 억제하여 탈모 관리, 피부 진정 효과, 튼살예방 등을 할 수 있다.
코코넛 오일 (Coconut oil)	사용감이 가볍고 보습 작용을 하여 피부건조를 예방하는 장점을 가지고 있으나 민감성 피부는 사용 전 패치 테스트를 통해 안전성을 확인해야 한다.
호호바 오일 (Jojoba oil)	인체의 피부 성분과 화학 구조가 비슷해 인체 깊숙이 침투하고 끈적이지 않아 사용감이 우수하여 여드름, 습진, 모발영양 관리 및 모든 피부 타입에 효과적이다.

3. 추출법

1) 증류법(Distillation)

천연향료의 추출방법으로 가장 널리 사용되는 방법으로 채취한 식물을 증류기에 넣고 뜨거운 증기를 통과하면서 끓는점이 높은 휘발성 향기 에센스 오일을 증기와 함께 방출하여 냉각기를 거쳐 추출하는 방법이다. 식물에 뜨거운 수증기와 물이 접촉하게 되면서 온도에 민감한 향을 추출하는 데 어려움이 있어 순도가 높은 에센셜 오일을 얻지 못하는 단점이 있으나 짧은 시간에 대량의 에센셜오일의 채취가 가능하며 공정에 필요한 비용이 적게 들어 저렴하게 소비자에게 전달될 수 있는 장점이 있다.

추출하는 방법은 식물의 추출부위가 증기에 의해 뜨겁게 데워지는 과정에서 열과 증기를 통해 식물의 오일주머니 즉 에센스를 터뜨려 증기와 함께 냉각기를 통과하게 한다. 냉각되면서 액화 현상으로 액체의 형태로 수집기에 모아지게 되며 밀도가 가벼운 에센셜 오일은 윗부분에 무거운 증류수는 아랫부분으로 분리되는데 이때 윗부분 에센셜 오일을 얻는 방법이다.

2) 압착법(Expression)

운향과 식물인 오렌지, 그레이프프루트, 만다린, 레몬, 버가못, 베르가못 등 감귤류 과일 등에 열을 가하지 않고 기계로 눌러 에센스를 추출한 후 원심분리기를 이용해 물과 오일을 분리하여 원액 그대로의 에센셜 오일을 추출하는 방법이다.

압착법은 감귤류의 오일에서만 적용하는데 열에 의한 변질과 손상이 적기 때문에 식물이 가지고

있는 본연의 향을 추출할 수 있으나 변질되기 쉬워 개봉 후 6개월 이내에 사용해야 하며 광활성 성분인 푸로쿠마린(Furocoumarin)을 다량 함유하고 있어 감광성 즉, 햇빛에 노출되었을 때 피부가 검게 그을리는 반응이 있어 압착법으로 추출한 오일을 사용한 직후 직사광선을 피하는 것이 좋다.

압착기법 종류

구분	특징
에큐엘(Ecuelle)법	이탈리아에서 사용했던 방법으로 채유기 내부에 1cm 정도의 침이 도출되어 있는 곳에 과일을 통째로 누르거나 굴려 에센셜을 채유기 중앙으로 즙을 수집하는 방법이다.
스펀지(Sponge)법	과일을 쪼개어 과육은 제거하고 남은 껍질은 따뜻한 물에 담궈 물이 충분히 스며들면 유연해진 껍질을 공기에 노출 시켜 주고 뒤집어 압착 하는데 이때 스펀지를 껍질 아래에 두면 오일 세포가 파괴되면서 휘발성 오일은 스펀지에 흡수시켜 오일을 수집하는 방법이다.
기계를 이용한 방법	스펀지법과 엘큐엘법의 단점인 사람의 손이 많이 가는 번거로움을 보안해 기계를 이용한 자동화 방법이다.

3) 용매추출법

용매를 이용하여 식물의 에센셜 오일을 추출하는 방법으로 열에 약하거나 식물 자체가 가지고 있는 에센셜 오일 성분이 매우 적어 추출수율이 낮은 경우 적용하며 동물성 향료를 채취하는 데는 부적합한 방법이다.

용매추출법은 열을 이용한 증류법에 비해 식물이 가지고 있는 고유의 향은 보존하기 용이하고 추출이 어려운 식물의 유효성분을 추출하는데 효과적이지만 추출에 사용한 용매제가 완전히 제거되지 않을 경우 피부에 자극이 일어날 수 있음으로 용매추출법을 이용한 오일은 패치테스트를 통해 안전성을 확인하여야 하고 민감성 피부에 적용시 주의하여야 한다.

① 휘발성 용매 추출법

헥산, 석유에테르, 메탄올, 에탄올과 같은 휘발성 용매를 이용해 향기성분을 녹여 내는 방법으로 주로 열에 불안정한 꽃잎과 잎사귀에서 에센셜 오일을 추출할 때 사용한다. 이때 왁스형태의 고형물질 형태인 콘크리트(Concrete)를 얻게 되고 콘크리트에 에틸에탄올을 적용하여 왁스는 그대로 남아 있고 오일만 분리되는데 이것을 여과하여 농축시킨 것이 앱솔루트(Absolute)라고 하며 에탄올을 완전하게 증발시켜 '정유 콘크리트'를 얻게 되는데 현재에도 에센셜 추출법으로 많이 사용하고 있는 방법이다.

② 비휘발성 용매 추출법

향료를 채취하는 데 오랜 역사를 가진 추출법으로 동·식물의 지방유를 이용한 전통추출방법으로 약한 식물의 꽃에 손상을 주지 않고 채유할 수 있으나 현재에는 거의 사용하지 않는 방법으로 열을 가하지 않는 냉침법과 열을 가하는 온침법이 있다.

비휘발성 용매 추출법 종류

구분	특징
냉침법(Enfleurage)	나무틀로 만들어진 유리판에 차가운 지방을 얇게 펴 발라 장미, 재스민, 제라늄, 라벤더 등 섬세한 꽃잎을 얹어 유효성분을 지방에 스며들도록 한 후 걷어내고 신선한 꽃잎으로 바꾸는 과정을 반복하여 얻은 포마드(Pomade)를 알코올로 녹여 원래의 지방과 스며든 방향 성분을 앱솔루트로 분리해 내는 방법이다.
온침법(Maceration)	식물을 60~70℃ 정도로 일정한 온도를 유지하며 가열한 지방이나 캐리어 오일에 넣고 성분을 추출하는 방법으로 냉침법에 비해 오일추출시간이 짧은 장점이 있으나 쉽게 산패하여 자극을 줄 수 있다.

미용인을 위한
화장품학

부 록

화장품법 [시행 2021. 9. 18.] [법률 제18448호, 2021. 8. 17., 일부개정]

제1장 총칙

제1조(목적) 이 법은 화장품의 제조·수입·판매 및 수출 등에 관한 사항을 규정함으로써 국민보건향상과 화장품 산업의 발전에 기여함을 목적으로 한다. 〈개정 2018. 3. 13.〉

제2조(정의) 이 법에서 사용하는 용어의 뜻은 다음과 같다. 〈개정 2013. 3. 23., 2016. 5. 29., 2018. 3. 13., 2019. 1. 15., 2020. 4. 7.〉

1. "화장품"이란 인체를 청결·미화하여 매력을 더하고 용모를 밝게 변화시키거나 피부·모발의 건강을 유지 또는 증진하기 위하여 인체에 바르고 문지르거나 뿌리는 등 이와 유사한 방법으로 사용되는 물품으로서 인체에 대한 작용이 경미한 것을 말한다. 다만, 「약사법」 제2조제4호의 의약품에 해당하는 물품은 제외한다.
2. "기능성화장품"이란 화장품 중에서 다음 각 목의 어느 하나에 해당되는 것으로서 총리령으로 정하는 화장품을 말한다.
    가. 피부의 미백에 도움을 주는 제품
    나. 피부의 주름개선에 도움을 주는 제품
    다. 피부를 곱게 태워주거나 자외선으로부터 피부를 보호하는 데에 도움을 주는 제품
    라. 모발의 색상 변화·제거 또는 영양공급에 도움을 주는 제품
    마. 피부나 모발의 기능 약화로 인한 건조함, 갈라짐, 빠짐, 각질화 등을 방지하거나 개선하는 데에 도움을 주는 제품

2의2. "천연화장품"이란 동식물 및 그 유래 원료 등을 함유한 화장품으로서 식품의약품안전처장이 정하는 기준에 맞는 화장품을 말한다.

3. "유기농화장품"이란 유기농 원료, 동식물 및 그 유래 원료 등을 함유한 화장품으로서 식품의약품안전처장이 정하는 기준에 맞는 화장품을 말한다.

3의2. "맞춤형화장품"이란 다음 각 목의 화장품을 말한다.
    가. 제조 또는 수입된 화장품의 내용물에 다른 화장품의 내용물이나 식품의약품안전처장이 정

하는 원료를 추가하여 혼합한 화장품

나. 제조 또는 수입된 화장품의 내용물을 소분(小分)한 화장품. 다만, 고형(固形) 비누 등 총리령으로 정하는 화장품의 내용물을 단순 소분한 화장품은 제외한다.

4. "안전용기·포장"이란 만 5세 미만의 어린이가 개봉하기 어렵게 설계·고안된 용기나 포장을 말한다.

5. "사용기한"이란 화장품이 제조된 날부터 적절한 보관 상태에서 제품이 고유의 특성을 간직한 채 소비자가 안정적으로 사용할 수 있는 최소한의 기한을 말한다.

6. "1차 포장"이란 화장품 제조 시 내용물과 직접 접촉하는 포장용기를 말한다.

7. "2차 포장"이란 1차 포장을 수용하는 1개 또는 그 이상의 포장과 보호재 및 표시의 목적으로 한 포장(첨부문서 등을 포함한다)을 말한다.

8. "표시"란 화장품의 용기·포장에 기재하는 문자·숫자·도형 또는 그림 등을 말한다.

9. "광고"란 라디오·텔레비전·신문·잡지·음성·음향·영상·인터넷·인쇄물·간판, 그 밖의 방법에 의하여 화장품에 대한 정보를 나타내거나 알리는 행위를 말한다.

10. "화장품제조업"이란 화장품의 전부 또는 일부를 제조(2차 포장 또는 표시만의 공정은 제외한다)하는 영업을 말한다.

11. "화장품책임판매업"이란 취급하는 화장품의 품질 및 안전 등을 관리하면서 이를 유통·판매하거나 수입대행형 거래를 목적으로 알선·수여(授與)하는 영업을 말한다.

12. "맞춤형화장품판매업"이란 맞춤형화장품을 판매하는 영업을 말한다.

제2조의2(영업의 종류) ① 이 법에 따른 영업의 종류는 다음 각 호와 같다.

1. 화장품제조업
2. 화장품책임판매업
3. 맞춤형화장품판매업

② 제1항에 따른 영업의 세부 종류와 그 범위는 대통령령으로 정한다. [본조신설 2018. 3. 13.]

제2장 화장품의 제조·유통

제3조(영업의 등록) ① 화장품제조업 또는 화장품책임판매업을 하려는 자는 각각 총리령으로 정하는 바에 따라 식품의약품안전처장에게 등록하여야 한다. 등록한 사항 중 총리령으로 정하는 중요한

사항을 변경할 때에도 또한 같다. 〈개정 2013. 3. 23., 2016. 2. 3., 2018. 3. 13.〉

② 제1항에 따라 화장품제조업을 등록하려는 자는 총리령으로 정하는 시설기준을 갖추어야 한다. 다만, 화장품의 일부 공정만을 제조하는 등 총리령으로 정하는 경우에 해당하는 때에는 시설의 일부를 갖추지 아니할 수 있다. 〈개정 2013. 3. 23., 2018. 3. 13.〉

③ 제1항에 따라 화장품책임판매업을 등록하려는 자는 총리령으로 정하는 화장품의 품질관리 및 책임판매 후 안전관리에 관한 기준을 갖추어야 하며, 이를 관리할 수 있는 관리자(이하 "책임판매관리자"라 한다)를 두어야 한다. 〈개정 2013. 3. 23., 2018. 3. 13.〉

④ 제1항부터 제3항까지의 규정에 따른 등록 절차 및 책임판매관리자의 자격기준과 직무 등에 관하여 필요한 사항은 총리령으로 정한다. 〈개정 2013. 3. 23., 2018. 3. 13.〉

[제목개정 2018. 3. 13.]

제3조의2(맞춤형화장품판매업의 신고) ① 맞춤형화장품판매업을 하려는 자는 총리령으로 정하는 바에 따라 식품의약품안전처장에게 신고하여야 한다. 신고한 사항 중 총리령으로 정하는 사항을 변경할 때에도 또한 같다.

② 제1항에 따라 맞춤형화장품판매업을 신고한 자(이하 "맞춤형화장품판매업자"라 한다)는 총리령으로 정하는 바에 따라 맞춤형화장품의 혼합·소분 업무에 종사하는 자(이하 "맞춤형화장품조제관리사"라 한다)를 두어야 한다.

[본조신설 2018. 3. 13.]

제3조의2(맞춤형화장품판매업의 신고) ① 맞춤형화장품판매업을 하려는 자는 총리령으로 정하는 바에 따라 식품의약품안전처장에게 신고하여야 한다. 신고한 사항 중 총리령으로 정하는 사항을 변경할 때에도 또한 같다.

② 제1항에 따라 맞춤형화장품판매업을 신고하려는 자는 총리령으로 정하는 시설기준을 갖추어야 하며, 맞춤형화장품의 혼합·소분 등 품질·안전 관리 업무에 종사하는 자(이하 "맞춤형화장품조제관리사"라 한다)를 두어야 한다. 〈개정 2021. 8. 17.〉

[본조신설 2018. 3. 13.]

[시행일: 2022. 2. 18.] 제3조의2

제3조의3(결격사유) 다음 각 호의 어느 하나에 해당하는 자는 화장품제조업 또는 화장품책임판매업의 등록이나 맞춤형화장품판매업의 신고를 할 수 없다. 다만, 제1호 및 제3호는 화장품제조업만 해당한다.

1. 「정신건강증진 및 정신질환자 복지서비스 지원에 관한 법률」 제3조제1호에 따른 정신질환자. 다만, 전문의가 화장품제조업자(제3조제1항에 따라 화장품제조업을 등록한 자를 말한다. 이하 같다)로서 적합하다고 인정하는 사람은 제외한다.

2. 피성년후견인 또는 파산선고를 받고 복권되지 아니한 자

3. 「마약류 관리에 관한 법률」 제2조제1호에 따른 마약류의 중독자

4. 이 법 또는 「보건범죄 단속에 관한 특별조치법」을 위반하여 금고 이상의 형을 선고받고 그 집행이 끝나지 아니하거나 그 집행을 받지 아니하기로 확정되지 아니한 자

5. 제24조에 따라 등록이 취소되거나 영업소가 폐쇄(이 조 제1호부터 제3호까지의 어느 하나에 해당하여 등록이 취소되거나 영업소가 폐쇄된 경우는 제외한다)된 날부터 1년이 지나지 아니한 자

[본조신설 2018. 3. 13.]

제3조의4(맞춤형화장품조제관리사 자격시험) ① 맞춤형화장품조제관리사가 되려는 사람은 화장품과 원료 등에 대하여 식품의약품안전처장이 실시하는 자격시험에 합격하여야 한다.

② 식품의약품안전처장은 맞춤형화장품조제관리사가 거짓이나 그 밖의 부정한 방법으로 시험에 합격한 경우에는 자격을 취소하여야 하며, 자격이 취소된 사람은 취소된 날부터 3년간 자격시험에 응시할 수 없다.

③ 식품의약품안전처장은 제1항에 따른 자격시험의 관리 및 제4항에 따른 자격증 발급 등에 관한 업무를 효과적으로 수행하기 위하여 필요한 전문인력과 시설을 갖춘 기관 또는 단체를 시험운영기관으로 지정하여 시험업무를 위탁할 수 있다. 〈개정 2021. 8. 17.〉

④ 제1항 및 제3항에 따른 자격시험의 시기, 절차, 방법, 시험과목, 자격증의 발급, 시험운영기관의 지정 등 자격시험에 필요한 사항은 총리령으로 정한다.

[본조신설 2018. 3. 13.]

제3조의4(맞춤형화장품조제관리사 자격시험) ① 맞춤형화장품조제관리사가 되려는 사람은 화장품과 원료 등에 대하여 식품의약품안전처장이 실시하는 자격시험에 합격하여야 한다.

② 식품의약품안전처장은 거짓이나 그 밖의 부정한 방법으로 자격시험에 응시한 사람 또는 자격시험에서 부정행위를 한 사람에 대하여는 그 자격시험을 정지시키거나 합격을 무효로 한다. 이 경우 자격시험이 정지되거나 합격이 무효가 된 사람은 그 처분이 있은 날부터 3년간 자격시험에 응시할 수 없다. 〈개정 2021. 8. 17.〉

③ 식품의약품안전처장은 제1항에 따른 자격시험의 관리 및 제4항에 따른 자격증 발급 등에 관한 업무를 효과적으로 수행하기 위하여 필요한 전문인력과 시설을 갖춘 기관 또는 단체를 시험운영

기관으로 지정하여 시험업무를 위탁할 수 있다. 〈개정 2021. 8. 17.〉

④ 제1항 및 제3항에 따른 자격시험의 시기, 절차, 방법, 시험과목, 자격증의 발급, 시험운영기관의 지정 등 자격시험에 필요한 사항은 총리령으로 정한다.

[본조신설 2018. 3. 13.]

[시행일: 2022. 2. 18.] 제3조의4

제3조의5(맞춤형화장품조제관리사의 결격사유) 다음 각 호의 어느 하나에 해당하는 자는 맞춤형화장품조제관리사가 될 수 없다.

1. 「정신건강증진 및 정신질환자 복지서비스 지원에 관한 법률」 제3조제1호에 따른 정신질환자. 다만, 전문의가 맞춤형화장품조제관리사로서 적합하다고 인정하는 사람은 제외한다.

2. 피성년후견인

3. 「마약류 관리에 관한 법률」 제2조제1호에 따른 마약류의 중독자

4. 이 법 또는 「보건범죄 단속에 관한 특별조치법」을 위반하여 금고 이상의 형을 선고받고 그 집행이 끝나지 아니하거나 그 집행을 받지 아니하기로 확정되지 아니한 자

5. 제3조의8에 따라 맞춤형화장품조제관리사의 자격이 취소된 날부터 3년이 지나지 아니한 자

[본조신설 2021. 8. 17.]

[시행일: 2022. 2. 18.] 제3조의5

제3조의6(자격증 대여 등의 금지) ① 맞춤형화장품조제관리사는 다른 사람에게 자기의 성명을 사용하여 맞춤형화장품조제관리사 업무를 하게 하거나 자기의 맞춤형화장품조제관리사자격증을 양도 또는 대여하여서는 아니 된다.

② 누구든지 다른 사람의 맞춤형화장품조제관리사자격증을 양수하거나 대여받아 이를 사용하여서는 아니 된다.

[본조신설 2021. 8. 17.]

[시행일: 2022. 2. 18.] 제3조의6

제3조의7(유사명칭의 사용금지) 맞춤형화장품조제관리사가 아닌 자는 맞춤형화장품조제관리사 또는 이와 유사한 명칭을 사용하지 못한다.

[본조신설 2021. 8. 17.]

[시행일: 2022. 2. 18.] 제3조의7

제3조의8(맞춤형화장품조제관리사 자격의 취소) 식품의약품안전처장은 맞춤형화장품조제관리사가

다음 각 호의 어느 하나에 해당하는 경우에는 그 자격을 취소하여야 한다.
1. 거짓이나 그 밖의 부정한 방법으로 맞춤형화장품조제관리사의 자격을 취득한 경우
2. 제3조의5제1호부터 제4호까지 중 어느 하나에 해당하는 경우
3. 제3조의6제1항을 위반하여 다른 사람에게 자기의 성명을 사용하여 맞춤형화장품조제관리사 업무를 하게 하거나 맞춤형화장품조제관리사자격증을 양도 또는 대여한 경우
[본조신설 2021. 8. 17.]
[시행일: 2022. 2. 18.] 제3조의8

제4조(기능성화장품의 심사 등) ① 기능성화장품으로 인정받아 판매 등을 하려는 화장품제조업자, 화장품책임판매업자(제3조제1항에 따라 화장품책임판매업을 등록한 자를 말한다. 이하 같다) 또는 총리령으로 정하는 대학·연구소 등은 품목별로 안전성 및 유효성에 관하여 식품의약품안전처장의 심사를 받거나 식품의약품안전처장에게 보고서를 제출하여야 한다. 제출한 보고서나 심사받은 사항을 변경할 때에도 또한 같다. 〈개정 2013. 3. 23., 2018. 3. 13.〉

② 제1항에 따른 유효성에 관한 심사는 제2조제2호 각 목에 규정된 효능·효과에 한하여 실시한다.

③ 제1항에 따른 심사를 받으려는 자는 총리령으로 정하는 바에 따라 그 심사에 필요한 자료를 식품의약품안전처장에게 제출하여야 한다. 〈개정 2013. 3. 23.〉

④ 제1항 및 제2항에 따른 심사 또는 보고서 제출의 대상과 절차 등에 관하여 필요한 사항은 총리령으로 정한다. 〈개정 2013. 3. 23.〉

제4조의2(영유아 또는 어린이 사용 화장품의 관리) ① 화장품책임판매업자는 영유아 또는 어린이가 사용할 수 있는 화장품임을 표시·광고하려는 경우에는 제품별로 안전과 품질을 입증할 수 있는 다음 각 호의 자료(이하 "제품별 안전성 자료"라 한다)를 작성 및 보관하여야 한다.
   1. 제품 및 제조방법에 대한 설명 자료
   2. 화장품의 안전성 평가 자료
   3. 제품의 효능·효과에 대한 증명 자료

② 식품의약품안전처장은 제1항에 따른 화장품에 대하여 제품별 안전성 자료, 소비자 사용실태, 사용 후 이상사례 등에 대하여 주기적으로 실태조사를 실시하고, 위해요소의 저감화를 위한 계획을 수립하여야 한다.

③ 식품의약품안전처장은 소비자가 제1항에 따른 화장품을 안전하게 사용할 수 있도록 교육 및 홍보를 할 수 있다.

④ 제1항에 따른 영유아 또는 어린이의 연령 및 표시·광고의 범위, 제품별 안전성 자료의 작성 범

위 및 보관기간 등과 제2항에 따른 실태조사 및 계획 수립의 범위, 시기, 절차 등에 필요한 사항은 총리령으로 정한다.

[본조신설 2019. 1. 15.]

제5조(영업자의 의무 등) ① 화장품제조업자는 화장품의 제조와 관련된 기록·시설·기구 등 관리 방법, 원료·자재·완제품 등에 대한 시험·검사·검정 실시 방법 및 의무 등에 관하여 총리령으로 정하는 사항을 준수하여야 한다. 〈개정 2013. 3. 23., 2018. 3. 13.〉

② 화장품책임판매업자는 화장품의 품질관리기준, 책임판매 후 안전관리기준, 품질 검사 방법 및 실시 의무, 안전성·유효성 관련 정보사항 등의 보고 및 안전대책 마련 의무 등에 관하여 총리령으로 정하는 사항을 준수하여야 한다. 〈개정 2013. 3. 23., 2018. 3. 13.〉

③ 맞춤형화장품판매업자는 맞춤형화장품 판매장 시설·기구의 관리 방법, 혼합·소분 안전관리 기준의 준수 의무, 혼합·소분되는 내용물 및 원료에 대한 설명 의무 등에 관하여 총리령으로 정하는 사항을 준수하여야 한다. 〈신설 2018. 3. 13.〉

④ 화장품책임판매업자는 총리령으로 정하는 바에 따라 화장품의 생산실적 또는 수입실적, 화장품의 제조과정에 사용된 원료의 목록 등을 식품의약품안전처장에게 보고하여야 한다. 이 경우 원료의 목록에 관한 보고는 화장품의 유통·판매 전에 하여야 한다. 〈개정 2013. 3. 23., 2018. 3. 13.〉

⑤ 책임판매관리자 및 맞춤형화장품조제관리사는 화장품의 안전성 확보 및 품질관리에 관한 교육을 매년 받아야 한다. 〈개정 2013. 3. 23., 2016. 2. 3., 2018. 3. 13.〉

⑥ 식품의약품안전처장은 국민 건강상 위해를 방지하기 위하여 필요하다고 인정하면 화장품제조업자, 화장품책임판매업자 및 맞춤형화장품판매업자(이하 "영업자"라 한다)에게 화장품 관련 법령 및 제도(화장품의 안전성 확보 및 품질관리에 관한 내용을 포함한다)에 관한 교육을 받을 것을 명할 수 있다. 〈개정 2016. 2. 3., 2018. 3. 13.〉

⑦ 제6항에 따라 교육을 받아야 하는 자가 둘 이상의 장소에서 화장품제조업, 화장품책임판매업 또는 맞춤형화장품판매업을 하는 경우에는 종업원 중에서 총리령으로 정하는 자를 책임자로 지정하여 교육을 받게 할 수 있다. 〈신설 2016. 2. 3., 2018. 3. 13.〉

⑧ 제5항부터 제7항까지의 규정에 따른 교육의 실시 기관, 내용, 대상 및 교육비 등에 관하여 필요한 사항은 총리령으로 정한다. 〈신설 2016. 2. 3., 2018. 3. 13.〉

[제목개정 2018. 3. 13.]

제5조(영업자의 의무 등) ① 화장품제조업자는 화장품의 제조와 관련된 기록·시설·기구 등 관리 방법, 원료·자재·완제품 등에 대한 시험·검사·검정 실시 방법 및 의무 등에 관하여 총리령으로 정

하는 사항을 준수하여야 한다. 〈개정 2013. 3. 23., 2018. 3. 13.〉

② 화장품책임판매업자는 화장품의 품질관리기준, 책임판매 후 안전관리기준, 품질 검사 방법 및 실시 의무, 안전성·유효성 관련 정보사항 등의 보고 및 안전대책 마련 의무 등에 관하여 총리령으로 정하는 사항을 준수하여야 한다. 〈개정 2013. 3. 23., 2018. 3. 13.〉

③ 맞춤형화장품판매업자(제3조의2제1항에 따라 맞춤형화장품판매업을 신고한 자를 말한다. 이하 같다)는 소비자에게 유통·판매되는 화장품을 임의로 혼합·소분하여서는 아니 된다. 〈신설 2021. 8. 17.〉

④ 맞춤형화장품판매업자는 맞춤형화장품 판매장 시설·기구의 관리 방법, 혼합·소분 안전관리기준의 준수 의무, 혼합·소분되는 내용물 및 원료에 대한 설명 의무, 안전성 관련 사항 보고 의무 등에 관하여 총리령으로 정하는 사항을 준수하여야 한다. 〈신설 2018. 3. 13., 2021. 8. 17.〉

⑤ 화장품책임판매업자는 총리령으로 정하는 바에 따라 화장품의 생산실적 또는 수입실적, 화장품의 제조과정에 사용된 원료의 목록 등을 식품의약품안전처장에게 보고하여야 한다. 이 경우 원료의 목록에 관한 보고는 화장품의 유통·판매 전에 하여야 한다. 〈개정 2013. 3. 23., 2018. 3. 13., 2021. 8. 17.〉

⑥ 맞춤형화장품판매업자는 총리령으로 정하는 바에 따라 맞춤형화장품에 사용된 모든 원료의 목록을 매년 1회 식품의약품안전처장에게 보고하여야 한다. 〈신설 2021. 8. 17.〉

⑦ 책임판매관리자 및 맞춤형화장품조제관리사는 화장품의 안전성 확보 및 품질관리에 관한 교육을 매년 받아야 한다. 〈개정 2013. 3. 23., 2016. 2. 3., 2018. 3. 13., 2021. 8. 17.〉

⑧ 식품의약품안전처장은 국민 건강상 위해를 방지하기 위하여 필요하다고 인정하면 화장품제조업자, 화장품책임판매업자 및 맞춤형화장품판매업자(이하 "영업자"라 한다)에게 화장품 관련 법령 및 제도(화장품의 안전성 확보 및 품질관리에 관한 내용을 포함한다)에 관한 교육을 받을 것을 명할 수 있다. 〈개정 2016. 2. 3., 2018. 3. 13., 2021. 8. 17.〉

⑨ 제8항에 따라 교육을 받아야 하는 자가 둘 이상의 장소에서 화장품제조업, 화장품책임판매업 또는 맞춤형화장품판매업을 하는 경우에는 종업원 중에서 총리령으로 정하는 자를 책임자로 지정하여 교육을 받게 할 수 있다. 〈신설 2016. 2. 3., 2018. 3. 13., 2021. 8. 17.〉

⑩ 제7항부터 제9항까지의 규정에 따른 교육의 실시 기관, 내용, 대상 및 교육비 등에 관하여 필요한 사항은 총리령으로 정한다. 〈신설 2016. 2. 3., 2018. 3. 13., 2021. 8. 17.〉

[제목개정 2018. 3. 13.]

[시행일: 2022. 2. 18.] 제5조

제5조의2(위해화장품의 회수) ① 영업자는 제9조, 제15조 또는 제16조제1항에 위반되어 국민보건에 위해(危害)를 끼치거나 끼칠 우려가 있는 화장품이 유통 중인 사실을 알게 된 경우에는 지체 없이 해당 화장품을 회수하거나 회수하는 데에 필요한 조치를 하여야 한다. 〈개정 2018. 12. 11.〉

② 제1항에 따라 해당 화장품을 회수하거나 회수하는 데에 필요한 조치를 하려는 영업자는 회수계획을 식품의약품안전처장에게 미리 보고하여야 한다. 〈개정 2018. 3. 13.〉

③ 식품의약품안전처장은 제1항에 따른 회수 또는 회수에 필요한 조치를 성실하게 이행한 영업자가 해당 화장품으로 인하여 받게 되는 제24조에 따른 행정처분을 총리령으로 정하는 바에 따라 감경 또는 면제할 수 있다. 〈개정 2018. 3. 13.〉

④ 제1항 및 제2항에 따른 회수 대상 화장품, 해당 화장품의 회수에 필요한 위해성 등급 및 그 분류기준, 회수계획 보고 및 회수절차 등에 필요한 사항은 총리령으로 정한다. 〈개정 2018. 12. 11.〉
[본조신설 2015. 1. 28.]

제6조(폐업 등의 신고) ① 영업자는 다음 각 호의 어느 하나에 해당하는 경우에는 총리령으로 정하는 바에 따라 식품의약품안전처장에게 신고하여야 한다. 다만, 휴업기간이 1개월 미만이거나 그 기간 동안 휴업하였다가 그 업을 재개하는 경우에는 그러하지 아니하다. 〈개정 2013. 3. 23., 2018. 3. 13., 2018. 12. 11.〉

1. 폐업 또는 휴업하려는 경우
2. 휴업 후 그 업을 재개하려는 경우
3. 삭제 〈2018. 12. 11.〉

② 식품의약품안전처장은 화장품제조업자 또는 화장품책임판매업자가 「부가가치세법」 제8조에 따라 관할 세무서장에게 폐업신고를 하거나 관할 세무서장이 사업자등록을 말소한 경우에는 등록을 취소할 수 있다. 〈신설 2018. 3. 13.〉

③ 식품의약품안전처장은 제2항에 따라 등록을 취소하기 위하여 필요하면 관할 세무서장에게 화장품제조업자 또는 화장품책임판매업자의 폐업여부에 대한 정보 제공을 요청할 수 있다. 이 경우 요청을 받은 관할 세무서장은 「전자정부법」 제39조에 따라 화장품제조업자 또는 화장품책임판매업자의 폐업여부에 대한 정보를 제공하여야 한다. 〈신설 2018. 3. 13.〉

④ 식품의약품안전처장은 제1항제1호에 따른 폐업신고 또는 휴업신고를 받은 날부터 7일 이내에 신고수리 여부를 신고인에게 통지하여야 한다. 〈신설 2018. 12. 11.〉

⑤ 식품의약품안전처장이 제4항에서 정한 기간 내에 신고수리 여부 또는 민원 처리 관련 법령에 따른 처리기간의 연장을 신고인에게 통지하지 아니하면 그 기간(민원 처리 관련 법령에 따라 처리

기간이 연장 또는 재연장된 경우에는 해당 처리기간을 말한다)이 끝난 날의 다음 날에 신고를 수리한 것으로 본다. 〈신설 2018. 12. 11.〉

제7조 삭제 〈2018. 3. 13.〉

제3장 화장품의 취급

제1절 기준

제8조(화장품 안전기준 등) ① 식품의약품안전처장은 화장품의 제조 등에 사용할 수 없는 원료를 지정하여 고시하여야 한다. 〈개정 2013. 3. 23.〉

② 식품의약품안전처장은 보존제, 색소, 자외선차단제 등과 같이 특별히 사용상의 제한이 필요한 원료에 대하여는 그 사용기준을 지정하여 고시하여야 하며, 사용기준이 지정·고시된 원료 외의 보존제, 색소, 자외선차단제 등은 사용할 수 없다. 〈개정 2013. 3. 23., 2018. 3. 13.〉

③ 식품의약품안전처장은 국내외에서 유해물질이 포함되어 있는 것으로 알려지는 등 국민보건상 위해 우려가 제기되는 화장품 원료 등의 경우에는 총리령으로 정하는 바에 따라 위해요소를 신속히 평가하여 그 위해 여부를 결정하여야 한다. 〈개정 2013. 3. 23.〉

④ 식품의약품안전처장은 제3항에 따라 위해평가가 완료된 경우에는 해당 화장품 원료 등을 화장품의 제조에 사용할 수 없는 원료로 지정하거나 그 사용기준을 지정하여야 한다. 〈개정 2013. 3. 23.〉

⑤ 식품의약품안전처장은 제2항에 따라 지정·고시된 원료의 사용기준의 안전성을 정기적으로 검토하여야 하고, 그 결과에 따라 지정·고시된 원료의 사용기준을 변경할 수 있다. 이 경우 안전성 검토의 주기 및 절차 등에 관한 사항은 총리령으로 정한다. 〈신설 2018. 3. 13.〉

⑥ 화장품제조업자, 화장품책임판매업자 또는 대학·연구소 등 총리령으로 정하는 자는 제2항에 따라 지정·고시되지 아니한 원료의 사용기준을 지정·고시하거나 지정·고시된 원료의 사용기준을 변경하여 줄 것을 총리령으로 정하는 바에 따라 식품의약품안전처장에게 신청할 수 있다. 〈신설 2018. 3. 13.〉

⑦ 식품의약품안전처장은 제6항에 따른 신청을 받은 경우에는 신청된 내용의 타당성을 검토하여야 하고, 그 타당성이 인정되는 경우에는 원료의 사용기준을 지정·고시하거나 변경하여야 한다. 이 경우 신청인에게 검토 결과를 서면으로 알려야 한다. 〈신설 2018. 3. 13.〉

⑧ 식품의약품안전처장은 그 밖에 유통화장품 안전관리 기준을 정하여 고시할 수 있다. 〈개정 2013. 3. 23., 2018. 3. 13.〉

제9조(안전용기·포장 등) ① 화장품책임판매업자 및 맞춤형화장품판매업자는 화장품을 판매할 때에는 어린이가 화장품을 잘못 사용하여 인체에 위해를 끼치는 사고가 발생하지 아니하도록 안전용기·포장을 사용하여야 한다. 〈개정 2018. 3. 13.〉

② 제1항에 따라 안전용기·포장을 사용하여야 할 품목 및 용기·포장의 기준 등에 관하여는 총리령으로 정한다. 〈개정 2013. 3. 23.〉

제2절 표시·광고·취급

제10조(화장품의 기재사항) ① 화장품의 1차 포장 또는 2차 포장에는 총리령으로 정하는 바에 따라 다음 각 호의 사항을 기재·표시하여야 한다. 다만, 내용량이 소량인 화장품의 포장 등 총리령으로 정하는 포장에는 화장품의 명칭, 화장품책임판매업자 및 맞춤형화장품판매업자의 상호, 가격, 제조번호와 사용기한 또는 개봉 후 사용기간(개봉 후 사용기간을 기재할 경우에는 제조연월일을 병행 표기하여야 한다. 이하 이 조에서 같다)만을 기재·표시할 수 있다. 〈개정 2013. 3. 23., 2016. 2. 3., 2018. 3. 13.〉

    1. 화장품의 명칭

    2. 영업자의 상호 및 주소

    3. 해당 화장품 제조에 사용된 모든 성분(인체에 무해한 소량 함유 성분 등 총리령으로 정하는 성분은 제외한다)

    4. 내용물의 용량 또는 중량

    5. 제조번호

    6. 사용기한 또는 개봉 후 사용기간

    7. 가격

    8. 기능성화장품의 경우 "기능성화장품"이라는 글자 또는 기능성화장품을 나타내는 도안으로서 식품의약품안전처장이 정하는 도안

    9. 사용할 때의 주의사항

    10. 그 밖에 총리령으로 정하는 사항

② 제1항 각 호 외의 부분 본문에도 불구하고 다음 각 호의 사항은 1차 포장에 표시하여야 한다.

다만, 소비자가 화장품의 1차 포장을 제거하고 사용하는 고형비누 등 총리령으로 정하는 화장품의 경우에는 그러하지 아니한다. 〈개정 2018. 3. 13., 2021. 8. 17.〉

    1. 화장품의 명칭

    2. 영업자의 상호

    3. 제조번호

    4. 사용기한 또는 개봉 후 사용기간

③ 제1항에 따른 기재사항을 화장품의 용기 또는 포장에 표시할 때 제품의 명칭, 영업자의 상호는 시각장애인을 위한 점자 표시를 병행할 수 있다. 〈개정 2018. 3. 13.〉

④ 제1항 및 제2항에 따른 표시기준과 표시방법 등은 총리령으로 정한다. 〈개정 2013. 3. 23.〉

[시행일: 2022. 2. 18.] 제10조

제11조(화장품의 가격표시) ① 제10조제1항제7호에 따른 가격은 소비자에게 화장품을 직접 판매하는 자(이하 "판매자"라 한다)가 판매하려는 가격을 표시하여야 한다.

② 제1항에 따른 표시방법과 그 밖에 필요한 사항은 총리령으로 정한다. 〈개정 2013. 3. 23.〉

제12조(기재·표시상의 주의) 제10조 및 제11조에 따른 기재·표시는 다른 문자 또는 문장보다 쉽게 볼 수 있는 곳에 하여야 하며, 총리령으로 정하는 바에 따라 읽기 쉽고 이해하기 쉬운 한글로 정확히 기재·표시하여야 하되, 한자 또는 외국어를 함께 기재할 수 있다. 〈개정 2013. 3. 23.〉

제13조(부당한 표시·광고 행위 등의 금지) ① 영업자 또는 판매자는 다음 각 호의 어느 하나에 해당하는 표시 또는 광고를 하여서는 아니 된다. 〈개정 2018. 3. 13.〉

    1. 의약품으로 잘못 인식할 우려가 있는 표시 또는 광고

    2. 기능성화장품이 아닌 화장품을 기능성화장품으로 잘못 인식할 우려가 있거나 기능성화장품의 안전성·유효성에 관한 심사결과와 다른 내용의 표시 또는 광고

    3. 천연화장품 또는 유기농화장품이 아닌 화장품을 천연화장품 또는 유기농화장품으로 잘못 인식할 우려가 있는 표시 또는 광고

    4. 그 밖에 사실과 다르게 소비자를 속이거나 소비자가 잘못 인식하도록 할 우려가 있는 표시 또는 광고

② 제1항에 따른 표시·광고의 범위와 그 밖에 필요한 사항은 총리령으로 정한다. 〈개정 2013. 3. 23.〉

제14조(표시·광고 내용의 실증 등) ① 영업자 및 판매자는 자기가 행한 표시·광고 중 사실과 관련한 사항에 대하여는 이를 실증할 수 있어야 한다. 〈개정 2018. 3. 13.〉

② 식품의약품안전처장은 영업자 또는 판매자가 행한 표시·광고가 제13조제1항제4호에 해당하는지를 판단하기 위하여 제1항에 따른 실증이 필요하다고 인정하는 경우에는 그 내용을 구체적으로 명시하여 해당 영업자 또는 판매자에게 관련 자료의 제출을 요청할 수 있다. 〈개정 2013. 3. 23., 2018. 3. 13.〉

③ 제2항에 따라 실증자료의 제출을 요청받은 영업자 또는 판매자는 요청받은 날부터 15일 이내에 그 실증자료를 식품의약품안전처장에게 제출하여야 한다. 다만, 식품의약품안전처장은 정당한 사유가 있다고 인정하는 경우에는 그 제출기간을 연장할 수 있다. 〈개정 2013. 3. 23., 2018. 3. 13.〉

④ 식품의약품안전처장은 영업자 또는 판매자가 제2항에 따라 실증자료의 제출을 요청받고도 제3항에 따른 제출기간 내에 이를 제출하지 아니한 채 계속하여 표시·광고를 하는 때에는 실증자료를 제출할 때까지 그 표시·광고 행위의 중지를 명하여야 한다. 〈개정 2013. 3. 23., 2018. 3. 13.〉

⑤ 제2항 및 제3항에 따라 식품의약품안전처장으로부터 실증자료의 제출을 요청받아 제출한 경우에는 「표시·광고의 공정화에 관한 법률」 등 다른 법률에 따라 다른 기관이 요구하는 자료제출을 거부할 수 있다. 〈개정 2013. 3. 23.〉

⑥ 식품의약품안전처장은 제출받은 실증자료에 대하여 「표시·광고의 공정화에 관한 법률」 등 다른 법률에 따른 다른 기관의 자료요청이 있는 경우에는 특별한 사유가 없는 한 이에 응하여야 한다. 〈개정 2013. 3. 23.〉

⑦ 제1항부터 제4항까지의 규정에 따른 실증의 대상, 실증자료의 범위 및 요건, 제출방법 등에 관하여 필요한 사항은 총리령으로 정한다. 〈개정 2013. 3. 23.〉

제14조의2(천연화장품 및 유기농화장품에 대한 인증) ① 식품의약품안전처장은 천연화장품 및 유기농화장품의 품질제고를 유도하고 소비자에게 보다 정확한 제품정보가 제공될 수 있도록 식품의약품안전처장이 정하는 기준에 적합한 천연화장품 및 유기농화장품에 대하여 인증할 수 있다.

② 제1항에 따라 인증을 받으려는 화장품제조업자, 화장품책임판매업자 또는 총리령으로 정하는 대학·연구소 등은 식품의약품안전처장에게 인증을 신청하여야 한다.

③ 식품의약품안전처장은 제1항에 따라 인증을 받은 화장품이 다음 각 호의 어느 하나에 해당하는 경우에는 그 인증을 취소하여야 한다.

 1. 거짓이나 그 밖의 부정한 방법으로 인증을 받은 경우
 2. 제1항에 따른 인증기준에 적합하지 아니하게 된 경우

④ 식품의약품안전처장은 인증업무를 효과적으로 수행하기 위하여 필요한 전문 인력과 시설을 갖춘 기관 또는 단체를 인증기관으로 지정하여 인증업무를 위탁할 수 있다.

⑤ 제1항부터 제4항까지에 따른 인증절차, 인증기관의 지정기준, 그 밖에 인증제도 운영에 필요한 사항은 총리령으로 정한다.

[본조신설 2018. 3. 13.]

제14조의3(인증의 유효기간) ① 제14조의2제1항에 따른 인증의 유효기간은 인증을 받은 날부터 3년으로 한다.

② 인증의 유효기간을 연장 받으려는 자는 유효기간 만료 90일 전에 총리령으로 정하는 바에 따라 연장신청을 하여야 한다.

[본조신설 2018. 3. 13.]

제14조의4(인증의 표시) ① 제14조의2제1항에 따라 인증을 받은 화장품에 대해서는 총리령으로 정하는 인증표시를 할 수 있다.

② 누구든지 제14조의2제1항에 따라 인증을 받지 아니한 화장품에 대하여 제1항에 따른 인증표시나 이와 유사한 표시를 하여서는 아니 된다.

[본조신설 2018. 3. 13.]

제14조의5(인증기관 지정의 취소 등) ① 식품의약품안전처장은 필요하다고 인정하는 경우에는 관계 공무원으로 하여금 제14조의2제4항에 따라 지정받은 인증기관(이하 "인증기관"이라 한다)이 업무를 적절하게 수행하는지를 조사하게 할 수 있다.

② 식품의약품안전처장은 인증기관이 다음 각 호의 어느 하나에 해당하면 그 지정을 취소하거나 1년 이내의 기간을 정하여 해당 업무의 전부 또는 일부의 정지를 명할 수 있다. 다만, 제1호에 해당하는 경우에는 그 지정을 취소하여야 한다.

  1. 거짓이나 그 밖의 부정한 방법으로 인증기관의 지정을 받은 경우

  2. 제14조의2제5항에 따른 지정기준에 적합하지 아니하게 된 경우

③ 제2항에 따른 지정 취소 및 업무 정지 등에 필요한 사항은 총리령으로 정한다.

[본조신설 2018. 3. 13.]

제3절 제조·수입·판매 등의 금지

제15조(영업의 금지) 누구든지 다음 각 호의 어느 하나에 해당하는 화장품을 판매(수입대행형 거래를 목적으로 하는 알선·수여를 포함한다)하거나 판매할 목적으로 제조·수입·보관 또는 진열하여서는 아니 된다. 〈개정 2016. 5. 29., 2018. 3. 13., 2021. 8. 17.〉

    1. 제4조에 따른 심사를 받지 아니하거나 보고서를 제출하지 아니한 기능성화장품

    2. 전부 또는 일부가 변패(變敗)된 화장품

    3. 병원미생물에 오염된 화장품

    4. 이물이 혼입되었거나 부착된 것

    5. 제8조제1항 또는 제2항에 따른 화장품에 사용할 수 없는 원료를 사용하였거나 같은 조 제8항에 따른 유통화장품 안전관리 기준에 적합하지 아니한 화장품

    6. 코뿔소 뿔 또는 호랑이 뼈와 그 추출물을 사용한 화장품

    7. 보건위생상 위해가 발생할 우려가 있는 비위생적인 조건에서 제조되었거나 제3조제2항에 따른 시설기준에 적합하지 아니한 시설에서 제조된 것

    8. 용기나 포장이 불량하여 해당 화장품이 보건위생상 위해를 발생할 우려가 있는 것

    9. 제10조제1항제6호에 따른 사용기한 또는 개봉 후 사용기간(병행 표기된 제조연월일을 포함한다)을 위조·변조한 화장품

    10. 식품의 형태·냄새·색깔·크기·용기 및 포장 등을 모방하여 섭취 등 식품으로 오용될 우려가 있는 화장품

[제목개정 2018. 3. 13.]

제15조의2(동물실험을 실시한 화장품 등의 유통판매 금지) ① 화장품책임판매업자는 「실험동물에 관한 법률」 제2조제1호에 따른 동물실험(이하 이 조에서 "동물실험"이라 한다)을 실시한 화장품 또는 동물실험을 실시한 화장품 원료를 사용하여 제조(위탁제조를 포함한다) 또는 수입한 화장품을 유통·판매하여서는 아니 된다. 다만, 다음 각 호의 어느 하나에 해당하는 경우는 그러하지 아니하다. 〈개정 2018. 3. 13.〉

    1. 제8조제2항의 보존제, 색소, 자외선차단제 등 특별히 사용상의 제한이 필요한 원료에 대하여 그 사용기준을 지정하거나 같은 조 제3항에 따라 국민보건상 위해 우려가 제기되는 화장품 원료 등에 대한 위해평가를 하기 위하여 필요한 경우

    2. 동물대체시험법(동물을 사용하지 아니하는 실험방법 및 부득이하게 동물을 사용하더라도

그 사용되는 동물의 개체 수를 감소하거나 고통을 경감시킬 수 있는 실험방법으로서 식품의약품안전처장이 인정하는 것을 말한다. 이하 이 조에서 같다)이 존재하지 아니하여 동물실험이 필요한 경우

3. 화장품 수출을 위하여 수출 상대국의 법령에 따라 동물실험이 필요한 경우

4. 수입하려는 상대국의 법령에 따라 제품 개발에 동물실험이 필요한 경우

5. 다른 법령에 따라 동물실험을 실시하여 개발된 원료를 화장품의 제조 등에 사용하는 경우

6. 그 밖에 동물실험을 대체할 수 있는 실험을 실시하기 곤란한 경우로서 식품의약품안전처장이 정하는 경우

② 식품의약품안전처장은 동물대체시험법을 개발하기 위하여 노력하여야 하며, 화장품책임판매업자 등이 동물대체시험법을 활용할 수 있도록 필요한 조치를 하여야 한다. 〈개정 2018. 3. 13.〉

[본조신설 2016. 2. 3.]

제15조의2(동물실험을 실시한 화장품 등의 유통판매 금지) ① 화장품책임판매업자 및 맞춤형화장품판매업자는 「실험동물에 관한 법률」 제2조제1호에 따른 동물실험(이하 이 조에서 "동물실험"이라 한다)을 실시한 화장품 또는 동물실험을 실시한 화장품 원료를 사용하여 제조(위탁제조를 포함한다) 또는 수입한 화장품을 유통·판매하여서는 아니 된다. 다만, 다음 각 호의 어느 하나에 해당하는 경우는 그러하지 아니하다. 〈개정 2018. 3. 13., 2021. 8. 17.〉

1. 제8조제2항의 보존제, 색소, 자외선차단제 등 특별히 사용상의 제한이 필요한 원료에 대하여 그 사용기준을 지정하거나 같은 조 제3항에 따라 국민보건상 위해 우려가 제기되는 화장품 원료 등에 대한 위해평가를 하기 위하여 필요한 경우

2. 동물대체시험법(동물을 사용하지 아니하는 실험방법 및 부득이하게 동물을 사용하더라도 그 사용되는 동물의 개체 수를 감소하거나 고통을 경감시킬 수 있는 실험방법으로서 식품의약품안전처장이 인정하는 것을 말한다. 이하 이 조에서 같다)이 존재하지 아니하여 동물실험이 필요한 경우

3. 화장품 수출을 위하여 수출 상대국의 법령에 따라 동물실험이 필요한 경우

4. 수입하려는 상대국의 법령에 따라 제품 개발에 동물실험이 필요한 경우

5. 다른 법령에 따라 동물실험을 실시하여 개발된 원료를 화장품의 제조 등에 사용하는 경우

6. 그 밖에 동물실험을 대체할 수 있는 실험을 실시하기 곤란한 경우로서 식품의약품안전처장이 정하는 경우

② 식품의약품안전처장은 동물대체시험법을 개발하기 위하여 노력하여야 하며, 화장품책임판매

업자 등이 동물대체시험법을 활용할 수 있도록 필요한 조치를 하여야 한다. 〈개정 2018. 3. 13.〉

[본조신설 2016. 2. 3.]

[시행일: 2022. 2. 18.] 제15조의2

제16조(판매 등의 금지) ① 누구든지 다음 각 호의 어느 하나에 해당하는 화장품을 판매하거나 판매할 목적으로 보관 또는 진열하여서는 아니 된다. 다만, 제3호의 경우에는 소비자에게 판매하는 화장품에 한한다. 〈개정 2016. 5. 29., 2018. 3. 13.〉

 1. 제3조제1항에 따른 등록을 하지 아니한 자가 제조한 화장품 또는 제조ㆍ수입하여 유통ㆍ판매한 화장품

 1의2. 제3조의2제1항에 따른 신고를 하지 아니한 자가 판매한 맞춤형화장품

 1의3. 제3조의2제2항에 따른 맞춤형화장품조제관리사를 두지 아니하고 판매한 맞춤형화장품

 2. 제10조부터 제12조까지에 위반되는 화장품 또는 의약품으로 잘못 인식할 우려가 있게 기재ㆍ표시된 화장품

 3. 판매의 목적이 아닌 제품의 홍보ㆍ판매촉진 등을 위하여 미리 소비자가 시험ㆍ사용하도록 제조 또는 수입된 화장품

 4. 화장품의 포장 및 기재ㆍ표시 사항을 훼손(맞춤형화장품 판매를 위하여 필요한 경우는 제외한다) 또는 위조ㆍ변조한 것

② 누구든지(맞춤형화장품조제관리사를 통하여 판매하는 맞춤형화장품판매업자 및 제2조제3호의2나목 단서에 해당하는 화장품 중 소분 판매를 목적으로 제조된 화장품의 판매자는 제외한다) 화장품의 용기에 담은 내용물을 나누어 판매하여서는 아니 된다. 〈개정 2018. 3. 13., 2020. 4. 7.〉

제4절 화장품업 단체 등 〈개정 2018. 3. 13.〉

제17조(단체 설립) 영업자는 자주적인 활동과 공동이익을 보장하고 국민보건향상에 기여하기 위하여 단체를 설립할 수 있다. 〈개정 2018. 3. 13.〉

[제목개정 2018. 3. 13.]

제4장 감독

제18조(보고와 검사 등) ① 식품의약품안전처장은 필요하다고 인정하면 영업자·판매자 또는 그 밖에 화장품을 업무상 취급하는 자에 대하여 필요한 보고를 명하거나, 관계 공무원으로 하여금 화장품 제조장소·영업소·창고·판매장소, 그 밖에 화장품을 취급하는 장소에 출입하여 그 시설 또는 관계 장부나 서류, 그 밖의 물건의 검사 또는 관계인에 대한 질문을 할 수 있다. 〈개정 2013. 3. 23., 2018. 3. 13.〉

② 식품의약품안전처장은 화장품의 품질 또는 안전기준, 포장 등의 기재·표시 사항 등이 적합한지 여부를 검사하기 위하여 필요한 최소 분량을 수거하여 검사할 수 있다. 〈개정 2013. 3. 23.〉

③ 식품의약품안전처장은 총리령으로 정하는 바에 따라 제품의 판매에 대한 모니터링 제도를 운영할 수 있다. 〈개정 2013. 3. 23.〉

④ 제1항의 경우에 관계 공무원은 그 권한을 표시하는 증표를 관계인에게 내보여야 한다.

⑤ 제1항 및 제2항의 관계 공무원의 자격과 그 밖에 필요한 사항은 총리령으로 정한다. 〈개정 2013. 3. 23.〉

제18조의2(소비자화장품안전관리감시원) ① 식품의약품안전처장 또는 지방식품의약품안전청장은 화장품 안전관리를 위하여 제17조에 따라 설립된 단체 또는 「소비자기본법」 제29조에 따라 등록한 소비자단체의 임직원 중 해당 단체의 장이 추천한 사람이나 화장품 안전관리에 관한 지식이 있는 사람을 소비자화장품안전관리감시원으로 위촉할 수 있다.

② 제1항에 따라 위촉된 소비자화장품안전관리감시원(이하 "소비자화장품감시원"이라 한다)의 직무는 다음 각 호와 같다.

   1. 유통 중인 화장품이 제10조제1항 및 제2항에 따른 표시기준에 맞지 아니하거나 제13조제1항 각 호의 어느 하나에 해당하는 표시 또는 광고를 한 화장품인 경우 관할 행정관청에 신고하거나 그에 관한 자료 제공

   2. 제18조제1항·제2항에 따라 관계 공무원이 하는 출입·검사·질문·수거의 지원

   3. 그 밖에 화장품 안전관리에 관한 사항으로서 총리령으로 정하는 사항

③ 식품의약품안전처장 또는 지방식품의약품안전청장은 소비자화장품감시원에게 직무 수행에 필요한 교육을 실시할 수 있다.

④ 식품의약품안전처장 또는 지방식품의약품안전청장은 소비자화장품감시원이 다음 각 호의 어느 하나에 해당하는 경우에는 해당 소비자화장품감시원을 해촉(解囑)하여야 한다.

   1. 해당 소비자화장품감시원을 추천한 단체에서 퇴직하거나 해임된 경우

   2. 제2항 각 호의 직무와 관련하여 부정한 행위를 하거나 권한을 남용한 경우

   3. 질병이나 부상 등의 사유로 직무 수행이 어렵게 된 경우

⑤ 소비자화장품감시원의 자격, 교육, 그 밖에 필요한 사항은 총리령으로 정한다.

[본조신설 2018. 3. 13.]

제19조(시정명령) 식품의약품안전처장은 이 법을 지키지 아니하는 자에 대하여 필요하다고 인정하면 그 시정을 명할 수 있다. 〈개정 2013. 3. 23.〉

제20조(검사명령) 식품의약품안전처장은 영업자에 대하여 필요하다고 인정하면 취급한 화장품에 대하여 「식품·의약품분야 시험·검사 등에 관한 법률」 제6조제2항제5호에 따른 화장품 시험·검사기관의 검사를 받을 것을 명할 수 있다. 〈개정 2013. 3. 23., 2013. 7. 30., 2018. 3. 13.〉

제21조 삭제 〈2013. 7. 30.〉

제22조(개수명령) 식품의약품안전처장은 화장품제조업자가 갖추고 있는 시설이 제3조제2항에 따른 시설기준에 적합하지 아니하거나 노후 또는 오손되어 있어 그 시설로 화장품을 제조하면 화장품의 안전과 품질에 문제의 우려가 있다고 인정되는 경우에는 화장품제조업자에게 그 시설의 개수를 명하거나 그 개수가 끝날 때까지 해당 시설의 전부 또는 일부의 사용금지를 명할 수 있다. 〈개정 2013. 3. 23., 2018. 3. 13.〉

제23조(회수·폐기명령 등) ① 식품의약품안전처장은 판매·보관·진열·제조 또는 수입한 화장품이나 그 원료·재료 등(이하 "물품"이라 한다)이 제9조, 제15조 또는 제16조제1항을 위반하여 국민보건에 위해를 끼칠 우려가 있는 경우에는 해당 영업자·판매자 또는 그 밖에 화장품을 업무상 취급하는 자에게 해당 물품의 회수·폐기 등의 조치를 명하여야 한다. 〈개정 2018. 12. 11.〉

② 식품의약품안전처장은 판매·보관·진열·제조 또는 수입한 물품이 국민보건에 위해를 끼치거나 끼칠 우려가 있다고 인정되는 경우에는 해당 영업자·판매자 또는 그 밖에 화장품을 업무상 취급하는 자에게 해당 물품의 회수·폐기 등의 조치를 명할 수 있다. 〈신설 2018. 12. 11.〉

③ 제1항 및 제2항에 따른 명령을 받은 영업자·판매자 또는 그 밖에 화장품을 업무상 취급하는 자는 미리 식품의약품안전처장에게 회수계획을 보고하여야 한다. 〈신설 2018. 12. 11.〉

④ 식품의약품안전처장은 다음 각 호의 어느 하나에 해당하는 경우에는 관계 공무원으로 하여금 해당 물품을 폐기하게 하거나 그 밖에 필요한 처분을 하게 할 수 있다. 〈개정 2013. 3. 23., 2018. 12. 11.〉

   1. 제1항 및 제2항에 따른 명령을 받은 자가 그 명령을 이행하지 아니한 경우

2. 그 밖에 국민보건을 위하여 긴급한 조치가 필요한 경우

⑤ 제1항부터 제3항까지의 규정에 따른 물품의 회수에 필요한 위해성 등급 및 그 분류기준, 회수·폐기의 절차·계획 및 사후조치 등에 필요한 사항은 총리령으로 정한다. 〈신설 2015. 1. 28., 2018. 12. 11.〉

[제목개정 2015. 1. 28.]

제23조의2(위해화장품의 공표) ① 식품의약품안전처장은 다음 각 호의 어느 하나에 해당하는 경우에는 해당 영업자에 대하여 그 사실의 공표를 명할 수 있다. 〈개정 2018. 3. 13., 2018. 12. 11.〉

  1. 제5조의2제2항에 따른 회수계획을 보고받은 때

  2. 제23조제3항에 따른 회수계획을 보고받은 때

② 제1항에 따른 공표의 방법·절차 등에 필요한 사항은 총리령으로 정한다.

[본조신설 2015. 1. 28.]

제24조(등록의 취소 등) ① 영업자가 다음 각 호의 어느 하나에 해당하는 경우에는 식품의약품안전처장은 등록을 취소하거나 영업소 폐쇄(제3조의2제1항에 따라 신고한 영업만 해당한다. 이하 이 조에서 같다)를 명하거나, 품목의 제조·수입 및 판매(수입대행형 거래를 목적으로 하는 알선·수여를 포함한다)의 금지를 명하거나 1년의 범위에서 기간을 정하여 그 업무의 전부 또는 일부에 대한 정지를 명할 수 있다. 다만, 제1호의2, 제3호 또는 제14호(광고 업무에 한정하여 정지를 명한 경우는 제외한다)에 해당하는 경우에는 등록을 취소하거나 영업소를 폐쇄하여야 한다. 〈개정 2013. 3. 23., 2015. 1. 28., 2016. 5. 29., 2018. 3. 13., 2018. 12. 11., 2019. 1. 15., 2021. 8. 17.〉

  1. 제3조제1항 후단에 따른 화장품제조업 또는 화장품책임판매업의 변경 사항 등록을 하지 아니한 경우

  1의2. 거짓이나 그 밖의 부정한 방법으로 제3조제1항 또는 제3조의2제1항에 따른 등록·변경등록 또는 신고·변경신고를 한 경우

  2. 제3조제2항에 따른 시설을 갖추지 아니한 경우

  2의2. 제3조의2제1항 후단에 따른 맞춤형화장품판매업의 변경신고를 하지 아니한 경우

  2의3. 맞춤형화장품판매업자가 제3조의2제2항에 따른 시설기준을 갖추지 아니하게 된 경우

  3. 제3조의3 각 호의 어느 하나에 해당하는 경우

  4. 국민보건에 위해를 끼쳤거나 끼칠 우려가 있는 화장품을 제조·수입한 경우

  5. 제4조제1항을 위반하여 심사를 받지 아니하거나 보고서를 제출하지 아니한 기능성화장품을 판매한 경우

5의2. 제4조의2제1항에 따른 제품별 안전성 자료를 작성 또는 보관하지 아니한 경우

6. 제5조를 위반하여 영업자의 준수사항을 이행하지 아니한 경우

6의2. 제5조의2제1항을 위반하여 회수 대상 화장품을 회수하지 아니하거나 회수하는 데에 필요한 조치를 하지 아니한 경우

6의3. 제5조의2제2항을 위반하여 회수계획을 보고하지 아니하거나 거짓으로 보고한 경우

7. 삭제 〈2018. 3. 13.〉

8. 제9조에 따른 화장품의 안전용기·포장에 관한 기준을 위반한 경우

9. 제10조부터 제12조까지의 규정을 위반하여 화장품의 용기 또는 포장 및 첨부문서에 기재·표시한 경우

10. 제13조를 위반하여 화장품을 표시·광고하거나 제14조제4항에 따른 중지명령을 위반하여 화장품을 표시·광고 행위를 한 경우

11. 제15조를 위반하여 판매하거나 판매의 목적으로 제조·수입·보관 또는 진열한 경우

12. 제18조제1항·제2항에 따른 검사·질문·수거 등을 거부하거나 방해한 경우

13. 제19조, 제20조, 제22조, 제23조제1항·제2항 또는 제23조의2에 따른 시정명령·검사명령·개수명령·회수명령·폐기명령 또는 공표명령 등을 이행하지 아니한 경우

13의2. 제23조제3항에 따른 회수계획을 보고하지 아니하거나 거짓으로 보고한 경우

14. 업무정지기간 중에 업무를 한 경우

② 제1항에 따른 행정처분의 기준은 총리령으로 정한다. 〈개정 2013. 3. 23.〉

[제목개정 2018. 3. 13.]

[시행일: 2022. 2. 18.] 제24조

제24조의2(기능성화장품의 인정 취소) 식품의약품안전처장은 화장품제조업자, 화장품책임판매업자 또는 총리령으로 정하는 대학·연구소 등이 다음 각 호의 어느 하나에 해당하는 경우에는 기능성화장품 인정을 취소하여야 한다.

1. 거짓이나 그 밖의 부정한 방법으로 제4조에 따른 심사 또는 변경심사를 받은 경우

2. 거짓이나 그 밖의 부정한 방법으로 제4조에 따른 보고서를 제출한 경우

[본조신설 2021. 8. 17.]

[시행일: 2022. 2. 18.] 제24조의2

제25조 삭제 〈2013. 7. 30.〉

제26조(영업자의 지위 승계) 영업자가 사망하거나 그 영업을 양도한 경우 또는 법인인 영업자가 합병한 경우에는 그 상속인, 영업을 양수한 자 또는 합병 후 존속하는 법인이나 합병에 따라 설립되는 법인이 그 영업자의 의무 및 지위를 승계한다. 〈개정 2018. 3. 13.〉

[제목개정 2018. 3. 13.]

제26조의2(행정제재처분 효과의 승계) 제26조에 따라 영업자의 지위를 승계한 경우에 종전의 영업자에 대한 제24조에 따른 행정제재처분의 효과는 그 처분 기간이 끝난 날부터 1년간 해당 영업자의 지위를 승계한 자에게 승계되며, 행정제재처분의 절차가 진행 중일 때에는 해당 영업자의 지위를 승계한 자에 대하여 그 절차를 계속 진행할 수 있다. 다만, 영업자의 지위를 승계한 자가 지위를 승계할 때에 그 처분 또는 위반 사실을 알지 못하였음을 증명하는 경우에는 그러하지 아니하다.

[본조신설 2018. 12. 11.]

제27조(청문) 식품의약품안전처장은 제3조의8에 따른 자격의 취소, 제14조의2제3항에 따른 인증의 취소, 제14조의5제2항에 따른 인증기관 지정의 취소 또는 업무의 전부에 대한 정지를 명하거나 제24조에 따른 등록의 취소, 영업소 폐쇄, 품목의 제조·수입 및 판매(수입대행형 거래를 목적으로 하는 알선·수여를 포함한다)의 금지 또는 업무의 전부에 대한 정지를 명하고자 하는 경우에는 청문을 하여야 한다. 〈개정 2013. 3. 23., 2016. 5. 29., 2018. 3. 13., 2021. 8. 17.〉

[시행일: 2022. 2. 18.] 제27조

제28조(과징금처분) ① 식품의약품안전처장은 제24조에 따라 영업자에게 업무정지처분을 하여야 할 경우에는 그 업무정지처분을 갈음하여 10억원 이하의 과징금을 부과할 수 있다. 〈개정 2013. 3. 23., 2018. 3. 13., 2018. 12. 11.〉

② 제1항에 따른 과징금을 부과하는 위반행위의 종류와 위반정도 등에 따른 과징금의 금액과 그 밖에 필요한 사항은 대통령령으로 정한다.

③ 식품의약품안전처장은 과징금을 부과하기 위하여 필요한 경우에는 다음 각 호의 사항을 적은 문서로 관할 세무관서의 장에게 과세 정보 제공을 요청할 수 있다. 〈신설 2018. 3. 13.〉

1. 납세자의 인적 사항
2. 과세 정보의 사용 목적
3. 과징금 부과기준이 되는 매출금액

④ 식품의약품안전처장은 제1항에 따른 과징금을 내야 할 자가 납부기한까지 과징금을 내지 아니하면 대통령령으로 정하는 바에 따라 제1항에 따른 과징금부과처분을 취소하고 제24조제1항에

따른 업무정지처분을 하거나 국세 체납처분의 예에 따라 이를 징수한다. 다만, 제6조에 따른 폐업 등으로 제24조제1항에 따른 업무정지처분을 할 수 없을 때에는 국세 체납처분의 예에 따라 이를 징수한다. 〈개정 2013. 3. 23., 2018. 3. 13.〉

⑤ 식품의약품안전처장은 제4항에 따라 체납된 과징금의 징수를 위하여 다음 각 호의 어느 하나에 해당하는 자료 또는 정보를 해당 각 호의 자에게 요청할 수 있다. 이 경우 요청을 받은 자는 정당한 사유가 없으면 요청에 따라야 한다. 〈신설 2018. 3. 13.〉

1. 「건축법」 제38조에 따른 건축물대장 등본: 국토교통부장관
2. 「공간정보의 구축 및 관리 등에 관한 법률」 제71조에 따른 토지대장 등본: 국토교통부장관
3. 「자동차관리법」 제7조에 따른 자동차등록원부 등본: 특별시장·광역시장·특별자치시장·도지사 또는 특별자치도지사

제28조의2(위반사실의 공표) ① 식품의약품안전처장은 제22조, 제23조, 제23조의2, 제24조 또는 제28조에 따라 행정처분이 확정된 자에 대한 처분 사유, 처분 내용, 처분 대상자의 명칭·주소 및 대표자 성명, 해당 품목의 명칭 등 처분과 관련한 사항으로서 대통령령으로 정하는 사항을 공표할 수 있다.

② 제1항에 따른 공표방법 등 공표에 필요한 사항은 대통령령으로 정한다.

[본조신설 2015. 1. 28.]

제29조(자발적 관리의 지원) 식품의약품안전처장은 영업자가 스스로 표시·광고, 품질관리, 국내외 인증 등의 준수사항을 위하여 노력하는 자발적 관리체계가 정착·확산될 수 있도록 행정적·재정적 지원을 할 수 있다. 〈개정 2013. 3. 23., 2018. 3. 13.〉

제30조(수출용 제품의 예외) 국내에서 판매되지 아니하고 수출만을 목적으로 하는 제품은 제4조, 제8조부터 제12조까지, 제14조, 제15조제1호·제5호, 제16조제1항제2호·제3호 및 같은 조 제2항을 적용하지 아니하고 수입국의 규정에 따를 수 있다. 〈개정 2016. 5. 29.〉

제5장 보칙

제31조(등록필증 등의 재교부) 영업자가 등록필증·신고필증 또는 기능성화장품심사결과통지서 등을 잃어버리거나 못쓰게 될 때는 총리령으로 정하는 바에 따라 이를 다시 교부받을 수 있다. 〈개정

2013. 3. 23., 2018. 3. 13.〉

제32조(수수료) ① 다음 각 호의 어느 하나에 해당하는 자는 총리령으로 정하는 바에 따라 식품의약품안전처장에게 수수료를 납부하여야 한다. 다만, 제3조의4제3항에 따라 업무를 위탁하는 경우에는 위탁받은 기관(이하 이 조에서 "수탁기관"이라 한다)이 정하는 수수료를 해당 수탁기관에 납부하여야 한다. 〈개정 2021. 8. 17.〉

1. 이 법에 따른 등록·신고를 하거나 심사·인증을 받으려는 자
2. 이 법에 따른 등록·신고사항 또는 심사·인증받은 사항을 변경하려는 자
3. 제3조의4에 따른 자격시험에 응시하거나 그 자격증의 발급을 신청하려는 자

② 수탁기관은 제1항 단서에 따라 수수료를 정하는 경우 그 기준을 정하여 식품의약품안전처장의 승인을 받아야 한다. 승인받은 사항을 변경하려는 경우에도 또한 같다. 〈신설 2021. 8. 17.〉

③ 제1항 단서에 따라 수탁기관이 징수하는 수수료는 제3조의4제3항에 따른 수탁업무의 이행 대가로서 수탁기관의 수입으로 한다. 〈신설 2021. 8. 17.〉

[전문개정 2018. 3. 13.]

제33조(화장품산업의 지원) 보건복지부장관과 식품의약품안전처장은 화장품산업의 진흥을 위한 기반조성 및 경쟁력 강화에 필요한 시책을 수립·시행하여야 하며 이를 위한 재원을 마련하고 기술개발, 조사·연구 사업, 해외 정보의 제공, 국제협력체계의 구축 등에 필요한 지원을 하여야 한다. 〈개정 2013. 3. 23., 2018. 3. 13.〉

제33조의2(국제협력) 식품의약품안전처장은 화장품의 수출 진흥 및 안전과 품질관리 등을 위하여 수입국·수출국과 협약을 체결하는 등 국제협력에 노력하여야 한다.

[본조신설 2018. 12. 11.]

제34조(권한 등의 위임·위탁) ① 이 법에 따른 식품의약품안전처장의 권한은 그 일부를 대통령령으로 정하는 바에 따라 지방식품의약품안전청장이나 특별시장·광역시장·도지사 또는 특별자치도지사에게 위임할 수 있다. 〈개정 2013. 3. 23.〉

② 식품의약품안전처장은 이 법에 따른 화장품에 관한 업무의 일부를 대통령령으로 정하는 바에 따라 제17조에 따른 단체 또는 화장품 관련 기관·법인·단체에 위탁할 수 있다. 〈개정 2013. 3. 23., 2018. 3. 13.〉

[제목개정 2018. 3. 13.]

제6장 벌칙

제35조 삭제 〈2018. 3. 13.〉

제36조(벌칙) ① 다음 각 호의 어느 하나에 해당하는 자는 3년 이하의 징역 또는 3천만원 이하의 벌금에 처한다. 〈개정 2014. 3. 18., 2018. 3. 13., 2021. 8. 17.〉

    1. 제3조제1항 전단을 위반한 자

    1의2. 거짓이나 그 밖의 부정한 방법으로 제3조제1항 또는 제3조의2제1항에 따른 등록·변경등록 또는 신고·변경신고를 한 자

    1의3. 제3조의2제1항 전단을 위반한 자

    1의4. 제3조의2제2항을 위반한 자

    2. 제4조제1항 전단을 위반한 자

    2의2. 거짓이나 그 밖의 부정한 방법으로 제4조에 따른 심사·변경심사를 받거나 보고서를 제출한 자

    2의3. 제14조의2제3항제1호의 거짓이나 부정한 방법으로 인증받은 자

    2의4. 제14조의4제2항을 위반하여 인증표시를 한 자

    3. 제15조를 위반한 자

    4. 제16조제1항제1호 또는 제4호를 위반한 자

② 제1항의 징역형과 벌금형은 이를 함께 부과할 수 있다.

제36조(벌칙) ① 다음 각 호의 어느 하나에 해당하는 자는 3년 이하의 징역 또는 3천만원 이하의 벌금에 처한다. 〈개정 2014. 3. 18., 2018. 3. 13., 2021. 8. 17.〉

    1. 제3조제1항 전단을 위반한 자

    1의2. 거짓이나 그 밖의 부정한 방법으로 제3조제1항 또는 제3조의2제1항에 따른 등록·변경등록 또는 신고·변경신고를 한 자

    1의3. 제3조의2제1항 전단을 위반한 자

    1의4. 제3조의2제2항을 위반한 자

    2. 제4조제1항 전단을 위반한 자

    2의2. 거짓이나 그 밖의 부정한 방법으로 제4조에 따른 심사·변경심사를 받거나 보고서를 제출한 자

2의3. 제14조의2제3항제1호의 거짓이나 부정한 방법으로 인증받은 자

2의4. 제14조의4제2항을 위반하여 인증표시를 한 자

3. 제15조를 위반한 자

4. 제16조제1항제1호·제1호의2 또는 제4호를 위반한 자

② 제1항의 징역형과 벌금형은 이를 함께 부과할 수 있다.

[시행일: 2022. 2. 18.] 제36조

제37조(벌칙) ① 제4조의2제1항, 제9조, 제13조, 제16조제1항제2호·제3호 또는 같은 조 제2항을 위반하거나, 제14조제4항에 따른 중지명령에 따르지 아니한 자는 1년 이하의 징역 또는 1천만원 이하의 벌금에 처한다. 〈개정 2013. 7. 30., 2014. 3. 18., 2019. 1. 15.〉

② 제1항의 징역형과 벌금형은 이를 함께 부과할 수 있다.

제37조(벌칙) ① 제3조의6, 제4조의2제1항, 제9조, 제13조, 제16조제1항제2호·제3호 또는 같은 조 제2항을 위반하거나, 제14조제4항에 따른 중지명령에 따르지 아니한 자는 1년 이하의 징역 또는 1천만원 이하의 벌금에 처한다. 〈개정 2013. 7. 30., 2014. 3. 18., 2019. 1. 15., 2021. 8. 17.〉

② 제1항의 징역형과 벌금형은 이를 함께 부과할 수 있다.

[시행일: 2022. 2. 18.] 제37조

제38조(벌칙) 다음 각 호의 어느 하나에 해당하는 자는 200만원 이하의 벌금에 처한다. 〈개정 2018. 3. 13., 2018. 12. 11.〉

1. 제5조제1항부터 제3항까지의 규정에 따른 준수사항을 위반한 자

1의2. 제5조의2제1항을 위반한 자

1의3. 제5조의2제2항을 위반한 자

2. 제10조제1항(같은 항 제7호는 제외한다)·제2항을 위반한 자

2의2. 제14조의3에 따른 인증의 유효기간이 경과한 화장품에 대하여 제14조의4제1항에 따른 인증표시를 한 자

3. 제18조, 제19조, 제20조, 제22조 및 제23조에 따른 명령을 위반하거나 관계 공무원의 검사·수거 또는 처분을 거부·방해하거나 기피한 자

제38조(벌칙) 다음 각 호의 어느 하나에 해당하는 자는 200만원 이하의 벌금에 처한다. 〈개정 2018. 3. 13., 2018. 12. 11., 2021. 8. 17.〉

1. 제5조제1항부터 제4항까지의 규정에 따른 준수사항을 위반한 자

1의2. 제5조의2제1항을 위반한 자

1의3. 제5조의2제2항을 위반한 자

2. 제10조제1항(같은 항 제7호는 제외한다)·제2항을 위반한 자

2의2. 제14조의3에 따른 인증의 유효기간이 경과한 화장품에 대하여 제14조의4제1항에 따른 인증표시를 한 자

3. 제18조, 제19조, 제20조, 제22조 및 제23조에 따른 명령을 위반하거나 관계 공무원의 검사·수거 또는 처분을 거부·방해하거나 기피한 자

[시행일: 2022. 2. 18.] 제38조

제39조(양벌규정) 법인의 대표자나 법인 또는 개인의 대리인, 사용인, 그 밖의 종업원이 그 법인 또는 개인의 업무에 관하여 제36조부터 제38조까지의 어느 하나에 해당하는 위반행위를 하면 그 행위자를 벌하는 외에 그 법인 또는 개인에게도 해당 조문의 벌금형을 과(科)한다. 다만, 법인 또는 개인이 그 위반행위를 방지하기 위하여 해당 업무에 관하여 상당한 주의와 감독을 게을리하지 아니한 경우에는 그러하지 아니하다. 〈개정 2018. 3. 13.〉

제40조(과태료) ① 다음 각 호의 어느 하나에 해당하는 자에게는 100만원 이하의 과태료를 부과한다. 〈개정 2016. 2. 3., 2018. 3. 13., 2018. 12. 11.〉

1. 삭제 〈2018. 3. 13.〉

2. 제4조제1항 후단을 위반하여 변경심사를 받지 아니한 자

3. 제5조제4항을 위반하여 화장품의 생산실적 또는 수입실적 또는 화장품 원료의 목록 등을 보고하지 아니한 자

4. 제5조제5항에 따른 명령을 위반한 자

5. 제6조를 위반하여 폐업 등의 신고를 하지 아니한 자

5의2. 제10조제1항제7호 및 제11조를 위반하여 화장품의 판매 가격을 표시하지 아니한 자

6. 제18조에 따른 명령을 위반하여 보고를 하지 아니한 자

7. 제15조의2제1항을 위반하여 동물실험을 실시한 화장품 또는 동물실험을 실시한 화장품 원료를 사용하여 제조(위탁제조를 포함한다) 또는 수입한 화장품을 유통·판매한 자

② 제1항에 따른 과태료는 대통령령으로 정하는 바에 따라 식품의약품안전처장이 부과·징수한다. 〈개정 2013. 3. 23.〉

제40조(과태료) ① 다음 각 호의 어느 하나에 해당하는 자에게는 100만원 이하의 과태료를 부과한다. 〈개정 2016. 2. 3., 2018. 3. 13., 2018. 12. 11., 2021. 8. 17.〉

 1. 삭제 〈2018. 3. 13.〉
 1의2. 제3조의7을 위반하여 맞춤형화장품조제관리사 또는 이와 유사한 명칭을 사용한 자
 2. 제4조제1항 후단을 위반하여 변경심사를 받지 아니한 자
 3. 제5조제5항을 위반하여 화장품의 생산실적 또는 수입실적 또는 화장품 원료의 목록 등을 보고하지 아니한 자
 3의2. 제5조제6항을 위반하여 맞춤형화장품 원료의 목록을 보고하지 아니한 자
 4. 제5조제7항을 위반하여 교육을 받지 아니한 자
 4의2. 제5조제8항에 따른 명령을 위반한 자
 5. 제6조를 위반하여 폐업 등의 신고를 하지 아니한 자
 5의2. 제10조제1항제7호 및 제11조를 위반하여 화장품의 판매 가격을 표시하지 아니한 자
 6. 제18조에 따른 명령을 위반하여 보고를 하지 아니한 자
 7. 제15조의2제1항을 위반하여 동물실험을 실시한 화장품 또는 동물실험을 실시한 화장품 원료를 사용하여 제조(위탁제조를 포함한다) 또는 수입한 화장품을 유통·판매한 자

② 제1항에 따른 과태료는 대통령령으로 정하는 바에 따라 식품의약품안전처장이 부과·징수한다. 〈개정 2013. 3. 23.〉

[시행일: 2022. 2. 18.] 제40조

부칙 〈제18448호, 2021. 8. 17.〉

제1조(시행일) 이 법은 공포 후 6개월이 경과한 날부터 시행한다. 다만, 제3조의4제3항, 제24조제1항제1호의2, 제24조의2, 제32조 및 제36조제1항제1호의2·제1호의3·제1호의4·제2호의2·제2호의3·제2호의4의 개정규정은 공포한 날부터 시행하고, 제15조제10호의 개정규정은 공포 후 1개월이 경과한 날부터 시행한다.

제2조(식품 모방 화장품에 관한 적용례) 제15조제10호의 개정규정은 같은 개정규정 시행 이후 제조 또는 수입(통관일을 기준으로 한다)되는 품목부터 적용한다.

제3조(동물실험을 실시한 화장품 등에 관한 적용례) 제15조의2의 개정규정은 이 법 시행 이후 맞춤형

화장품판매업자가 유통·판매하는 화장품부터 적용한다.

제4조(심사취소 등에 관한 적용례) 제24조제1항 및 제24조의2의 개정규정은 같은 개정규정 시행 전에 거짓이나 그 밖의 부정한 방법으로 심사·변경심사를 받거나 보고서를 제출하거나 등록·변경등록·신고·변경신고를 한 경우에 대해서도 적용한다.

제5조(수수료에 관한 적용례) 제32조제3항의 개정규정은 같은 개정규정의 시행일이 속하는 회계연도의 다음 회계연도부터 적용한다.

제6조(맞춤형화장품판매업 신고에 관한 경과조치) 이 법 시행 당시 종전의 제3조의2에 따라 맞춤형화장품판매업을 신고한 자는 제3조의2제2항의 개정규정에도 불구하고 이 법 시행일부터 2년이 되는 날까지 같은 개정규정에 따른 시설기준을 갖추어야 한다.

제7조(맞춤형화장품조제관리사의 결격사유에 관한 경과조치) 이 법 시행 당시 맞춤형화장품조제관리사가 이 법 시행 전에 발생한 사유로 제3조의5의 개정규정에 따른 결격사유에 해당하게 된 경우에는 같은 개정규정에도 불구하고 종전의 규정에 따른다.

참고문헌

- [네이버 지식백과] 천연향료 [natural aromatics, 天然香料] (영양학사전, 1998. 3. 15., 채범석, 김을상)
- [네이버 지식백과] 캐리어 오일 18종 (향기로운 삶을 연출하는 허브&아로마 라이프, 2002. 6. 20., 조태동, 송진희)
- http://www.thefreedictionary.com/surfactant
- T. kurosawa, Direction of UV protection research, Fragrance Journal, 27(5), 1999, p. 14.
- T. Masui, Journal of materials chemistry, 2000, p. 353.
- 고준석 외, 계면과학 이론과 실제, 계면과학 연구회, 전남대학교출판부, 2008.
- 고혜정 외, NEW 화장품학, 가담출판사, 2013.
- 광이무부, 신화장품학, 동화기술, 2018.
- 권소영 외 4명 공역, 살바토레의 아로마테라피 완벽가이드, 현문사, 2008.
- 권혜영 외, NEW 피부과학, 메디시언, 2019.
- 김경영 외 7, 에센스 화장품학, 메디시언, 2019.
- 김경영 외, 한권으로 끝내는 화장품학, 메디시언, 2020.
- 김동욱, 소재를 중심으로 한 화장품학, 자유아카데미, 2020.
- 김성숙 외, 피부미용사(필기)핵심 완벽정리, webook, 2020.
- 김양수, 권태수 공저, 화장품학, 훈민사, 2012.
- 김주덕 외, 최신 화장품학, 광문각, 2018.
- 김주덕 저, 최신 화장품학, 광문각, 2011.
- 나현숙 외, 메디컬 스킨케어, 수문사, 2010.
- 마키노 가즈요, 향수 레이어링: 더할수록 깊어지고 완벽해진다, 루비박스, 2015.
- 박상기 외, 화장품학, 대교 출판사, 2009.
- 박선주 외, Scalp & Hair Care, 형설출판사, 2004.
- 박소정, 조춘희 저, 화장품학, 훈민사, 2015.
- 박정태, 맞춤형 화장품 조제관리사, 광문각, 2020.
- 뷰티산업연구소NCS, 헤어 컬러 컨설턴트, 뷰티산업연구소, 2017.
- 식품의약품안전처.
- 이강연, 맞춤형 화장품 조제관리사, 크라운출판사, 2020.

- 이은주 외 1, 맞춤형 화장품조제관리사, 에듀윌, 2020.
- 임은진 외 4, 두피·모발관리, 메디시언, 2013.
- 정연자 외 1, 실용화장품학, 구민사, 2017.
- 정은신, 화장품 함유 향료에 대한 소비자 인식이 화장품 구매행동에 미치는 영향, 건국대학교 석사학위논문, 2017.
- 조성준, 향기치료의 기적, 도서출판 우석, 2000.
- 하병조, 기능성화장품, 신광출판사, 2001.
- 하병조, 화장품학, 수문사, 2010.
- 한영숙 외, 新피부학, 학지사메디컬, 2020.
- 황해정 외, 1주일 완성 피부미용사 필기시험 총정리문제, 크라운출판사, 2021.